火力发电厂
化学技术丛书

火力发电厂
用煤技术

曹长武 编著

中国电力出版社
CHINA ELECTRIC POWER PRESS

内容提要

　　本书是火力发电厂化学技术丛书之一。本丛书是一套针对性很强的专业生产实用型书籍，内容涵盖火力发电厂用水、用煤、用油方面的全部技术，丛书既遵循了国家与电力行业标准以及化学监督的要求与规定，又体现了各个专业的不同特点，实用性强，适用面广。

　　本书以实用性为最大特点，书中内容密切结合我国火力发电厂实际，全面阐述电厂用煤技术各方面的问题。全书共分八章，第一章至第三章分别为火力发电厂用煤技术综述、火力发电厂燃煤现场运行监督及电力用煤采制样技术；第四章至第八章则是关于煤质（灰渣）特性检测与应用技术，主要讲述重要煤质特性指标标准测定方法中的技术要点与难点。同时，本书还将一些先进的现代检测方法与应用技术介绍给读者。

　　本书可供火力发电厂煤质特性检验及生产管理人员使用，也可作为大专院校相关专业师生的参考用书。

图书在版编目(CIP)数据

火力发电厂用煤技术/曹长武编著. —北京：中国电力出版社，2006.7（2019.8重印）
（火力发电厂化学技术丛书）
ISBN 978-7-5083-4241-2

Ⅰ. 火…　Ⅱ. ①曹…　Ⅲ. 火电厂-煤-电厂燃烧系统
Ⅳ. TM621.2

中国版本图书馆 CIP 数据核字(2006)第 039914 号

中国电力出版社出版、发行
（北京市东城区北京站西街 19 号　100005　http://www.cepp.com.cn）
三河市百盛印装有限公司印刷
各地新华书店经售

*

2006 年 7 月第一版　　2019 年 8 月北京第五次印刷
787 毫米×1092 毫米　16 开本　14.75 印张　362 千字
印数 7501—9000 册　　定价 **59.00** 元

前　言

　　火力发电在我国电源结构中占 70% 以上，而且这种基本格局在短期内不会根本改变。电源结构不合理、电源与电网建设不协调、电力科技含量低等因素导致资源浪费严重，是目前困扰中国电力工业健康发展的主要问题。

　　水、煤、油均是宝贵的资源，是火力发电厂赖以生存和发展的物质基础。特别是水资源短缺，已成为制约电力工业发展的重要因素，我国水资源总量居世界第 6 位，但人均占有量居世界第 108 位。我国是世界上 21 个贫水国之一。另一方面，我国火力发电厂受技术条件的限制，水、煤等资源浪费严重。例如我国火力发电厂水耗为技术发达国家同类机组的 1.8 倍，在煤、油的利用方面也存在类似情况。

　　为了建设节约型社会，为了电厂的自身发展，就必须充分利用水、煤、油资源，这将是火力发电厂的一项长期任务。根据我国火力发电厂各专业的配置，水、煤、油同属于电厂化学专业的技术范畴，为了全面阐述火力发电厂在保证机组安全经济运行的前提下，如何用好水、煤、油，特编写《火力发电厂化学技术》丛书。

　　本丛书包括《火力发电厂用水技术》、《火力发电厂用煤技术》、《火力发电厂用油技术》三个分册，各分册具有共同的特点，既体现如何用水、用煤、用油，掌握火力发电厂化学技术，避免事故的发生，又大力节约水、煤、油资源。丛书的各个分册均分章阐述，系统地讲述了火力发电厂用水、用煤、用油各专业相关技术问题，说明实际生产中的技术要点与难点，指出水、煤、油的节约方向与途径，是火力发电厂化学专业人员所用的一套实用型科技读物。

　　本丛书作者既有长期从事火力发电厂化学技术试验研究工作的科研工作者，又有来自火力发电厂生产一线的技术人员，他们都具有丰富的实践经验。书中内容主要针对 300、600MW 机组，并提供了众多生产实例来说明如何做好火力发电厂用水、用煤、用油工作，以掌握其应用技术。

　　本书为《火力发电厂用煤技术》，书中内容密切结合我国火力发电厂实际，全面阐述了电厂用煤各个方面的技术问题。本书第一～三章分别为火力发电厂用煤技术综述、火力发电厂燃煤现场运行监督及电力用煤采制样技术，这三章内容占全书篇幅的 55% 左右，是本书的重点所在。第四～八章则是关于煤质（灰渣）特性检测与应用的技术，主要讲述煤质指标的标准测定方法中的技术要点与难点，并指出该特性指标在电力生产中的应用技术。同时本书还将一些先进的现代检测方法与应用技术介绍给读者。

　　本丛书主要供火力发电厂化学专业，包括水、煤、油专业的各个岗位的一线人员使用，同时对其他用水、用煤、用油行业的相关人员及大专院校电厂化学专业师生也具参考价值。

　　火力发电厂化学技术对电力生产影响很大，其内容丰富而又庞杂，技术性强而变化又快，对于火力发电厂化学技术，书中难以一一尽述，不当之处恳请读者批评指正，以期修订再版时加以更正。

《火力发电厂化学技术丛书》编委会

目　录

前言

火力发电厂用煤综述

煤作为最主要的能源资源，它在国民经济中占有特别重要的地位。全国约 75％的燃料来源于煤，而且这种基本格局短期内不会改变。

2003 年，我国年产煤 16.08 亿 t，其中电力用煤 7.7 亿 t，占全国产煤量的 48％。煤炭费用现在已占火力发电厂发电成本的 70％以上。做好煤质验收，加强运行监督，提高燃烧效率，减少环境污染，确保机组安全经济运行，均与电力用煤特性及其相关技术息息相关。

本章在概述电力用煤专业基础知识的基础上，重点阐述煤在电力生产中的作用，从而为全书内容的展开创造条件。了解本章内容，熟悉相关知识，将为全面掌握火力发电厂用煤技术奠定基础。

第一节 电力用煤基础知识

要掌握火力发电厂用煤技术，一是应该了解并掌握电力用煤特性及其相关知识；二是应该熟悉火力发电厂生产过程，并了解煤在各个环节中的作用及对机组安全经济运行的影响。

基础知识是电厂用煤技术的重要组成部分，本节涉及的内容是应用最多，也是最为重要的，这些内容将贯穿本书各个章节。

一、煤的生成

煤是古代植物遗体因地壳变动而被埋在地下，经复杂的生物化学和物理化学作用，逐步演变而成的。

古代植物在成煤过程中，通常要历经泥炭化及变质作用两个阶段。

古代植物由于细菌作用而发生腐烂、分解，内部组织破坏，一部分物质转为气体逸出，残余物质开始转为泥炭，这称为泥炭化作用，即成煤的第一阶段。

泥炭在地下受压力与温度的影响，逐渐被压紧和硬化，继续排出气体与水分，从而使固定碳的比例日趋增大形成了固体有机可燃沉积岩，这称为煤化作用，即成煤的第二阶段。在此过程中，又包括成岩与变质作用。

综上所述，煤实际上是古代植物经泥炭化及煤化作用而形成的固体有机可燃矿岩。

变质作用，是指最先形成的褐煤受地热与压力的影响逐渐向烟煤、无烟煤变化的作用。这种变化程度，则称为变质程度。

在各种煤中，以褐煤的变质程度最浅，无烟煤最深，烟煤介于二者之间。

二、煤的分类

由于成煤原始植物及其煤化程度不同，所形成的煤炭其化学组成与其特性也就有所差异，为此，可将煤加以分类。

GB 5751—1986《中国煤炭分类标准》根据煤化程度，将煤的干燥无炭基挥发分 V_{daf} 及黏结指数 G 作为主要分类指标，把煤分为无烟煤、烟煤、褐煤三大类。再把这三大类煤按照分类指标所处的区间分为若干小类，计 14 个类别、29 个单元，见表 1-1。

表 1-1　　　　　　　　　　　　　　　　　中国煤炭分类简表

类　别	符号	包括数码	分类指标					
			$V_{daf}(\%)$	G	$Y(mm)$	$b(\%)$	$P_M(\%)$	$Q_{gr,maf}(MJ/kg)$
无烟煤	WY	01, 02, 03	≤10.0					
贫　煤	PM	11	>10.0~20.0	≤5				
贫瘦煤	PS	12	>10.0~20.0	>5~20				
瘦　煤	SM	13, 14	>10.0~20.0	>20~65				
焦　煤	JM	24 15.25	>20.0~28.0 10.0~28.0	>50~65 65	≤25.0	(≤150)		
肥　煤	FM	16, 26, 36	>10.0~37.0	(>85)	>25.0			
$\frac{1}{3}$焦煤	$\frac{1}{3}$JM	35	>28.0~37.0	>65	≤25.0	(≤220)		
气肥煤	QF	46	>37.0	(>85)	>25.0	(>220)		
气　煤	QM	34 43, 44, 45	>28.0~37.0 >37.0	>50~65 >35	≤25.0	(≤220)		
$\frac{1}{2}$中黏煤	$\frac{1}{2}$ZN	23, 33	>20.0~37.0	>30~50				
弱黏煤	RN	22, 32	>20.0~37.0	>5~30				
不黏煤	BN	21, 31	>20.0~37.0	≤5				
长焰煤	CY	41, 42	>37.0	≤35			>50	
褐　煤	HM	51 52	>37.0 >37.0				<30 >30~50	<24

从我国煤炭保有储量来看，无烟煤及褐煤分别占全国储煤量的 14.3% 及 14.1%，烟煤占 62.3%，其他为未分牌号的煤。

无烟煤及褐煤储量相对较少，不再分类别。前者包括 3 个单元，即无烟煤 01、02、03 号；后者包括 2 个单元，即褐煤 51 号、52 号。

烟煤储量最大，干燥无灰基挥发分 V_{daf} 处于较宽的范围，可将 V_{daf} 按 >10%~20%、>20%~28%、>28%~37% 以及 >37% 的四个区段，分为低、中、中高、高挥发分烟煤。根据同类煤性质基本相似、不同类煤性质有较大差异的原则，将烟煤中的 24 个单元合并为 12 个类别。这 12 个类别的烟煤按 V_{daf} 由小到大的顺序，也就是按照变质程度的差异划分为：贫煤、贫瘦煤、瘦煤、焦煤、肥煤、1/3焦煤、气肥煤、气煤、1/2中黏煤、弱黏煤、不黏煤及长焰煤。

三、各种煤的基本特征

1. 无烟煤

无烟煤是变质程度最高的煤，它的挥发分含量最低、密度最大、着火点高、无黏结性、燃烧时多不冒烟。无烟煤分为三类，见表 1-2。

由于无烟煤挥发分含量低,着火温度高,锅炉易灭火,燃烧稳定性差,故不宜单独作为电力用煤,特别是 01 及 02 号无烟煤力求不用。

表 1-2 无烟煤的分类

| 类 别 | 符 号 | 数 码 | 分 类 | 指 标 |
			V_{daf}（%）	H_{daf}（%）
无烟煤一号	WY_1	01	0～3.5	0～2.0
无烟煤二号	WY_2	02	>3.5～6.5	>2.0～3.0
无烟煤三号	WY_3	03	>6.5～10.0	>3.0

2. 烟煤

烟煤是煤化程度高于褐煤而低于无烟煤的煤,其特点是挥发分含量范围很广,不同类别的烟煤黏结性差异较大,燃烧时冒烟。

烟煤与无烟煤,统称硬煤。烟煤中的贫煤、贫瘦煤、瘦煤、弱黏煤、不黏煤、肥煤等均宜作电力用煤。特别是贫煤,其挥发分含量比无烟煤高,不黏结或仅有微弱的黏结性,发热量比无烟煤高,燃烧时火焰短但耐烧。它在生产、储存、使用过程中,不像高挥发分烟煤具有易燃易爆性,是比较理想的电力用煤。特别是挥发分相对较高、中低灰分、中高发热量、低含硫量、低灰熔融温度的贫煤,最受电厂欢迎。

我国有为数众多的电厂锅炉是按燃用贫煤设计的,就全国而言,贫煤占全国煤炭储量的 5.6%,远低于无烟煤。由于贫煤资源的日益短缺,不少燃用贫煤的锅炉需掺烧无烟煤。贫煤与无烟煤二者的特性比较参见表 1-3。

表 1-3 贫煤与无烟煤特性的比较

煤别 \ 参数	挥发分 V_{daf}（%）	灰 分 A_d（%）	开始放热温度（℃）	燃烧结束温度（℃）
贫 煤	>10.0～20.0	16～35	250～290	700～800
无烟煤	≤10.0	17～44	320～470	750～900

3. 褐煤

褐煤是经过成岩作用,没有或很少经过变质作用所形成的低煤化程度的煤。外观多呈褐色,光泽暗淡,易风化,质较软,含有较高的内在水分及一定量的腐殖质。它作为电力用煤,具有挥发分含量高、水分大、发热量低的特点,一般供褐煤产地附近的电厂燃用。

综上所述,在三大类煤中,烟煤储量及产量均最大,特别是中、低挥发分含量的烟煤更适合作为电力用煤。因而本书将把烟煤的特性及在电厂中的应用技术作为主要研究对象。

四、煤炭产品

1. 煤炭品种的含义

煤炭经过拣矸或筛选加工后,所获得的具有不同质量与用途的煤炭产品,称为煤炭品种。各品种的煤均可作为商品出售,故煤炭品种也就是市场上销售的商品煤的品种。特别需要注意:煤炭品种不同于煤种,前者是煤炭经过生产加工的产品;后者是由煤的自身属性所决定的。

2. 煤炭品种的划分

我国煤炭产品品种与等级的划分，主要根据加工方法、煤炭品质及用途的不同划分为精煤、粒级煤、洗选煤、原煤、低质煤五大类共 28 个品种。

（1）精煤。是指经过精选（干选或湿选）加工生产出来的、符合品质要求的煤产品，多为低灰、低硫的优质煤。

（2）粒级煤。是指经过筛选或洗选生产的、粒度下限大于 6mm 的煤产品。其中，粒度介于 6～13mm 的煤称为粒煤，其他则称为块煤。

（3）洗选煤。是指经过洗选加工的煤，称为洗选煤。煤通过洗选，可有效地降低煤中灰分与含硫量，是提高煤质的重要手段。

（4）原煤。是指从煤矿生产出来的、未经任何加工处理的煤，称为毛煤。从毛煤中选出规定粒度的矸石（包括黄铁矿等杂物）后的煤，称为原煤。

（5）低质煤。是指干燥基灰分 $A_d > 40\%$ 的各种煤炭产品。

除了上述五大类煤炭品种外，读者还应对下述一些产品的名称有所了解。

1）末煤：指粒度小于 25mm 或小于 13mm 的煤。

2）粉煤：指粒度小于 6mm 的煤。

3）煤泥：指粒度小于 0.5mm 的一种洗煤产品。

4）矸石：指在采煤过程中，从顶、底板或煤层夹矸（夹在煤层中的矿物质层）混入煤中的岩石。

5）中煤：指煤经过精选后得到的，品质介于精煤与矸石之间的产品。

3. 电力用煤对煤炭品种的选择

（1）精煤质优价高。电厂是用煤大户，使用精煤，发电成本太高，故一般情况下不会选用。

（2）粒级煤不适合电厂使用。因为电厂锅炉普遍采用煤粉炉，所有进厂煤均要磨制成粉。粒级煤因自身价高，又要增加制粉能耗，故电厂也不会选用。

（3）洗选煤较洗选前质量有所提高，特别是灰分与含硫量会有所降低。一方面，这对电厂生产来说，是有利的；另一方面，煤经洗选，价格上升，水分增大，则对电厂不利。

目前我国动力煤洗选所占比例还较低，为了不断提高煤质、减少煤燃烧时产生二氧化硫对大气的污染，电厂将越来越多地选用洗煤产品。

（4）原煤为电厂燃用的主要煤炭品种，价格相对较低、特别是中等挥发分及发热量、低含硫量及高灰熔融温度的原煤，特别适合作为电力用煤。

（5）低质煤因灰分过高、发热量过低，电厂不宜使用。应该注意的是，灰分高、热量低并不是判定该煤是否属于低质煤的惟一依据。例如，某些煤灰分并不高，热量并不低，但灰熔融温度过低、含硫量过高、挥发分含量过小、水分含量过大等，也均可视为低质煤，它们无法在电厂中单独燃用，只能部分加以掺烧，以合理利用这部分煤炭资源。

综上所述，电厂主要选用原煤及洗煤产品作为电力用煤，对少量精煤或低质煤，适当掺烧还是可以的，但不能单独使用。

现在有一个值得注意的问题，是对商品煤掺杂使假。有的是将低质煤装于运输工具下半部，按标准采样也无法采集到这部分样品；另外，有些不法分子将矸石碎至粒度 50mm 以下混入煤中，供应给电厂。这些均给电力生产带来极其严重的影响。

例如原煤灰分 $A_d = 25\%$、发热量 $Q_{gr,d} = 24.60MJ/kg$，当煤中混入 2% 的矸石粒，如矸

石的灰分按 $A_d = 75\%$，发热量 $Q_{gr,d} = 0.44MJ/kg$ 计，那么混入矸石后煤的灰分为 $25\% \times 0.98 + 75\% \times 0.02 = 26\%$，高位发热量为 $24.60 \times 0.98 + 0.44 \times 0.02 = 24.12$（MJ/kg）。也就是说，在上述原煤中掺入 2% 的矸石，灰分由 25% 上升至 26%，发热量由 24.60MJ/kg 降至 24.12MJ/kg。表面上看，其煤质下降并不显著，但这种混入 2% 的矸石的煤，对电厂来说，就应视为低质煤。因此仅仅从灰分或发热量的高低来判定是不是低质煤并不完全恰当。建议尽快制定煤中含矸率测定方法的电力行业标准，并将其列入入厂煤的常规监督项目之中，读者可参见《电力用煤采制化技术及其应用》（修订版）一书。

五、煤炭组成与燃烧特性

（一）煤炭组成

任何一种煤，不论其产品品种如何，都是由可燃及不可燃组分组成的。

火力发电厂以煤作燃料，就是利用其燃烧特性。煤燃烧时煤中水分被蒸发，煤中的挥发分与固定碳燃烧时产生二氧化碳及水汽，并释放大量的热量，燃烧后的残渣就是灰分。故水分与灰分为煤中不可燃组分，挥发分与固定碳为煤中可燃组分。它们相对含量或多或少，但总和应为 100%。

（二）煤质特性指标的表示符号

任何一项煤质特性指标均可用一定的符号表示，这些符号具有国际通用性，同时读者在阅读标准及各种专业书刊时也会觉得十分方便。

现在规定各煤质特性指标用英文名称的第一个大写字母来表示（发热量除外），如灰分的英文名称为 ash，故用符号 A 表示；硫的英文名称为 sulfur，故用符号 S 表示；哈氏可磨性指数的英文名称为 Hardgrove Grindability Index，故用 HGI 来表示。煤质特性指标中英文名称及符号见表1-4。

表 1-4　　　　　　　　　　煤质特性指标中英文名称及符号

特性指标	英 文 名 称	符号	特性指标	英 文 名 称	符号
水 分	moisture	M	硫	sulfur	S
全水分	total moisture	M_t	高位发热量	gross calorific value	Q_{gr}
灰 分	ash	A	低位发热量	net calorific value	Q_{net}
挥发分	volatile matter	V	变形温度	deformation temperature	DT
固定碳	fixed carbon	FC	软化温度	softening temperature	ST
碳	carbon	C	半球温度	hemispherical temperature	HT
氢	hydrogen	H	流动温度	fluid temperature	FT
氧	oxygen	O	哈氏可磨性指数	Hardgrove grindability index	HGI
氮	nitrogen	N			

（三）煤质特性指标的分类

煤的组成决定其燃烧性能，它可用工业分析及元素分析两种方法表示。所谓工业分析，是指用水分、灰分、挥发分和固定碳表示煤质分析的总称；所谓元素分析，是指以碳、氢、氧、氮、硫五种元素含量表示煤质分析的总称。除此之外，其他的煤质特性，如可磨性、磨损性、着火性等，在本书中则统归于物理性能一类。

1. 工业分析指标

在工业分析四项特性指标中，水分是不可燃成分，灰分代表无机矿物质的含量，也是一种不可燃成分，故100－水分－灰分，就大致代表有机可燃物的含量。其中挥发分表示易挥发的有机物含量，固定碳代表不挥发的有机物含量，它们之和为

$$M+A+V+FC=100 \tag{1-1}$$

式中　M、A、V、FC——水分、灰分、挥发分和固定碳的含量，%。

根据工业分析指标，可基本反映该煤的性质与特点，从而确定其在工业上的实用价值。在火力发电厂，对入厂及入炉煤进行工业分析，是一项常规性的检验工作。

2. 元素分析指标

煤的元素分析指标，是指组成煤中有机质的碳、氢、氧、氮、硫五种元素含量，因为煤中硫包括可燃硫及不可燃的硫酸盐硫，故按元素分析指标来表示，水分、灰分及各元素含量之和为

$$M+A+C+H+O+N+S_c=100 \tag{1-2}$$

式中　M、A、C、H、O、N、S_c——煤中水分、灰分、碳、氢、氧、氮、可燃硫的含量，%。

由于在煤中，一般不可燃硫酸盐硫含量较低，故可燃硫 S_c 可近似地用煤中全硫 S_t 来代替，则式（1-2）可写成

$$M+A+C+H+O+N+S_t=100 \tag{1-3}$$

由于水分及灰分为煤中不可燃组分，故工业分析中的挥发分与固定碳则相当于上述5种元素含量，即

$$V+FC=C+H+O+N+S_t \tag{1-4}$$

煤中各元素含量的比值随煤种不同而异，如表1-5所示。

表1-5　　　　　　　　　　　　　　煤中各元素的含量

煤 种	碳	氢	氧	氮	有机物热量（J/g）
褐 煤	69	5.5	24	1.5	23840
烟 煤	82	4.3	12	1.7	35125
无烟煤	95	2.2	2.0	0.8	33870

（四）煤的组成与燃烧

1. 工业分析指标中挥发分与固定碳

在工业分析指标中，挥发分与固定碳是可燃成分。

挥发分是评定煤的燃烧性能的首要指标。不同煤种的挥发分含量及其组成是不同的，煤的挥发分含量基本上随煤的变质程度加深而减少，而挥发分开始逸出的温度则随煤的变质程度加深而增高，见表1-6。

我国电力用煤中，烟煤约占90%。

表1-6　　　　　　　　　　　　　　各种煤的挥发分特性

煤 种	挥发分开始逸出温度（℃）	挥发分发热量（J/g）
褐 煤	130～170	约25700
烟 煤	210～390	29300～56500
无烟煤	≈400	约69000

烟煤挥发分的成分见表 1-7。

表 1-7   烟煤挥发分的成分

挥发分成分	CH_4	H_2	CO	CO_2	C_2H_4	H_2S	C_2H_6O
各成分含量（%）	28～32	42～51	7～10	2～4.5	2～3	0.75	少量

由表 1-7 可以看出，挥发分主要是由碳、氢元素组成的。这里所说煤中的碳，是指煤中的总碳，它大于煤中固定碳含量。煤的变质程度越深，二者的差值越小；反之，则越大。

煤中固定碳是指煤去除了水分、灰分及挥发分后的残留物。或者说，它是在测定挥发分后的残余物中除去灰分的残渣。从工业分析角度来看，挥发分与固定碳是煤中可燃成分，是煤的发热量来源。

煤中固定碳与挥发分一样，也是表征煤的变质程度的一项指标，即煤中固定碳含量随煤的变质程度的加深而增大。一般褐煤 $FC_{daf} \leqslant 60\%$，烟煤为 $50\% \sim 90\%$，无烟煤往往大于 90%。

固定碳与挥发分含量的比值，称为煤的燃料比，用它同样可以表征煤的变质程度。一般煤的燃料比：无烟煤为 9～49，烟煤为 1.1～9，褐煤为 0.6～1.5。

在煤的工业分析中，水分、灰分、挥发分含量均通过实际测定而得到，而固定碳则可用差减法 $100 - M - A - V$ 计算而得。

2. 元素分析指标中碳与氢

碳是煤组成中最重要的元素。在充足的空气下，碳完全燃烧产生二氧化碳，每克碳可释放出 34040J 的热量；当空气不足时，燃烧生成一氧化碳，其释放的热量大为降低，仅产生 9910J 的热量。一氧化碳本身也是一种可燃气体，当空气充足时，还可燃烧生成二氧化碳，同时释放出 24130J 的热量。由表 1-5 可以看出，碳含量在无烟煤中的比重要高于烟煤，更高于褐煤。

氢是组成煤的另一重要元素。氢在煤中的含量随煤的变质程度加深而减少，故无烟煤中氢含量最低，烟煤次之，褐煤最高。

煤中氢有两种存在形态：化合态及游离态。化合态的氢通常是指矿物质结晶水中的氢，这种氢是不能燃烧的；而游离态的氢则与碳构成煤的可燃组分之一，即挥发分，燃烧时与空气中的氧反应，释放出很高的热量。每克游离氢燃烧可释放出 143010J 的热量，约为同量碳完全燃烧产生热量的 4 倍。由于煤中氢含量远比碳含量低，故决定煤发热量高低的不是氢而是碳。

氧在煤中呈化合状态存在，它的含量随煤变质程度的加深而减少。有的褐煤中氧含量可高达 40%，而有的无烟煤中只有 1%～2%。

氮在煤中含量较少，一般认为是有机氮，其含量多在 1% 左右。煤燃烧时，氮多呈游离态随烟气排出，故从燃烧角度来说，氮是煤中的无用成分。

硫在不同产地的煤中，其含量相差较大，通常在 0.5%～5% 范围内变化。煤中硫一般以可燃硫为主，燃烧时，虽然也能释放少量的热量，但其燃烧产物二氧化硫及少量三氧化硫，会造成对大气的污染及锅炉尾部受热面的腐蚀，故硫是煤中的一种有害元素。

第二节 煤的基准及其应用

煤的基准是燃料专业最为重要的基础知识，它的应用贯穿于煤质管理、监督、检测的各个环节，应用极其广泛。

生产人员必须在理解基准含义的基础上，熟练地掌握基准间的换算方法，了解不同基准在电力生产中的应用。这对所有与煤相关的人员来说，都是一项基本要求，故必须对煤的基准问题切实加以重视。

一、基准的含义与表示方法

1. 基准的含义

煤所处的状态或者按需要而规定的成分组合，称为基准，或简称为基。例如，原煤含有水分，而干煤没有水分，这两种煤所处的状态不同，我们就说，它们处于不同的基准。前者为收到基准，后者为干燥基准。

当原煤中灰分为30%时，全水分为10%，那么干煤中的灰分则为30/90，即33.3%。这说明煤中某一特性指标用不同基准表示时，其数值是不同的。

在本章第一节中已指出，煤中水分、灰分、挥发分及固定碳四种成分之和为100，对干煤来说，水分为0，那么煤的成分组合应是灰分、挥发分及固定碳三者之和为100。也就是说，煤的成分组合情况反映了煤所处的状态，或者说，反映了煤处于不同的基准。

2. 基准的表示方法

基准有多种表示方法，对电力用煤来说，常用的基准有以下几种。

（1）收到基准。是指以收到状态的煤为基准，用符号 ar 来表示。例如电厂收到的商品煤，其各项特性指标就应该以收到基表示，如收到基灰分 A_{ar}、收到基全硫 $S_{t,ar}$ 等。

（2）空气干燥基准。是指以与空气湿度达到平衡状态的煤为基准，同符号 ad 来表示。例如原煤样经制样后，送往试验室进行煤质检测的分析试样就是处于空气干燥状态，其各项特性指标就应该以空气干燥基表示，如空气干燥基水分 M_{ad}、空气干燥基高位发热量 $Q_{gr,ad}$ 等。空气干燥基常简称为空气干燥基。

（3）干燥基准。是以假想无水状态的煤为基准，用符号 d 表示。说干燥基是一种假想的状态，是因为实际上的无水干煤是不能稳定存在的，只要它与空气接触，就会吸收空气中的水分，直至达到与空气湿度平衡为止，也就是由干燥状态最终转为空气干燥状态。

（4）干燥无灰基准。是指以假想无水、无灰状态的煤为基准，以符号 daf 表示。例如干燥无灰基挥发分 V_{daf}、干燥无灰基含氢 H_{daf}。煤中无水、无灰、实际上指的是煤中的可燃成分，故只有煤中的可燃成分如 V、FC、C、H 等才可能用干燥无灰基表示。另一方面，任何煤不可能没有灰，灰分含量只是高低不等而已，故无水、无灰状态的煤实际上是不存在的，这种状态的煤，也只是一种假想状态。

基准的符号是以英文名称的第一个字母小写来表示的，如空气干燥基准的英文名称为 air dried basis，故用符号 ad 表示，干燥无灰基准的英文名称为 dry ash-free basis，故用符号 daf 表示。在书写时，它应标在特性指标符号的右下角。

除上述四种常用基准外，还有干燥无矿物基准（dmmf）、恒湿无灰基准（maf）、恒湿无矿物基准（mmf）等，由于它们应用较少，本书就不一一说明。

这里需要特别指出的发热量的各种表示方法，发热量有弹筒、高位、低位之分，又有基准之别。

由于煤的燃烧条件不同，可将发热量分为弹筒发热量 Q_b、高位发热量 Q_{gr} 及低位发热量 Q_{net}，这在本书发热量测定一章中还将作详细说明。

如空气干燥基高位发热量，则用 $Q_{gr,ad}$ 表示；收到基低位发热量，则用 $Q_{net,ar}$ 来表示。

3. 以不同基准来表示煤的组成

所谓基准，通俗地讲，就是指煤所处的状态，这比较容易理解；而基准还可以是按需要规定的成分组合，则往往不易理解。既然基准是指煤所处的状态，如干煤状态，那么该状态的煤不包含水分，自然煤的组成也就发生相应的变化，这样也就不难理解煤的基准与组成之间的关系。

当对煤质特性指标用不同基准表示时，则可以写成不同的表达形式。

（1）用收到基准表示，煤的组成为

$$M_{ar}+A_{ar}+V_{ar}+FC_{ar}=100 \tag{1-5}$$
$$M_{ar}+A_{ar}+C_{ar}+H_{ar}+N_{ar}+O_{ar}+S_{c,ar}=100 \tag{1-6}$$

（2）用空气干燥基准表示，煤的组成为

$$M_{ad}+A_{ad}+V_{ad}+FC_{ad}=100 \tag{1-7}$$
$$M_{ad}+A_{ad}+C_{ad}+H_{ad}+N_{ad}+O_{ad}+S_{c,ad}=100 \tag{1-8}$$

（3）用干燥基准表示，煤的组成为

$$A_d+V_d+FC_d=100 \tag{1-9}$$
$$A_d+C_d+H_d+O_d+N_d+S_{c,d}=100 \tag{1-10}$$

（4）用干燥无灰基表示，煤的组成为

$$V_{daf}+FC_{daf}=100 \tag{1-11}$$
$$C_{daf}+H_{daf}+O_{daf}+N_{daf}+S_{c,daf}=100 \tag{1-12}$$

二、不同基准间的关系与换算方法

只有切实理解各个基准的含义，才能区分不同基准之间的关系，从而进行基准间的换算。

1. 不同基准间的关系

收到基准可以理解成电厂所收到的原煤所处的状态；空气干燥基准是测定煤质特性指标时试样所处的状态；干燥基准是指除去了全部水分的干煤所处的状态；干燥无灰基准是假想不计不可燃组分，即只有可燃组分的煤所处的状态。

（1）收到基与空气干燥基的差异，即相差外表水分，收到基与干燥基的差异，则相差煤的全水分；收到基与干燥无灰基的差异，则相差全水分及收到基灰分。

（2）空气干燥基与干燥基的差异，即相差煤的空气干燥基水分；空气干燥基与干燥无灰基的差异，则是相差空气干燥基水分及空气干燥基灰分。

（3）干燥基与干燥无灰基的差异，即相差煤的干燥基灰分。

由此可知，不同基准之间的关系，实际上就是相差水分或灰分，有时则同时相差水分与灰分。

根据不同基准的含义，当某一煤质特性指标用不同基准表示时，就有不同的数值，其中以收到基表示的数值最小，空气干燥基次之，干燥基较大，干燥无灰基最大。

某一煤样，其工业分析指标按不同基准计算的百分含量参见表1-8。

表 1-8　　　　　　　　某一煤样其成分按不同基准的计算值　　　　　　　　　%

基准 成分	收 到 基	空气干燥基	干 燥 基	干燥无灰基
水　分	10.00	2.00	—	—
灰　分	25.71	28.00	28.57	—
挥发分	27.55	30.00	30.61	42.86
固定碳	36.74	40.00	40.82	57.14
总　和	100	100	100	100

由表 1-8 可以看出：

（1）某一煤质特性指标当用不同基准表示时，其数值是不同的，随收到基→空气干燥基→干燥基→干燥无灰基的顺序依次增大，反之则依次减小。

（2）无论采用何种基准表示，煤中各成分之和一定是 100%。同时还可看出，只有采用同一基准，各特性指标值才可以直接相加减；如采用不同基准，则要将其换算到同一基准后进行运算。

（3）采用干燥基准时，因不含水分，故灰分、挥发分、固定碳三者之和为 100%；采用干燥无灰基准时，因不含水分与灰分，故挥发分与固定碳二者之和为 100%。

（4）因干燥基是指没有水分的煤所处的状态，故没有干燥基水分这一提法。同理，也没有干燥无灰基水分及干燥无灰基灰分之说。

2. 基准的换算

煤中全水分采用粒度小于 13mm 或小于 6mm 的试样测定，故其测定结果采用收到基准表示，即 M_{ar}。收到基水分 M_{ar} 常与全水分 M_t 混用；其他煤质特性指标，均采用空气干燥试样测定，故其测定结果采用空气干燥基表示，如 A_{ad}、V_{ad}、$S_{t,ad}$、$Q_{gr,ad}$ 等。

为了进行基准间的换算，首先要理解基准的含义，清楚各基准间的差异，掌握如表 1-8 所示规律，就不难进行基准间的换算，并不需要死记硬背众多的计算公式。现以实例来加以说明。

【例 1-1】　已知煤的收到基灰分为 25.65%，全水分为 M_t 9.2%，问干燥基灰分 A_d 为多少？

解：所谓干燥基灰分，就是指灰分在干煤中所占百分比。

$$A_{ar} = \frac{灰分}{原煤} = \frac{灰分}{干煤＋全水分} = 25.65\%$$

本例中，全水分为 9.2%，则干煤为 100%－9.2%＝90.8%，故干煤灰分要比收到基灰分值大。

$$A_d（\%）= A_{ar} \times \frac{100}{100-M_t} = 25.65 \times \frac{100}{100-9.2} = 28.25$$

由此可知，由收到基换算到干燥基，要乘上一个大于 1 的系数 100/（100－M_t）；反之，由干燥基换算到收到基，则要乘上一个小于 1 的系数（100－M_t）/100。

【例 1-2】　已知煤的干燥基全硫为 1.43%，空气干燥基水分 M_{ad} 为 1.22%，求空气干燥基全硫 $S_{t,ad}$。

解：所谓空气干燥基全硫，就是指全硫在空气干燥基煤样中所占百分比。

由于空气干燥基煤样包含干煤及空气干燥基水分，故全硫在空气干燥基煤样中所占比例要较在干燥基煤样中低。

$$S_{t,ad}（\%）=S_{t,d}\times\frac{100-M_{ad}}{100}=1.43\times\frac{100-1.22}{100}=1.41$$

由干燥基换算成空气干燥基，要乘上一个小于 1 的系数 $\frac{100-M_{ad}}{100}$；反之，由空气干燥基换算成干燥基，要乘上一个大于 1 的系数 $100/（100-M_{ad}）$。

【例 1-3】 已知煤的空气干燥基灰分为 27.33%，空气干燥基水分为 2.41%，煤的全水分为 10.5%，问收到基灰分 A_{ar} 为多少？

解：已知空气干燥基灰分 A_{ad}，求收到基灰分 A_{ar}，由于 A_{ad} 值要大于 A_{ar} 值，故应对 A_{ad} 值乘上一个小于 1 的系数。

收到基是包括全水分的煤所处的状态，空气干燥基煤是包括空气干燥基水分的煤所处的状态，二者之间基本上相差外在水分。通过下述推导，我们可以进一步掌握基准之间的换算规律。

由〔例 1-1〕及〔例 1-2〕得

$$A_d=A_{ar}\times\frac{100}{100-M_t} \tag{1-13}$$

$$A_d=A_{ad}\times\frac{100}{100-M_{ad}} \tag{1-14}$$

式（1-13）与式（1-14）等价，故

$$A_{ar}\times\frac{100}{100-M_t}=A_{ad}\times\frac{100}{100-M_{ad}}$$

$$A_{ar}=A_{ad}\times\frac{100-M_t}{100-M_{ad}} \tag{1-15}$$

$$A_{ad}=A_{ar}\times\frac{100-M_{ad}}{100-M_t} \tag{1-16}$$

将本例中各参数代入式（1-15），则

$$A_{ar}（\%）=27.33\times\frac{100-10.5}{100-2.41}=25.06$$

注意：在各种基准换算中，惟有收到基与空气干燥基换算时的系数，其分子、分母上均应减去一个数，即 M_t 或 M_{ad}。

由收到基求空气干燥基，因要乘上一个大于 1 的系数，故此系数值为 $（100-M_{ad}）/（100-M_t）$（M_t 值总是大于 M_{ad} 值，故此系数值大于 1）；反之，由空气干燥基求收到基，因要乘上一个小于 1 的系数，故此系数值为 $（100-M_t）/（100-M_{ad}）$。

只要能正确判断不同基准表示同一指标值的大小及二者的差异，就不会将乘上什么系数搞错。

【例 1-4】 已知煤的空气干燥基挥发分为 12.05%，空气干燥基水分为 1.66%，空气干燥基灰分为 27.49%，问干燥无灰基固定碳 FC_{daf} 为多少？

解：已知空气干燥基挥发分 V_{ad}，求干燥无灰基挥发分 V_{daf}，由于 V_{daf} 值要大于 V_{ad} 值，故 V_{ad} 值应乘上一个大于 1 的系数；另一方面，空气干燥基与干燥无灰基间相差空气干燥基水分 M_{ad} 及空气干燥基灰分 A_{ad}，故此系数值为 $100/（100-M_{ad}-A_{ad}）$。

$$V_{daf}(\%) = V_{ad} \times \frac{100}{100 - M_{ad} - A_{ad}} \qquad (1\text{-}17)$$

$$= 12.05 \times \frac{100}{100 - 1.66 - 27.49}$$

$$= 17.01$$

$$FC_{daf}(\%) = 100 - 17.01 = 82.99$$

由以上各例所示，可以看出基准间换算遵循一定的规律性，即煤质特性指标按收到基→空气干燥基→干燥基→无灰干燥基的顺序，其数值依次增大，如依上述顺序换算，则所乘系数均大于1；反之，如以反向顺序换算，则所乘系数均小于1。上述大于1或小于1的系数，在分子或分母上所减去的数值，就是二者所相差的组分。而所相差的组分无非是全水分、空气干燥基水分及灰分三项。不同基准间的换算系数见表1-9。

表 1-9   **不同基准间的换算系数表**

已 知 基	换 算 后 基			
	收到基	空气干燥基	干燥基	干燥无灰基
收到基	1	$\dfrac{100 - M_{ad}}{100 - M_t}$	$\dfrac{100}{100 - M_t}$	$\dfrac{100}{100 - M_t - A_{ar}}$
空气干燥基	$\dfrac{100 - M_t}{100 - M_{ad}}$	1	$\dfrac{100}{100 - M_{ad}}$	$\dfrac{100}{100 - M_{ad} - A_{ad}}$
干燥基	$\dfrac{100 - M_t}{100}$	$\dfrac{100 - M_{ad}}{100}$	1	$\dfrac{100}{100 - A_d}$
干燥无灰基	$\dfrac{100 - M_t - A_{ar}}{100}$	$\dfrac{100 - M_{ad} - A_{ad}}{100}$	$\dfrac{100 - A_d}{100}$	1

三、基准的应用

煤的基准是最为重要的燃料专业基础知识，其应用极其广泛，几乎随时随地都要用到，现举若干实例来加以说明。

1. 收到基

煤的全水分是电厂入厂煤数量验收的重要参数，测定煤中全水分，因其试样粒度规定为小于13mm或小于6mm，故其测定结果用收到基表示。

以收到基表示的煤质特性指标，直接反映了锅炉燃用原煤各特性指标的情况。在电厂煤场、输煤与锅炉系统设备的设计中，设计部门均要求提供收到基的各特性指标值。由于收到基低位发热量能实际反映煤用来发电的净热量，故计算标准煤耗时，它是基本参数。

2. 空气干燥基

除全水分外，煤质特性指标的测定结果均以空气干燥基表示。显然，空气干燥基值是换算到其他基准的基础，故煤质试验室提供的以空气干燥基值表示的各项特性指标值必须测准，否则换算到其他基准的值也不可能正确。

要保证煤质特性指标的空气干燥基值测准，关键在于所用的试样必须真正处于空气干燥状态。如将试样置于空气中连续干燥1h，其质量变化不大于0.1%，则认为达到空气干燥状态。如果试样尚未达到空气干燥状态或者制样时受热温度过高，都将使测定结果全都偏低或偏高。

3. 干燥基

煤的干燥基是一种假想状态。干燥煤样一旦与空气接触，就会吸收空气中的水分，直至与空气中的湿分相平衡为止。

由于干燥基不受试样水分波动的影响，故使得不同单位在不同环境下对同一样品的测定结果具有可比性。在煤质检测中，对任何一项检测项目，标准中均有精密度要求。精密度又分重复精密度（室内允许差）及再现精密度（空间允许差）。考核重复精密度用空气干燥基表示；考核再现精密度，则用干燥基表示。例如应用艾士卡法测定煤中全硫，GB/T 214—1996《煤中全硫的测定方法》对精密度规定见表 1-10。

表 1-10   艾士卡法测定煤中全硫精密度   %

S_t	重复性 $S_{t,ad}$	再现性 $S_{t,d}$	S_t	重复性 $S_{t,ad}$	再现性 $S_{t,d}$
<1	0.05	0.10	>4	0.20	0.30
1~4	0.10	0.20			

干燥基意味着煤中不含水分，即干煤所处的状态。为了检查检测结果的准确性，普通应用标准煤样，而标准煤样的特性指标值均以干燥基表示。这样在不同湿度下，所测出的空气干燥基特性指标值虽各不相同，但经换算成干燥基，实测值与标准煤样的标准值（名义值）之间也就具有直接可比性，从而可对各种条件下的测定结果的准确性加以判断。

总之，煤中水分受环境影响而变化，在不少场合，考虑到排除水分对检测结果的影响，就需要应用干燥基。

4. 干燥无灰基

干燥无灰基挥发分 V_{daf} 的应用最多，它的高低反映了煤的变质程度，在我国煤炭分类中，V_{daf} 是主要分类参数，见表 1-1。

由于干燥无灰基不计水分及灰分，因此在锅炉燃烧及设计煤质中均要求提供 V_{daf} 值。所谓干燥无灰基挥发分，是指挥发分在煤的可燃组分（挥发分与固定碳）中所占百分比。挥发分是煤中最易燃烧的成分，而固定碳的燃烧温度要比挥发分高得多，燃烧速度也慢得多，所以锅炉设计及运行人员特别关心 V_{daf} 值的高低。V_{daf} 的值可通过式（1-17）计算而得。

由试验室直接测得的挥发分用 V_{ad} 表示。如 V_{ad} 值保持不变，则 V_{daf} 值随煤中不可燃组分（主要是灰分 A_{ad}）的增大而增大；如煤中不可燃组分保持不变，则 V_{daf} 随 V_{ad} 值的增大而增大。有的人认为，从锅炉燃烧的角度上看，V_{daf} 值越大越好，这是不对的。

例如 A、B 两个煤样，V_{ad} 及 M_{ad} 值均相等，分别为 16.84% 及 1.36%，A 煤样灰分 A_{ad} 为 19.28%，B 煤样灰分 A_{ad} 为 34.21%，则二者的 V_{daf}（%）分别为

A 煤样 $V_{daf}（\%） = V_{ad} \times \dfrac{100}{100 - M_{ad} - A_{ad}}$

$$= 16.84 \times \frac{100}{100 - 1.36 - 19.28} = 21.22$$

B 煤样 $V_{daf}（\%） = 16.84 \times \dfrac{100}{100 - 1.36 - 34.21} = 26.14$

A 煤样灰分 A_{ad} 为 19.28%，而 B 煤样为 34.21%，显然 A 煤优于 B 煤。但观察它们的 V_{daf}，A 煤样的 V_{daf} 为 21.22%，而 B 煤样却为 26.14%。

对于干燥无灰基挥发分 V_{daf} 值的大小与煤质优劣之间的关系，不少人有误解，故在此特加说明。

第三节　煤粉锅炉用煤技术条件与电力生产

当今电厂锅炉普遍采用煤粉悬浮燃烧方式，即入厂煤经破碎与制粉工艺，以制取一定细度的煤粉，借助于热风（二次风）通过燃烧器进入炉膛燃烧，故电力用煤必须满足锅炉安全经济运行的要求，即遵循 GB/T 7562—1998《发电煤粉锅炉用煤技术条件》。本节将对该标准作一介绍，重点是阐述各项主要的煤质技术指标对电力生产的影响，从而使读者能够对电力用煤的质量要求有一个比较全面的了解与认识。

一、煤粉锅炉用煤技术条件

GB/T 7562—1998 对电力用煤的主要特性指标挥发分 V_{daf}、发热量 $Q_{net,ar}$、灰分 A_d、全水分 M_t、硫分 $S_{t,d}$，煤灰熔融软化温度 ST 及哈氏可磨性 HGI 这七项技术条件作出了具体规定，参见表1-11～表1-17。

应该指出，表1-11～表1-17 中的七项技术指标是对全国范围内的电力用煤而言的。对某一台锅炉来说，其煤质特性必须与锅炉设计煤质相适应，至少也应满足锅炉校核煤质的要求。

表1-11　挥发分技术要求

符　号	V_{daf}（%）	$Q_{net,ar}$（MJ/kg）
V_1[①]	6.50～10.00	>21.00
V_2	10.01～20.00	>18.50
V_3	20.01～28.00	>16.00
V_4	>28.00	>15.50
V_5[②]	>37.00	>12.00

①不宜单独燃用；
②适用于褐煤。

表1-12　发热量技术要求

符　号	$Q_{net,ar}$（MJ/kg）
Q_1	>24.00
Q_2	21.01～24.00
Q_3	17.01～21.00
Q_4	15.51～17.00
Q_5[①]	>12.00

①适用于褐煤。

表1-13　灰分技术要求

符　号	A_d（%）
A_1	≤20.00
A_2	20.01～30.00
A_3	30.01～40.00

表1-14　硫分技术要求

符　号	$S_{t,d}$（%）
S_1	≤0.50
S_2	0.51～1.00
S_3	1.01～2.00
S_4	2.01～3.00

表1-15　全水分技术要求

符　号	M_t（%）	V_{daf}（%）	符　号	M_t（%）	V_{daf}（%）
M_1	≤8.0	≤37.00	M_3	12.1～20.0	>37.00
M_2	8.1～12.0	≤37.00	M_4	>20.0[①]	

①适用于褐煤。

表1-16　煤灰熔融性软化温度技术要求

符　号	温度（℃）
ST_1	>1150～1250
ST_2	1260～1350
ST_3	1360～1450
ST_4	>1450

表1-17　煤的哈氏可磨性技术要求

符　号	数　值
HGI_1	>40～60
HGI_2	>60～80
HGI_3	>80

二、煤质特性与电力生产

现在按照表 1-11～表 1-17 的顺序，依次就各项指标与电力生产的关系加以叙述。

1. 挥发分

挥发分是煤炭分类的主要依据，也是影响电煤燃烧特性的首要指标，特别是干燥无灰基挥发分 V_{daf} 更是锅炉设计中最为重要的参数。

煤中挥发分是由各种烃类所构成的有机可燃组分，是煤中最可燃的成分及热量的主要来源之一。

不论燃用什么品种、什么质量的煤，首先都应该与锅炉设计煤质相适应。燃用低挥发分贫煤的锅炉，就不能燃用高挥发分的气肥煤、长焰煤等，反之亦然。

燃用高挥发分煤的电厂，对煤场存煤监督管理有着特殊要求，特别是要防止煤场存煤的自燃，以免造成巨大损失。

煤的挥发分过高，如制粉系统中存有积粉，则易导致温度的升高而引发自燃。煤粉燃烧，可能导致制粉系统的破坏，而煤粉与空气的混合物则易引起尘粉爆炸。

煤的挥发分过低，虽然不会出现上述现象，但锅炉不易着火，着火后又很易灭火，难以保证锅炉的稳定燃烧。故设计燃用烟煤的锅炉，包括贫煤锅炉，最好不要掺烧无烟煤。

总的说来，电力用煤期望挥发分不要过高，也不要过低。故烟煤中的贫煤、瘦煤、贫瘦煤、不黏煤、弱黏煤等，不仅挥发分既不太低又不太高，而且黏结性较小，故宜作电力用煤。

电厂选用什么煤，往往受煤炭资源及运输条件限制，一些特性指标欠佳的煤只能作为电力燃料而没有更多的选择余地。这就要求电力系统各部门，特别是电厂应该深入了解各种煤的特性，做好配煤掺烧，加强燃烧调整，以确保锅炉安全经济运行。

特别需要指出的是，有些人对煤中挥发分测定的重要性缺乏认识，甚至对入厂及入炉煤长期不测挥发分，这种情况必须加以纠正。挥发分对电力生产影响切不可低估，电厂中燃烧系统的事故往往都与煤的挥发分直接或间接相关。挥发分是电力用煤最重要的特性指标之一。各电厂对入厂及入炉煤不但要天天测、班班测，而且务必测准。电厂中相关部门应根据挥发分的测定结果，加强对煤场、制粉系统的监督及锅炉的运行调整，防止各类事故的发生。

2. 发热量与灰分

发电厂就是利用煤燃烧产生的热量转为电能的生产企业，发热量在各项煤质特性指标中居于首位。且发热量与灰分之间有着密切的关系，故在此一并加以说明。

某单位对烟煤灰分 A_d、高位发热量 $Q_{gr,d}$ 大量实测数据进行了统计，其结果见表 1-18。

表 1-18　　　　　　　　　　　　　煤中 A_d 与 $Q_{gr,d}$ 之间的相关性

编　　号	1	2	3	4	5
A_d（%）	24.93	27.37	29.97	30.54	39.27
$Q_{gr,d}$（MJ/kg）	24.75	24.01	23.31	23.18	20.12

以自变量 x 为灰分 A_d，因变量 y 为高位发热量 $Q_{gr,d}$，用一元线性回归方程 $y=a+bx$ 表示二者的关系

经计算：$a=31.24$，$b=-0.27$，相关系数 $\gamma=-0.953$。

一元线性回归方程为

$$y=31.24-0.27x$$

设灰分 $A_d=20.00\%$，则 $Q_{gr,d}=31.24-0.27\times20.00=25.84$（MJ/kg）；设 $A_d=30.00\%$，则 $Q_{gr,d}=31.24-0.27\times30.00=23.14$（MJ/kg）。

相关系数为—0.953，表明灰分与发热量之间具有良好的负相关性。关于一元线性回归方程中 a、b 及相关系数 γ 的计算请参阅《火力发电厂燃料试验方法及应用》（中国电力出版社，2004 年 9 月出版）。

商品煤通常是按发热量的高低计价，干燥基高位发热量是商品煤质量验收的最主要指标，发热量或灰分的高低，基本上也就反映了煤质的优劣。

煤的发热量过低，将导致燃烧不稳定，甚至会出现锅炉灭火情况。与此相应，必然煤中灰分含量过高，则电厂在破碎、制粉方面的能耗大大增加。这些灰要从炉内带走大量热量，而且灰分增大，还将导致锅炉结渣及磨损的加剧以及增加除尘、排灰的运行费用。

煤的发热量过高，将导致燃烧室温度过高，有可能促使锅炉结渣的发生或增大结渣的严重程度，同时使排烟温度升高。使用低灰分优质煤，将使燃料标煤单价上升，因而电厂也不宜使用低灰高热量的精煤。

发热量是电厂每天每班入厂及入炉煤的必测项目。验收入厂煤、计算标准煤耗，均要依据发热量的测定结果。

综上所述，电厂宜用中灰、中热量的煤。由于我国电力用煤中，烟煤约占 90%，对烟煤而言，电力用煤 A_d 多在 20%~30%，$Q_{gr,d}$ 多在 23~27MJ/kg。对锅炉设计时确定燃用褐煤或其他煤源，则另作别论。

灰分大于 40% 的低质煤，热量过低，电厂不能使用。本书已多次指出，要严防将大量矸石经破碎后混入煤中充当商品煤进入电厂。从表面上看，煤中混入小粒矸石后，并不会使发热量显著下降、灰分显著升高，但其危害性很大，这应引起电厂的重视。

3. 全水分

水分是煤中的不可燃成分，它是评定电力用煤经济价值的最基本指标之一。根据煤所处的状态，水分可分为收到基水分（即全水分）及空气干燥基水分。

煤中水分含量变化范围大，它与煤的变质程度有一定的关系。随煤的变质程度加深，水分含量减少，见表 1-19。

表 1-19　　　　　　　　　　　煤的水分含量与变质程度

水分 ＼ 煤种	泥　煤	褐　煤	烟　煤	无烟煤
M_t（%）	60~90	30~60	4~15	2~4
M_{ad}（%）	40~50	10~40	1~8	1~2

煤中水分含量越高，势必增大运输量及经济负担，并有可能造成输煤系统运行障碍，降低有效热量。煤中每增加 1% 的水分，则低位发热量约降低 250J，同时锅炉烟气量增大，由烟气带走的热量也增加，从而加大了排烟热损失及排风机的能耗。

煤中全水分是入厂煤煤量验收及入炉煤低位热量计算的重要依据。例如，电厂跟供方签订一份供煤 10 万 t 的合同，约定煤的全水分为 8.0%，而实际收到煤的全水分为 9.0%，则电厂应按下述办法向供煤方索赔：按合同要求，10 万 t 煤约定全水分为 8.0%，即应收到

9.2万t干煤，0.8万t为水。而实际上电厂收到的是9.1万t干煤，0.9万t水，也就是电厂少收了1000t干煤，如折算成全水分为9%的煤，则应为1000/0.91＝1099t。也就是说，电厂应向供方索赔1099t水分为9%的原煤或者从10万t煤中扣除1099t煤来支付煤款。如果此天然原煤按200元/t计，则电厂可向供方索赔21.98万元。因此，水分测定十分重要。

从电厂运行角度来看，煤中全水分含量不宜过高，但含量过低，也有不足之处：一是煤粉燃烧火焰中含有少量水汽，对燃烧能起催化作用；二是煤中含有适量的水，有助于降低煤尘的污染。

总之，燃用烟煤的电厂，煤中全水分宜控制在5%～8%，最好其外在水分不要超过10%，否则将会对电厂生产带来诸多不利影响。

4. 含硫量

煤中硫为有害元素。任何煤中均含有硫，只是含硫的多少不同。硫的危害正在日益为人们所认识，控制入厂煤的含硫量、加强煤中全硫含量的检测是极其必要的。

GB/T 18666—2002将发热量（或灰分）以及全硫含量作为评价商品煤质量的基本指标，可见其重要性。

煤中硫又分为可燃硫及不可燃硫。一般说来，煤中可燃硫所占比重很大，常常达到90%左右。在高温下，煤中可燃硫燃烧生成二氧化硫并伴有少量三氧化硫产生，三氧化硫约相当于二氧化硫量的1%～2%。

二氧化硫是对大气污染的主要污染物，是形成酸雨的主要来源，而大范围的酸雨对生态环境有着极大的破坏作用。空气中含有较高浓度的二氧化硫，将对人的呼吸系统产生严重影响。

电厂锅炉燃用高硫煤，一方面，电厂烟气中二氧化硫含量过高而污染环境；另一方面，由于煤中硫的增高，锅炉尾部受热面易产生腐蚀与堵灰，缩短低温段空气预热器的寿命；再一方面，煤中硫含量增高，易加剧锅炉结渣及原煤与煤粉的自燃倾向等不利影响。

虽说可以采取烟气脱硫装置降低二氧化硫排放量，但由于烟气脱硫装置投资及运行费用很高，技术上也存在相当难度，故电厂主要还是希望燃用低硫煤。

对电厂来说，煤中含硫量越低越好。就全国范围来说，电煤中全硫含量应小于2%；对于城市及沿海地区的电厂，煤中含硫量应控制在1%以下，通常为0.7%～0.8%。

我国某些省区所产煤炭含硫量普遍较高，如贵州、四川、山东、广西等地的产煤中，相当一部分矿区煤中含硫量超过3%，甚至达到5%或更高。受低硫煤资源的限制，煤中含硫量的控制将越来越难，而环保的要求却越来越高。因此，煤中含硫量问题日益为电厂所重视。

5. 灰熔融性

煤灰熔融性是影响锅炉安全经济运行的重要指标。锅炉结渣（俗称结焦）会使受热面减少、烟汽升高、锅炉出力降低，结渣严重时会被迫停炉。

用来表征煤灰熔融的四个特征点温度中，以软化温度ST最为重要，通常ST以为1350℃为分界线。对固态除渣锅炉（绝大部分电厂锅炉均为固态除渣锅炉，液态排渣锅炉为数甚少）来说，ST要大于1350℃，且越大越好。因为煤灰熔融温度越低，结渣的可能性越大。

由于煤灰不是纯化合物，它只能在一定温度范围内熔融，而不存在固定的熔点。煤灰熔融温度的高低，从本质上讲，取决于煤灰的化学组成及其结构，同时与炉内的气氛条件有关。

锅炉结渣程度可用结渣指数 R_s 来表示，即

$$R_s = \frac{\text{灰中碱性氧化物}}{\text{灰中酸性氧化物}} \times S_{t,d} \tag{1-18}$$

式中　灰中碱性氧化物——$Fe_2O_3 + CaO + MgO + K_2O + Na_2O$，%；

灰中酸性氧化物——$SiO_2 + Al_2O_3 + TiO_2$，%；

$S_{t,d}$——煤中干燥基全硫，%。

结渣指数 R_s 的分类见表 1-20。

表 1-20　　　　　　　　　　　锅炉结渣指数的分类

结渣指数 R_s	<0.6	0.6~2.0	2.0~2.6	>2.6
结渣分类	低	中	高	严重

通常煤灰熔融性随煤灰中碱性与酸性氧化物的比值增大而降低。显然，为了避免锅炉严重结渣，应选用煤灰中碱性氧化物含量相对较少的煤为宜，这种煤的灰熔融温度一般较高；而在煤灰成分一定的条件下，煤中含硫量越小，则灰熔融温度一般也较高，故也应选用低硫煤为宜。

在这里需要特别指出，单纯从煤中含硫量的高低，是不能判别该煤种是否容易结渣的。由式（1-18）可知，只有当两种煤灰中碱性与酸性氧化物比值一致或十分相近时，结渣指数的大小才取决于煤中全硫含量。对此问题，有些人往往误认为煤中含硫量越高，则灰熔融温度越低，锅炉越容易结渣，实际上情况并非完全如此。在考虑煤中含硫量的同时，一定要考察其煤灰组成。煤灰熔融温度是煤灰组成的函数，虽则煤灰成分未列入 GB/T 7562—1998《发电煤粉锅炉用煤技术条件》中作为煤粉锅炉用煤技术指标之一，但它对电力生产也有十分密切的关系。

为避免锅炉严重结渣，对煤质及灰渣特性的要求是：

（1）煤中灰分及含硫量不宜太高，煤粉不宜太粗。

（2）要选用煤灰熔融温度高的煤。一般软化温度 ST 要高于 1350℃，且越高越好。

（3）要避免选用灰熔融温度较低的短渣煤。所谓短渣煤，是指灰渣黏度受温度影响大的煤（短渣煤一般表现为 DT 与 FT 之间温差小，例如 100℃ 以内）。燃用短渣煤，锅炉有可能在短时间内出现大面积严重结渣情况。

（4）宜选用煤灰熔融性不易受气氛条件影响的煤。由于这种煤的灰渣特性受锅炉运行工况的波动影响较小，从而有助于锅炉的稳定燃烧。

6. 可磨性

可磨性，是指煤在规定条件下磨制成粉的难易程度。由于电厂中绝大部分采用煤粉锅炉，故可磨性就成为一项对电力生产有着重要影响的煤质特性指标。

可磨性以哈氏可磨性指数值 HGI 值来表示。HGI 是一个无量纲的物理量，其大小表示硬煤（烟煤与无烟煤）磨制成粉的难易程度。应特别指出：褐煤不能套用哈氏法测定可磨性。

哈氏可磨性指数，是指在规定的条件下，应用哈氏可磨性测定仪（俗称哈氏磨）测得的

可磨性指数。

煤越软，哈氏可磨性指数越大，这意味着相同规定粒度的煤样磨制成相同细度时所消耗的能量越少。换句话说，在消耗一定能量的条件下，相同规定粒度的煤磨制成粉的细度越细，则可磨性指数越大，反之则越小。

提供可靠的可磨性指数，对电厂设计时选择磨煤机的类型与容量，预测磨煤机所需动力及了解磨煤机运行工况等方面，都是不可缺少的参数。

哈氏可磨性指数越大，在消耗一定能量的条件下，磨煤机出力越大。哈氏可磨性相差10个指数。磨煤机约相差 25% 的出力。

为减少能耗，电力用煤的哈氏可磨性指数宜选择较大一些的煤源。哈氏可磨性指数为70，属于可磨性中等的煤；其值如能达到 80～90，则属于易磨煤；如值为 50～60，则为难磨煤。

表征电力用煤煤质的优劣，不只是上述七项特性指标，然而这七项为最重要的。还有一些煤质特性指标，也将对电力生产的某一方面有着一定的影响，如煤的磨损性，煤中含氟量、煤灰成分、灰的比电阻等，在此就不一一细述。

实际上，电力用煤的各项特性指标都要达到较理想的要求是很难的，故我们要对电力用煤的特性加以综合分析，了解各项特性指标对电力生产的影响，从而选用能够较好地满足电力生产的所需燃料。

第四节　火力发电生产流程与煤粉锅炉

发电厂就是将一次能源煤炭转变为二次能源电力的生产企业。一座 1000MW 的火力发电厂，日燃用天然煤约 10000t，煤燃烧后产生灰渣约 2500t。在火电生产流程中，如此大量的燃煤要经输送、破碎、制粉，直至喷入锅炉内燃烧。而燃烧产物灰渣中约 90% 为灰，它要经除尘器收集，然后通过管道，一般是借助水力将其排往贮灰场。从锅炉底部收集的炉渣，经破碎后，也要通过管道排往贮灰场（不少电厂采取灰、渣混排方式）。因此，在火力发电厂生产流程中，煤的输送、制粉、燃烧以及灰渣的收集、排放等涉及电厂多个车间的工作，占据电厂很大一部分空间与人力。再加上煤炭费用占发电成本 70% 以上，而且有继续增大的趋势，因而燃料在火电生产中的作用与地位已显得十分突出。

要掌握火力发电厂用煤技术，就必须对火电生产流程与煤粉锅炉有所了解。本节将从电力生产的角度来对此加以介绍。

一、火力发电厂生产流程

利用煤、石油、天然气等燃料发电的电厂，称为火力发电厂。在火力发电厂中，一般利用锅炉产生蒸汽，用蒸汽冲动汽轮机，由汽轮机带动发电机发电。

火力发电厂生产过程和主要设备如图 1-1 所示。

由图 1-1 可以看出，煤由输煤皮带输送→煤斗→磨煤机→煤粉→排粉风机→进入锅炉燃烧；燃烧后形成的灰及气体产物→除尘器→引风机→自烟囱排至大气；渣斗中的炉渣及由除尘器收集的灰→冲灰沟→灰渣泵→灰场。在煤粉燃烧时，还要将空气→送风机→空气预热器→热风（二次风）吹入炉内助燃。

火力发电厂主要生产系统包括汽水系统、燃烧系统及电气系统。

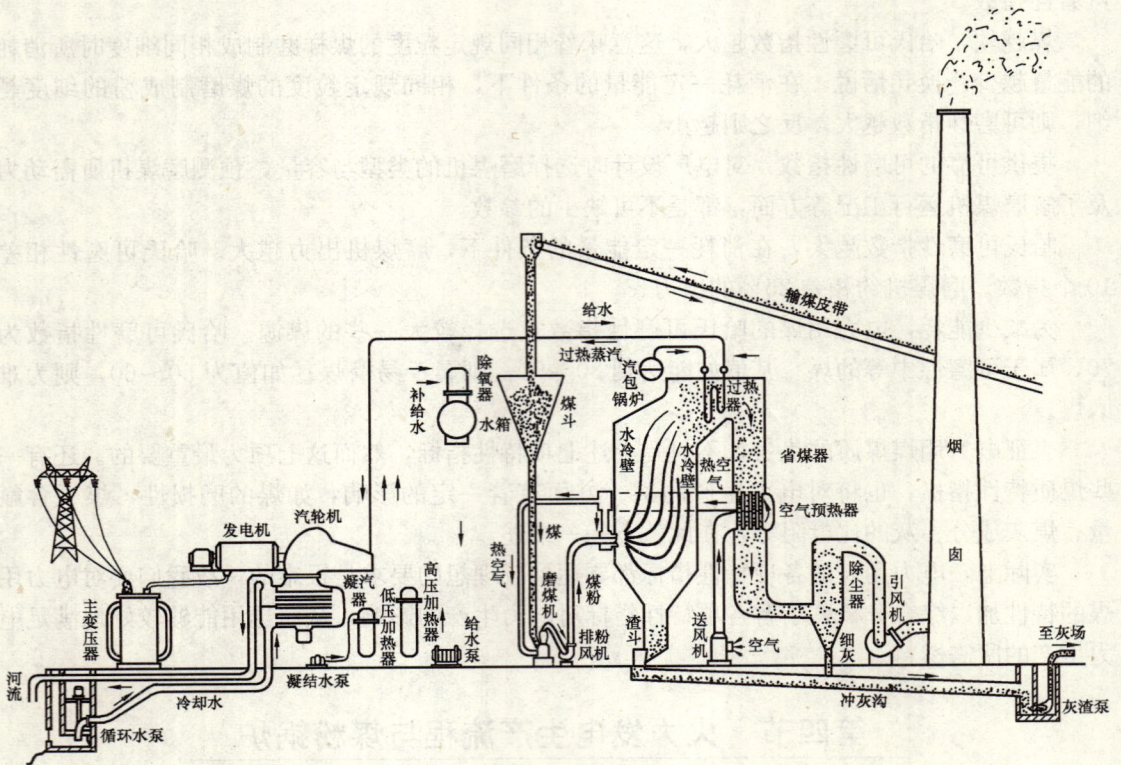

图 1-1　火力发电厂生产过程和主要设备图

二、火力发电厂煤粉锅炉

电力用煤供锅炉燃烧之用，因而电力用煤与锅炉设备及其运行有着密切关系。在此将对电厂锅炉设备及煤粉制备与燃烧方面的知识作一简要介绍，以使读者能更好地了解电力生产、了解电煤的作用。

（一）火力发电厂锅炉设备

电厂锅炉设备由锅炉本体及辅助设备组成。

1. 锅炉本体

锅炉本体由锅与炉两部分组成。锅是指锅炉水汽系统，由汽包、省煤器、下降管、水汽壁、过热器、再热器等组成；炉是指锅炉的燃烧系统，由炉膛、烟道、燃烧器及空气预热器等组成。

2. 辅助设备

锅炉辅助设备包括输煤、制粉、通风、给水、除尘、除灰等系统的设备组成。

（二）锅炉分类及主要技术参数

1. 锅炉分类

锅炉可按容量大小、蒸汽参数高低、燃烧方式及蒸发受热面流动情况不同而采取不同的分类方法。

（1）锅炉容量按最大连续蒸发量大小分类。目前电厂锅炉多为大中型锅炉，例如配300MW 机组的锅炉容量约为 1000t/h；配 600MW 机组的锅炉容量约为 2000t/h。

（2）锅炉按蒸汽参数的高低可分为低压、中压、高压、超高压及亚临界压力锅炉。电厂锅炉多为高压（9.8MPa）、超高压（13.7MPa）、亚临界压力（16.7MPa）锅炉。对超临界压力锅炉，其压力可高达22MPa以上。

（3）锅炉按燃烧方式的不同，可分为层燃炉、室燃炉、旋风炉。电厂中多配用室燃炉，其中煤粉炉最为普遍。

（4）锅炉按工质在蒸发受热面中的流通方式，可分为自然循环、控制循环、复合循环及直流锅炉。自然循环与控制循环锅炉均有汽包。汽包将省煤器、蒸发部分与过热器分开，并使蒸发部分形成密闭的循环回路。直流锅炉没有汽包，在省煤器、蒸发部分和过热器之间没有固定的分界点。

在自然循环与控制循环锅炉中，水要多次流往蒸发部分才能完全转为蒸汽；而在直流锅炉中，水只一次通过蒸发部分就全部汽化。

复合循环锅炉，就是在一台锅炉上同时具有上述两种循环方式的锅炉。自然循环锅炉参见图1-2。

煤粉由一次风（风、粉混合物）以较高流速通过燃烧器吹进炉膛，煤粉借助二次风（热空气）在炉膛内充

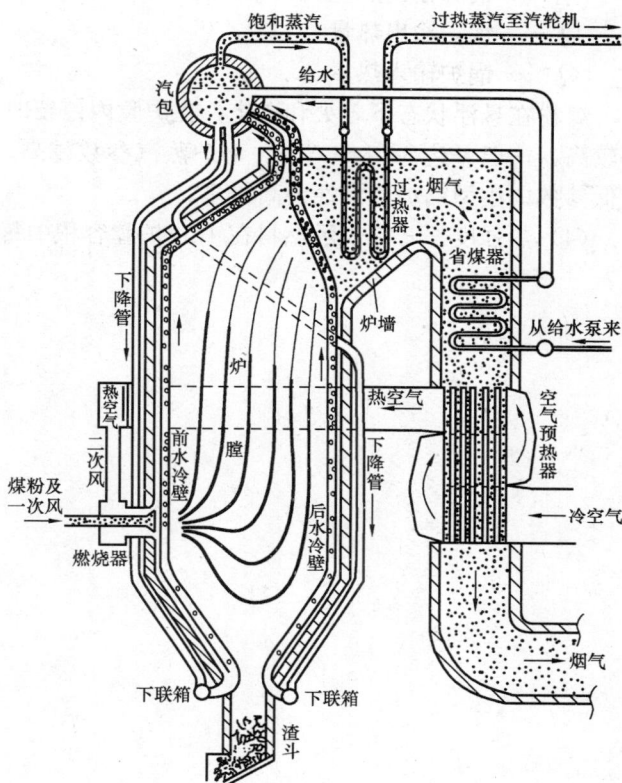

图1-2　自然循环锅炉结构图

分燃烧。含有大量灰粒的烟气则经由锅炉上部除尘器，将其中绝大部灰粒收集下来，除尘后的烟气则自烟囱排出。

2. 锅炉主要技术参数

锅炉的主要技术参数主要指锅炉容量（蒸发量）、蒸汽压力及温度，给水温度等。具有再热器的锅炉，蒸汽参数中还包括再热蒸汽、流量、压力等。

（1）蒸发量是指锅炉容量大小的指标。锅炉每小时生产的蒸汽量，称为蒸发量，以t/h来表示。

（2）额定蒸汽参数是指锅炉主蒸汽阀处的蒸汽压力与温度，它是用来表示蒸汽质量的一个指标。

进入汽轮机的蒸汽参数越高，它的含热量也越高，但排汽潜热损失变化不大，故当进汽参数提高时，转变为机械能的热量相对增加，从而提高发电效率。正因为如此，新建的大型电厂，大多采用超高压或亚临界压力机组，这样可大大节约用煤。

（3）锅炉热效率是指锅炉产生蒸汽所吸收的热量占燃料所具有热量的百分率。电厂大型锅炉的热效率一般均在90％以上。

$$\eta = q_1 = \frac{Q_1}{Q_r} \times 100\% \tag{1-19}$$

式中　　η——锅炉热效率，%；

q_1——锅炉输出热量百分率；

Q_1——锅炉输出热量；

Q_r——锅炉输入热量。

煤粉在悬浮状态下着火和燃烧，在炉膛内停留时间很短，一般仅 1.5~3s。煤粉炉热效率较高，一般可达 88%~93%。锅炉蒸汽参数越高，热效率也越高，故高参数的大型锅炉较低参数中小型锅炉经济性要高得多。

（4）热强度——它表示燃料在 $1m^3$ 炉膛容积中每小时所发出的热量，MJ/（$m^3 \cdot h$）。

火力发电厂燃煤现场运行监督

　　火力发电厂化学监督工作是保证电力系统安全生产的重要措施，是科学管理设备的一项基础性工作。而燃煤监督是化学监督的重要组成部分，它必须贯彻"预防为主，质量第一"的方针，实施生产全过程的监督，及时发现和消除与燃煤监督有关的发电设备隐患，防止锅炉及相关设备事故的发生。同时，由于燃煤费用现在已占发电成本的70％以上，因此加强燃煤监督，做好煤质验收、煤场管理，控制好入炉煤质，节约用电与用煤，降低发供电煤耗，对提高电厂的经济效益均有至关重要的影响。

　　火电厂燃煤监督的重要性已成为大多数电厂，特别是各级领导的关注重点。以往较普遍的是重视煤质化验，近几年来煤的采制样的重要性开始为人们所认识，情况有了不少改观。机械化采制样设备已大量在电厂中安装使用。

　　燃煤监督包括煤的采制化监督及现场运行监督两大部分。燃煤现场运行监督，包括入厂煤验收、煤场存煤、入炉煤掺烧、煤粉制备、锅炉燃烧、灰渣排放处理等内容，本章将对上述诸方面的监督要求与技术分节加以阐述与说明。

第一节　电厂入厂煤量验收

　　入厂煤验收包括煤量与煤质验收，这是电厂燃煤监督的关键，是确保发电机组安全运行、维护电厂经济权益、降低发电成本的重要措施。近年我国制定了 GB/T 18666—2002《商品煤质量抽查和验收方法》，对入厂煤质验收提出了新的规定与要求。

　　电厂购买入厂煤，必须与供煤方签订合同，而合同上当然包含有关煤量及煤质的约定。电厂对入厂煤的验收，当以供煤合同为依据。因此，首先要求合同的签订与审批人员，不但要学习合同法，而且要熟悉电厂锅炉设计与校核煤质，同时还应掌握燃煤的各项专业知识，了解电煤特性指标与电力生产的关系，以免给合同留下漏洞。

　　在签订合同时，签订人员与审批人员对合同的任何细节都要加以注意。例如，涉及供煤水分，就要明确规定是全水分还是外在水分；如涉及发热量时，就要注明是高位还是低位，是用什么基准表示的，因为煤的收到基低位发热量与干燥基高位发热量在数值上相差数千焦耳/克。合同签订不当的情况并不少见，一般说来，有责任心问题，更多的是缺少煤的专业技术之故。

　　根据进厂煤的不同运输方式，采用不同的入厂煤量验收方法。

　　我国电厂入厂煤通常用火车、汽车、船舶进煤，少数为皮带输煤，其数量验收方式也有所不同，相当多的电厂采用两种以上运煤工具进煤。

　　一、火车煤计量

　　火车进煤通常采用两种方法：一是轨道衡直接称量法；二是采用检尺丈量车厢容积，再根据装满车厢的煤量，换算成煤的密度（t/m³），从而计算煤量。

现今大中型火电厂普遍采用轨道衡验收入厂煤量，而对检尺计量验收煤量已较少采用。

轨道衡为国家强检计量器具，必须持有计量检定机构有效期内的检衡合格证书。

1. 轨道衡计量法

（1）轨道衡分类。

1）静态轨道衡，是车辆在轨道衡台面上于静止状态下进行称量的装置。静态过衡速度一般不得大于 3～5km/h。速度越快，则称量误差越大；静态过衡准确度较高，约为±0.1%。系统结构简单、调整维护方便、价格较低。

2）动态轨道衡，是车辆处于低速行驶状态下进行称量的装置。

动态过衡速度较快，要求列车以较平稳的速度通过台面，过衡速度可达 10～15km/h，甚至更高，但是称重准确度仅为±0.5%。而且系统结构复杂，调整维修难度大，施工要求严，价格较高。

电厂中多采用动态轨道衡，以缩短过衡时间，加快车辆的调度、周转。

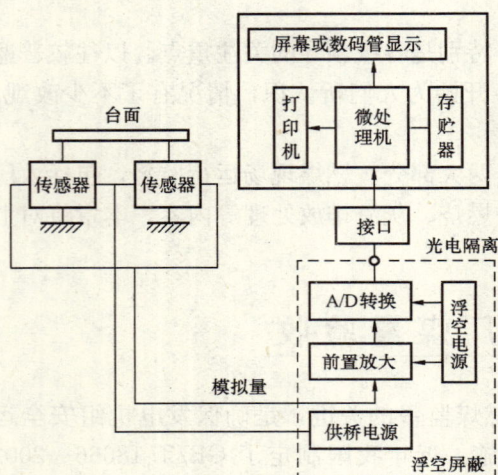

图 2-1　动态电子轨道衡逻辑框图

（2）动态电子轨道衡的应用。

动态轨道衡按器件分类，可分为机械、电子、机电两用轨道衡，其中以电子轨道衡应用最为普遍。

动态电子轨道衡由仪表及机械称重台面组成，相配套的为基础道床及控制室。列车按一定速度通过道床及称重台面，称重台将列车重力传递给仪表系统，仪表系统完成由力转换为电压信号，再由电压信号转换为数字信号的过程，经计算机处理，最后计算出每节车的质量及车速，并在显示屏上显示出来，如图 2-1 所示。

动态电子轨道衡由基坑与道床、称重台面及仪表系统三大部分组成。

由动力牵引的车辆以一定速度进入轨道衡台面一侧的线路，经引轨驶入称重台面，完成列车运行中的导向、支撑与力的传递。称重台面把重力传递给一次仪表传感器，传感器把力值转变成与之成正比的电压信号，并传送至二次仪表，这就是电子动态轨道衡的主机部分（如图 2-2 所示），完成称量并显示、打印出称量结果。

静态轨道衡过衡速度慢，国家规定其允许值为±0.5%，而通常动态轨道衡使用公差为静态衡的 2 倍，即±1.0%。

电厂与煤矿结算煤款，以发煤批量为一结算单位，不得以单车计算。

（3）到站煤量的计算。

相同质量的煤，在其水分含量不同时是不等值的。水分含量越高，收到基低位热量越低。当用收到基低位发热量计量煤价时，煤中水分不仅与煤量有关，而且与煤质有关；如用干基高位发热量计价，则煤中水分仅与煤量有关。GB/T 18666—2002 规定，以干基高位发热量取代传统使用的收到基低位发热量作为煤质验收的评价指标。

煤中水分的变化与煤量关系密切，它直接关系到煤量的正确验收，以维护电厂的权益、减少因进厂煤水分过大（超过合同约定值）而带来的经济损失。

煤中水分的测定及煤量的计算，是电厂入厂煤量验收中一个特别重要的问题，应加以关注。

电厂与供煤方签订供煤合同时，必须包含煤中水分的约定条款。煤在由供方运往电厂途中，一方面，可能因天气原因，如下雨、下雪，致使煤中水分含量增加；另一方面，也不排除人为往煤中加水，以非法牟取利益。总的情况是，供方提供的水分含量总是偏低，而电厂所收到煤的水分总会比供方提供的水分值要高。煤中水分含量的高低，直接关系到供需双方的经济利益，故对水分测定煤样的采集与化验结果，往往成为双方产生争议的焦点。

在煤车通过轨道衡后，得到的煤量是衡量出的到站实际煤量。为了折算成含规定（约定）水分的煤量，必须在各车厢中采样，以测定煤中全水分。

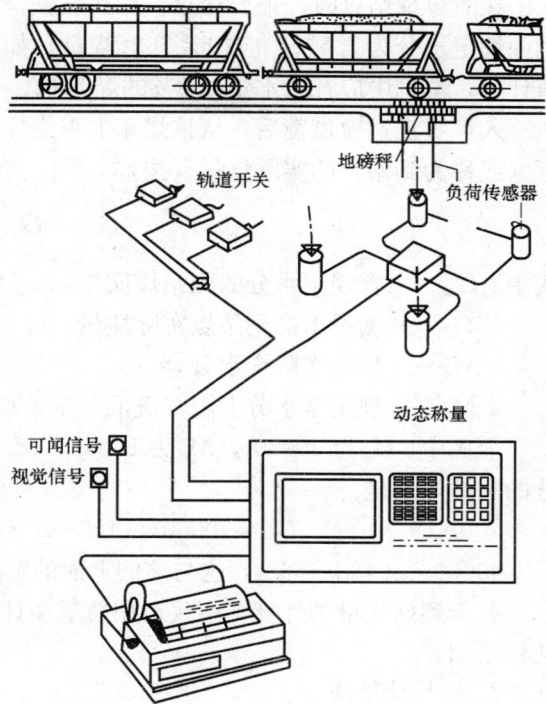

图 2-2 动态电子轨道衡二次仪表部分

设合同上约定煤的全水分为 7.5%，供煤量为 4 万 t，实际上收到的进厂煤平均全水分为 8.8%，轨道衡量出的到电厂的实际煤量也为 4 万 t，则由于煤中水分含量的增大，折算成含约定水分的煤量为多少？

解： 按合同约定，煤中含水分为 7.5%，对 4 万 t 煤来说，则应收到干煤 $40000 \times 92.5\% = 37000$（t），水量 3000t；而实际上收到干煤 $40000 \times 91.2\% = 36480$（t），水量 5320t。也就是说，按合同规定电厂少收了 $37000 - 36480 = 520$（t）的干煤，而多收了 520t 的水。

因为干煤实际上是不存在的，供方可补给电厂按合同约定的含水 7.5% 的煤，故应补煤量为 $520 \times 100/(100-7.5) = 562$（t）；供方如补给电厂为实际收到的含水 8.8% 的煤，则应补煤量为 $520 \times 100/(100-8.8) = 570$（t）。

因此，在结算煤款时，可采取下述方式之一：一种方式是从 40000t 中扣减 562t 的煤款，即实付给供方的金额为 $40000-562=39438$t 的煤款。另一种方式是供方补给电厂相应的煤量，煤款仍按照 40000t 计算，即供方补给电厂含全水 7.5% 的煤 562t，或者补给电厂含全水 8.8% 的煤 570t。

设含水量为 7.5% 的煤，每吨按 200 元计，则电厂找回的煤款为 $562 \times 200 = 11.24$ 万元。对于一座 1000MW 的电厂，日燃用天然煤约 1 万 t，4 万 t 煤为 4d 的燃用煤量，这样仅入厂煤水分一项，全年就可找回煤款 1025.65 万元。这正说明，加强电厂入厂煤量验收过程中，对水分测定煤样采制化的重要性。

在对煤款结算时，还要注意：如扣煤款，则煤的水分含量应以合同中的约定值计算，本例中约定水分为7.5%，应扣除562t煤款；如补给煤量，则煤的水分含量应以实际到电厂的值计算，本例中应补含水量8.8%的煤570t。

入厂煤在过轨道衡后，从该煤车上采集煤样测定全水分，然后再将由轨道衡量出的到电厂（或称为到站）的实际煤量，按式（2-1）折算成含规定或合同约定水分的到站煤量，即

$$G_{dz} = G_{sj} \frac{100 - M_{sj}}{100 - M_{jl}} \qquad\qquad (2\text{-}1)$$

式中　G_{dz}——含规定水分的到站煤质量，t；

　　　G_{sj}——衡量出的到站煤实际质量，t；

　　　M_{sj}——到站实际全水分，%；

　　　M_{jl}——规定全水分上限（洗混、末、粉煤为计量水分），%。

上例中，G_{sj}为40000t，M_{sj}为8.8%，M_{jl}为7.5%，各参数代入式（2-1），则含约定水分的到站煤量是

$$G_{dz} = 40000 \times (100 - 8.8)/(100 - 7.5) = 39438(t)$$

40000 − 39438 = 562t，这与该例上面的解析计算结果是完全一致的。

关于到站煤量的计算，不仅对用轨道衡计量的火车煤适用，对用汽车衡计量的汽车煤，同样适用。

2. 检尺计量法

（1）检尺计量的含义。就是用量器代替衡器进行煤量计量的一种方法。量器也就是容器，通常是火车车厢。该法是将一定容积的煤折算成单位容积的质量，并以此作为煤量计算的标准。

$$煤量 = 容积 \times 单位容积的煤量 \qquad\qquad (2\text{-}2)$$

容积的单位为m^3，单位容积的煤量实际上就是煤的堆密度或称容积密度，单位为t/m^3，故煤量单位为t。

检尺计量法由人工操作，效率低、准确性差，特别是要测准煤的堆密度并不容易，故只有不具备轨道衡的少数电厂（多为小型电厂）才使用此法。

（2）到站密度的测定。测定煤的堆密度，所用容器越大，准确性越高。煤在装车地点测定的堆密度，称为发站密度；到电厂后测定，则称为到站密度。二者的差别则反映了由于运输途中的振动致使煤体下沉，密度增高的变化情况。

到站密度的测定要点如下：

1）测定到站密度的煤车必须完整无缺，卸煤场地必须平整，所用磅称必须预先校准。

2）每次被测煤量不少于80t。

3）在煤卸车前，按采样标准要求采集煤样，分析全水分与灰分含量，并量取装煤高度。

4）煤车卸完后，按要求量取车皮长度与宽度。长度：顺着车皮一个侧板，在车底和车顶各测一次，取其平均值；宽度：在距车皮两块挡板的1/4处，在车底和车顶各量一次，取其平均值。

5）过磅用容器、车辆在过磅前后都得进行称重。

到站密度按式（2-3）计算，即

$$\rho_s = m_s / V_s \qquad\qquad (2\text{-}3)$$

式中　ρ_s——到站煤的密度，t/m³；

　　　m_s——到站煤量，t；

　　　V_s——实测煤量占有车皮的容积，m³。

煤的水分影响密度，也就影响煤量的计算。因而需要将上述到站煤的密度 ρ_s 校正到含规定（约定）水分煤的密度 ρ_g（对原煤或筛选煤），或者校正到含计量水分煤的密度 ρ_j（对各种洗煤产品）。

$$\rho_g = \frac{100 - M_t}{100 - M_g} \rho_s \tag{2-4}$$

$$\rho_j = \frac{100 - M_t}{100 - M_j} \rho_s \tag{2-5}$$

式中　ρ_g——含规定水分煤的密度，t/m³；

　　　ρ_j——含计量水分煤的密度，t/m³；

　　　M_t——实测到站煤的水分，%；

　　　M_g——煤的规定水分，%；

　　　M_j——煤的计量水分，%。

只有将到站煤密度（含实测到站煤水分 M_t）校正到含规定水分或含计量水分的密度 ρ_g 或 ρ_j 后，才能计算含规定水分或计量水分的煤量。

由此可以看出，检尺计量法计量煤量还是相当麻烦的，准确度也较低，故电厂中已很少使用，本书不再细述。

二、汽车煤计量

电厂普遍采用电子汽车衡计量汽车煤量。

汽车电子衡计量时，将载煤汽车置于秤台上，在重力作用下，秤台将重力传递至承重支承头，使称重传感弹性体产生变形，贴附于弹性体应变梁上的应变计桥路失去平衡，输出与质量成比例的电信号，经信号放大，再经 A/D 转换为数字信号，由仪表系统中的微处理机进行处理，直接显示出煤量，并由打印机打出结果。

汽车电子衡同电子轨道衡一样，计量器具必须定期由国家计量检定部检定，在合格证书有效期内使用。

前已指出，汽车煤验收时，也应在车上采集测全水分的煤样，按式（2-1），根据衡量出的到站煤实际质量折算成含规定或合同约定水分的到站煤量。

三、船舶煤计量

船舶煤计量比较复杂，大的海轮装煤量常为数万吨，内河驳船装煤量常为数百吨或千余吨不等。

1. 电子皮带秤计量法

在一些沿江沿海的大电厂，多用海轮将煤运至电厂专用码头，卸煤后由输煤皮带将煤转运进电厂。在输煤皮带上安装电子皮带秤，因它的称量准确度可达到 ±0.5%，从而也就可以较准确地计量入厂煤量。

还有少数坑口电厂，煤矿是通过输煤皮带将煤供给电厂；所有电厂的入炉煤都是应用输煤皮带输运的，入炉煤的计量也都是应用电子皮带秤，故有关电子皮带秤对煤的计量问题，将在本章入炉煤运行监督一节中加以说明。

2. 水尺计量法

(1) 水尺的含义

表示船舶吃水的标记，叫水尺。水尺数标刻在船头、船尾、船中左右侧船壳上。船舶装煤量可从吃水水尺数来加以计量。

验收时，首先要仔细查看船舶六面水尺（船首、中、尾各左右两侧），求得平均吃水深度；再按照船舶水尺与载重换算表计算出装载量。煤卸完后，一定要复查空载水尺零位标记，从而得出空载的实际质量。

平均水尺数按式（2-6）计算，即

$$T = \frac{T_1 + T_2 + T_5 + T_6 + 2(T_3 + T_4)}{8} \tag{2-6}$$

式中　　　T——平均水尺；

$T_1 \sim T_6$——船首、中、尾各左右的六面水尺，其中 T_3 及 T_4 为船中部左右水尺。

(2) 煤量的验收

船舶的构造及装载量各不相同，但它们的装载量都可用水尺计量方法求得。电厂可以向航运部门索取每种船只的水尺表，并按照船只水尺表上水尺高低所核定的装载量进行煤量验收。

在应用水尺计量验收中应该注意：

1）船舶到厂后，先仔细察看水尺，在确认水尺数后，才可以卸煤。

2）按规定应查看六面水尺，看水尺的视线应与吃水水尺线保持水平。先看水浪最高点，再看水浪最低点的水尺读数，重复 3～5 次，取其平均值，以减小观测误差。

3）注意船舶出航水域及到达电厂水域的密度变化，船舶的平均吃水与水的密度成反比。如海水密度大，吃水浅；淡水密度小，吃水深。

如果起运港与电厂水域均为淡水，则水的密度的微小变化可忽略不计。

船舶煤与火车煤、汽车煤的煤量验收一样，要对船舶煤进行采样来测定全水分，并按式（2-1）将按水尺计量的煤量折算成含规定或合同约定水分的到站煤量。

虽则 GB 475—1996 及 DL/T 569—1995 中均对船舶煤采样作了具体规定，但在大型船舶中，要靠人工采集到有代表性的煤样几乎是不可能的，而且操作也较危险，故应在卸煤后于输煤皮带或转运汽车上进行机械采样。对小型船舶来说，可在各舱中按 DL/T 569—1995 的要求进行采样。

由于 GB/T 18666—2002 规定，采用干燥基高位发热量作为评价煤质的指标，而不是沿用收到基低位发热量，这样入厂煤水分含量仅与煤量验收有关，而与煤质验收无关。这一改革，也使得电厂入厂煤量验收与煤质验收变成两个相对独立的部分，有助于电厂对入厂煤的管理，从而为做好入厂煤量及入厂煤质验收提供了更好的条件。

第二节　电厂入厂煤质验收

电厂入厂煤验收包括煤量与煤质验收。GB/T 18666—2002 规定，以干燥基高位发热量取代以往的以收到基低位发热量作为煤质评定指标，因而使得煤量与煤质验收成为入厂煤验收中的两个相对独立部分。煤中全水分只与煤量验收有关而与煤质验收无关。为适应这一新的要求，本章也是将入厂煤量与煤质验收分为 2 节来加以阐述。

2003 年我国煤产量为 16.08 亿 t，其中 7.7 亿 t 作为电力用煤，占全国煤产量的 48%。这种以煤作为主要发电燃料的基本格局短期内将不会改变。煤炭费用已占电厂发电成本的 70% 以上，并有继续增高的趋势。煤质的优劣，对电厂的安全生产、发电成本等起着关键性作用。

一、GB/T 18666—2002 的制定背景

煤质抽查与验收是政府对煤炭产品质量进行监督及用户对购入煤质量进行核验的基本手段。我国煤炭与电力系统先后制定了 MT 176—1991《商品煤质量抽查方法》及 DL/T 570—1995《发电用煤质量验收及抽查方法》，在各自系统中执行。上述行业标准均以商品煤采样、制样与化验的现行国家标准为基础，但在煤质允许差及对不完整批煤质量评定等方面却存在较大分歧。

为强化煤炭产品质量监督，进一步规范煤炭市场经济秩序，维护买卖双方的正当经济权益，减少因煤质问题引起的争议与纠纷，一个更科学、更公正、更具可操作性，能为各方所接受的在全国范围内执行统一的国家标准 GB/T 18666—2002《商品煤质量抽查和验收方法》于 2002 年 10 月 1 日实施，同时，原煤炭与电力的行业标准废止。

GB/T 18666—2002 包括两部分内容：①商品煤质量抽查；②商品煤质量验收。电力系统为用煤大户，更关注的是商品煤质量验收问题，本节对该标准中有关商品煤质量验收规定加以说明，对贯彻该标准中的有关问题予以阐述。

二、商品煤质量验收方法

1. 验收方法概述

对于商品煤质量验收方法，GB/T 18666—2002 作了如下表述：由买受方从收到的、出卖方发给的一批煤中采取一个或数个总样，然后进行制样和有关项目测定，以出卖方的报告值和买受方的检验值进行比较，对该批煤质量进行评定。

GB/T 18666—2002 中对检验值、报告值及质量指标允许差作了如下说明：检验值是检验单位按国家标准方法对被检验批煤进行采样、制样和化验所得到的煤碳质量指标值；报告值是被检验单位出具的被检验批煤的质量指标值，包括被检验单位的测定值或贸易合同约定值、产品标准（或规格）规定值；质量指标允许差是被检验单位对某一批煤的某一质量指标的报告值和检验单位对同一批煤的同一质量指标的检验值的差值在规定概率下的极限值。

由报告值的含义可知，报告值有两种不同情况：①被检验单位的测定值；②贸易合同的约定值、产品标准（或规格）规定值。在前一种情况下，煤炭的买受方（检验单位）与出卖方（被检验单位）均须对同一批各自采集一个总样，然后分别制样、化验，对其结果进行比较；后一种情况下，煤炭的买受方的检验值只是与贸易合同的约定值、产品标准（或规格）规定值作比较，故此时只有检验单位采集一个总样，因而在验收方法中提出一批煤中有采取一个或数个总样之分。

当一批煤中采取一个或数个总样时，其质量评判标准是不同的。如采取一个总样进行测定，其测定值在 95% 的概率下落在真值 $\pm P$（P 是指采制化总精密度）范围内；如采取两个总样，则测定值的差值应在 $\pm 2^{1/2} P$ 范围内，则判为合格，这就是该标准制定质量评定允许差的理论基础。

2. 检验项目及其他约定指标

对电力生产有较大影响的、最为重要的特性指标为 GB/T 7562—1998《发电煤粉锅炉用煤技术条件》所规定的挥发分、发热量、灰分、全水分、硫分、煤灰熔融性、哈氏可磨性 7 项。

(1) 发热量与灰分。发热量与灰分是衡量发电用煤质量重要的特性指标，也是煤炭计价的主要依据。煤中灰分与发热量之间有较好的相关性。灰分越高，意味着煤中可燃成分减少，发热量降低，锅炉燃烧温度下降，燃烧稳定性减弱，锅炉效率降低。此外，煤中灰分增高，锅炉受热面的沾污与磨损就会加剧。炉膛受热面的沾污，常常引起锅炉结渣及过热器超温而威胁运行；同时还将对除尘设备的性能提出更高要求，增大了基建投资与运行费用。

(2) 煤中硫。煤中硫是火电厂排放 SO_2 造成环境污染的主要来源。电厂锅炉燃用高硫煤，锅炉尾部受热面易发生腐蚀与堵灰，缩短低温预热器的寿命；另一方面，含硫量的增高，促使灰熔融温度降低，导致结渣或加重其严重程度；如煤的挥发分含量较高，硫含量的增高会增大煤的阴燃倾向，导致煤粉仓及煤场因煤温升高而自燃。

由于煤为均匀性很差的大宗散装物料，而灰分与含硫量这两项特性指标最能反映煤的不均匀性。故标准中规定对原煤、筛选煤和其他洗煤的检验项目定为发热量（灰分）和全硫。

标准又规定发热量采用干基高位表示，而不用原先普遍采用的收到基低位。收到基低位发热量 $Q_{net,ar}$ 与干基高位发热量 $Q_{gr,d}$ 之间的关系是

$$Q_{gr,d} = Q_{gr,ad} \times 100/(100 - M_{ad}) \tag{2-7}$$

$$\begin{aligned}Q_{net,ar} &= (Q_{gr,ad} - 206H_{ad}) \times (100 - M_t)/(100 - M_{ad}) - 23M_t \\ &= [Q_{gr,d} \times (100 - M_{ad})/100 - 206H_{ad}] \times (100 - M_t)/(100 - M_{ad}) - 23M_t \end{aligned} \tag{2-8}$$

式中　M_t——煤中全水分，%；

　　　M_{ad}——煤中空干基水分，%；

　　　H_{ad}——煤中空干基含氢量，%。

(3) 煤中全水分。由于煤中 M_t、M_{ad}、H_{ad} 要参与 $Q_{net,ar}$ 的计算，因而水分与氢含量测值将直接影响收到基低位发热量计算值的可靠性。再者，煤中全水分在储存和运输过程中会发生变化，因此也不宜作为质量评定指标。标准中将 $Q_{net,ar}$ 改为 $Q_{gr,d}$，它能更好地反映煤的燃烧特性，同时又避免了水分与氢含量的影响。这样煤中全水分只与煤的计量有关，而与煤质无关，因而更具可操作性。发热量、灰分、全硫含量的测定，在煤炭与电力系统中均有大量试验数据为基础，从而可以制定出较为科学的质量指标允许差。

(4) 其他特性指标。挥发分、煤灰熔融性及哈氏可磨性均对电力生产的某些方面有着重要影响，但由于缺少足够的试验数据，目前还不能提出相应的质量指标允许差，故 GB/T 18666—2002 5.4.4 条规定，除 5.2 规定的检验项目外，贸易双方也可根据有关工业用煤技术条件约定其他检验项目，并按合同规定进行质量评定。上述其他检验项目，通常即指挥发分、灰熔融性及哈氏可磨性。

3. 煤样的采制化

煤样的采制化均执行现行的国家标准：GB 475—1996《商品煤样采取方法》；GB 474—1996《煤样的制备方法》；GB/T 211—1996《煤中全水分测定方法》；GB/T 212—1991《煤的工业分析方法》；GB/T 213—2003《煤的发热量测定方法》；GB/T 214—1996《煤中全硫测定方法》；GB/T 219—1996《煤灰熔融性测定方法》；GB/T 2565—1996《煤的可磨性指

数测定方法（哈德格罗夫）》。

采样、制样与化验是获得煤质检验结果三个相对独立又互相联系的环节，如用方差来表示误差的话，对煤质检验结果来说，影响最大的是采样，其次就是制样。而现时不少单位与人员对此缺少正确认识，往往对采制样不够重视。除严格按上述国标进行采制化外，GB/T 18666—2002 还对采样应遵循的原则、采样地点、采样机械等提出了明确要求，这些均是获得准确检验结果的必要前提，务必认真贯彻执行。

4. 单项及批煤的质量评定

(1) 单项质量指标评定。GB/T 18666—2002 5.4.3.1.1 指出，出卖方提供测定值的商品煤的单项质量指标评定：当买受方与出卖方分别对同一批煤采样、制样和化验时，如出卖方报告值（测定值）和买受方的检验值的差值满足下述条件，则该项质量指标评为合格；否则评为不合格。

1) 灰分（A_d）：（报告值－检验值）≥表 2-1 规定值。

2) 发热量（$Q_{gr,d}$）：（报告值－检验值）≤表 2-1 规定值。

3) 全硫（$S_{t,d}$）：（报告值－检验值）≥表 2-2 规定值。

表 2-1　　　　　　　　　　　　灰分与发热量允许差

煤的品种	灰分 A_d（%）（以检验值计）	允许详（报告值－检验值）	
		ΔA_d（%）	$\Delta Q_{gr,d}$（MJ/kg）
原煤和筛选煤	＞20.00～40.00	－2.82	＋1.12
	10.00～20.00	－0.141A_d	＋0.056A_d
	＜10.00	－1.41	＋0.56
非冶炼用精煤		－1.13	按原煤、筛选煤计
其他洗煤		－2.12	

注　ΔA_d 为干燥基灰分允许差；$\Delta Q_{gr,d}$ 为干燥基高位发热量允许差。

表 2-2　　　　　　　　　　　　全 硫 允 许 差

煤的品种	全硫 $S_{t,d}$（%）（以检验值为准）	允许差（%）（报告值－检验值）	煤的品种	全硫 $S_{t,d}$（%）（以检验值为准）	允许差（%）（报告值－检验值）
冶炼用精煤	＜1.00	－0.16	其他煤	＜1.0	－0.17
	≥1.00	－0.16$S_{t,d}$		1.00～2.00	－0.17$S_{t,d}$
				＞2.00～3.00	－0.34

由于表 2-1 及表 2-2 中规定的是判定煤炭质量是否达到某一标准（值）的允许差，故是单向的，即只要被验收煤的品质达到和优于报告的品质就算合格。

GB/T 18666—2002 5.4.3.1.2 指出，有贸易合同值或产品标准（或规格）规定值的商品煤质量指标评定：以合同约定值或产品标准（或规格）规定值和买受方检验值、按 5.4.3.1.1 规定进行评定，但各项指标的实际允许差按下式修正

$$T = T_0 / \sqrt{2} \tag{2-9}$$

式中　T——实际允许差，%或 MJ/kg；

　　　T_0——表 2-1、表 2-2 规定的允许差，%或 MJ/kg。

当合同约定值或产品标准（或规格）规定值为一数值范围时，灰分和全硫取合同约定值或规定值的上限值为出卖方报告值，发热量取下降限为报告值。

（2）批煤质量评定

GB/T 18666—2002 5.4.3.2.1指出，原煤、筛选煤和其他洗煤（包括非冶炼用精煤）：以灰分计价者，干燥基灰分和干燥基全硫都合格，该批煤质量评为合格；否则该批煤质量评为不合格。以发热量计价者，干燥基高位发热量和干燥基全硫都合格，该批煤质量评为合格；否则，该批煤质量评为不合格。

三、入厂煤质验收中应注意的问题

1. 商务合同与验收标准间的关系

电厂订购煤炭是买卖双方的商务活动，它由双方当事人按中华人民共和国合同法的要求签订合同。1999年3月15日国家颁布的合同法第十二条规定：合同的内容由当事人约定。如在合同中约定煤质验收按GB/T 18666—2002规定执行，那么该标准不仅是推荐性的，而且是强制性的。否则，违约方就得承担由此造成的法律责任；如合同中质量一款，双方不参照该标准的规定而另有约定，则该标准就与合同无关。总之，商务活动买卖双方必须履行合同规定。该标准的有关条款是否成为合同的一部分内容，则由双方商定。

2. 对其他约定指标的要求

除发热量（灰分）及全硫含量外，其他约定指标一般为挥发分、灰熔融性及哈氏可磨性，可以选择其中一项、二项或全部作为约定指标。为了保持燃烧稳定，可将挥发分作为约定指标；为防止锅炉结渣，可将灰熔融性作为约定指标；如电厂磨煤机出力较小，则可将哈氏可磨性作为约定指标。在煤源与品种一经确定后，上述指标的变化幅度较小。由于目前尚无足够的试验数据来制定科学的、合理的质量指标允许差，故现时贸易双方可根据具体情况加以约定。

（1）挥发分。电力用煤挥发分影响锅炉的稳定燃烧与制粉系统的安全运行。煤的挥发分与着火温度之间有较好的相关性。一般说来，煤的着火性能随挥发分的增大而增强，高挥发分烟煤及褐煤容易着火；低挥发分、高灰分的劣质无烟煤及贫煤难着火，容易造成锅炉燃烧不良甚至灭火。在对挥发分提出要求时，要特别注意干燥无灰基挥发分 V_{daf} 在电力生产中的应用。

$$V_{daf} = V_{ad} \times 100/(100 - M_{ad} - A_{ad}) \tag{2-10}$$

在试验室中测出的 V_{ad} 值，根据 M_{ad} 及 A_{ad} 测值可换算出 V_{daf} 值。有人误认为 V_{daf} 值越大，煤质越好，燃烧越稳定，这是片面的。实际上它应视具体情况而定，上例中 A_{ad} 值增大，致使 V_{daf} 值也增大，恰恰说明煤质有所降低，燃烧更不稳定。

（2）灰熔融性。灰熔融性是影响锅炉安全经济运行的指标。锅炉结渣会使受热面减小，烟温升高，锅炉出力下降，结渣严重时，将被迫停炉。在用来表征煤灰熔融性 DT（变形温度）、ST（软化温度）、HT（半球温度）、FT（流动温度）四个温度点中，以 ST 更具特征。通常以 ST＝1350℃为分界线。对固态除渣炉（绝大多数电厂锅炉均属此类），ST 要大于1350℃，且越高越好。灰熔融温度越低，结渣可能性越大。

为了避免锅炉的严重结渣，对煤质特性的要求是：煤的灰分及含硫量不宜太高，煤粉粒度不宜太大，煤灰应具有较高的 ST 值，特别是要避免使用低灰熔融性的短渣煤。灰渣黏度受温度影响大者为短渣；反之，为长渣。另外，应选用灰熔融性受气氛条件影响较小的煤，这种煤的灰渣特性受锅炉运行工况波动影响较小，有利于锅炉的稳定燃烧。

（3）哈氏可磨性。煤的可磨性用来表征其磨制成粉的难易程度。煤越软，可磨性指数越大，磨粉时电耗越小。电厂锅炉设计人员普遍使用哈氏可磨性指数（HGI）来决定制粉设备。哈氏可磨性每相差 10 个指数，磨煤机约相差 25% 的出力。电煤 HGI 一般在 50～90 范围内，低于 50 者为特硬煤，高于 90 者为特软煤。电厂希望使用 HGI 较大的煤，以减少磨煤机的能耗而提高运行的经济性。哈氏可磨性的检验方法只适用于烟煤及无烟煤，而不适用于褐煤。

3. 煤质验收发生争议时的解决办法

GB/T 18666—2002 对煤质验收时发生争议作出这样规定：当买受方的检验值和出卖方的报告值不一致（二者差值超过该标准 5.4.3.1.1 或 5.4.3.1.2 规定的允许差）并发生争议时，先协商解决，如协商不一致，应改用下述两种方法之一进行验收检验，在此情况下，买受方将收到的该批煤单独存放。

（1）双方共同对买受方收到的批煤进行采样、制样和化验，并以共同检验结果进行验收。

（2）双方请共同认可的第三公正方（一般是指获得国家计量认证合格证书或中国实验室认可委员会认可的权威煤质检验机构）对买受方收到的批煤进行采样、制样和化验，并以此检验结果进行验收。

电厂用煤，煤量往往一批达二三千吨，多则上万吨，若单独存放，将涉及卸煤或转运的人力、机械及费用，存煤场地与保管责任等诸多实际问题。由于标准的上述规定可操作性不强，除非合同中预先加以约定或有协议补充，否则该条款的执行将有较大困难。因此，协商解决应成为解决煤质争议的基本方法。

4. 标准的应用条件

GB/T 18666—2002 是以 GB 475—1996 及 GB 474—1996 为基础，商品煤采样精密度应符合表 2-3 规定。

表 2-3   采样精密度

原煤、筛选煤		精 煤	其他洗煤（包括中煤）
干基灰分≤20%	干基灰分>20%		
±1/10×灰分但不小于±1%（绝对值）	±2%（绝对值）	±1%（绝对值）	±1.5%（绝对值）

注   实际应用中为采样、制样和化验总精密度。

如果 GB 475—1996 及 GB 474—1996 作出修订，那么 GB/T 18666—2002 中的相关规定也将随之作出相应变动。

在电力生产全过程中都必须对燃煤实施监督，而其中入厂煤监督，包括入厂煤数量与质量监督，为最重要的环节。入炉煤的质量、锅炉燃烧的安全经济性，在很大程度上为入厂煤质所制约，故务必按标准要求来验收入厂煤。

另外，电厂对入厂煤验收是两个行业间的关系，因而在验收过程中，必须严格执行国家标准的各项规定。故电厂中的燃料专业人员，特别是负责电煤采购、签订及审批合同的管理人员以及进行采制化的操作人员必须学好新标准 GB/T 18666—2002。作者近期去一些电厂发现，该标准在宣贯方面还存在不少薄弱环节。对于入厂煤质的验收，其基础工作就是按照国标要求，对入厂煤进行采样、制样与化验，然后按 GB/T 18666—2002 的规定评定验收。

只有做好入厂煤的采制化工作，才能真正做好电厂入厂煤质的验收。读者在学习采制化标准的同时，也可参阅《电力用煤采制化技术及其应用》（修订版，中国电力出版社，2003年5月出版）及《火力发电厂燃料试验方法及应用》（中国电力出版社，2004年9月出版）等专业书，努力提高煤质监督质量及技术水平。

第三节 煤的组堆与贮存

电力生产的特点之一，是它的连续性，电厂不断耗用燃料的同时，还应随时得到补充，以保持一定的贮量。

电厂用煤均贮存于煤场中。煤场存煤量通常控制在15d的燃煤量左右。存煤过少，如因采购、气候、运输等原因不能及时加以补充，就有可能因缺煤而被迫停炉；另一方面，存煤量太多，又将增加煤场的管理难度，增大煤的损耗，积压资金。

煤的组堆与贮存，煤场的监督管理，是电厂中入厂煤与入炉煤之间的中间环节。做好煤的组堆与贮存，加强煤场的监督管理，是火电厂用煤不可忽视的组成部分，对减少煤的损耗，提供符合锅炉设计煤质要求的入炉煤，具有至关重要的作用。

一、电厂煤场的设置

电厂煤场的设置由多种因素决定。

1. 电厂燃煤量

煤场的设置应与电厂15d所用燃煤量大体一致，而电厂燃煤量的多少，通常可根据机组容量加以估测。

一座1000MW的电厂，日燃用天然煤量，在额定负荷下约为1 ± 0.1万t。煤质较好或较差，则±0.1万t的波动幅度也将有所增大。也就是说，一座1000MW的电厂，煤场总存煤量约为15万t或更多一点。由此也可估测出煤场的大体占地面积。

如煤场长250m、宽100m，则占地面积为25000m^2，煤堆平均高度按4m计，煤的堆密度按1t/m^3计，则在此10万m^3空间装满煤为10万t。因为煤场并非长方体，如按80%计，则此煤场能容煤8万t左右。也就是说，1000MW电厂要设置上述规模的煤场2个，就可满足15d燃煤量的要求。

2. 电厂燃煤品种

煤场的设置与电厂燃用的煤炭品种密切相关。电厂中应用最多的煤炭品种为原煤及洗煤产品。有些电厂在某些情况下要掺烧部分精煤或低质煤。

原煤与洗煤产品应分别贮存于不同煤场中。即使同一品种的煤，如原煤，当挥发分相差很大时，也应分别贮存于不同煤场中。如不具备条件，至少也要分别组堆。不同挥发分煤堆间有明确界线，不致造成混堆；对于用来供掺烧的高灰分、高含硫或低灰熔融性的特殊进厂煤，应单独存放于一煤场中，至少也要单独组堆，并标有标记。

电厂设置几个煤场，每个煤场占地多少，这还与电厂的实际情况相关，很难作出统一规定。

3. 要有干煤贮存设施

如果电厂中只有露天煤场，如碰上雨季或大雨天气，可能将导致电厂输煤、制粉系统运行障碍，从而影响锅炉的正常运行。因此，电厂中应设置干煤棚或贮煤罐，将贮存的干煤供应锅炉燃用。这在我国南方降水量较大地区的电厂，显得尤为必要。

4. 考虑煤的存取

煤场设置应有利于卸煤、输煤、组堆各种设备的运行，并为之提供方便条件，防止煤堆中的死角存在，以避免煤场中的部分存煤长期不动。对于不便取用的煤，久置于煤场中既积压资金，又易造成煤的自燃或导致煤质的显著降低。

5. 要有完善的辅助设施

煤场中必须设有防火消防、喷水防尘、煤场排水、运煤通道、煤场照明等设施。某些电厂还应设有挡煤墙，防止煤场存煤被雨水冲散流失等。

二、煤的组堆

1. 组堆的基本原则

煤的组堆应最大限度地减少燃煤在贮存过程中的损耗，并提供最佳的向锅炉供煤的条件。

煤的组堆存放于煤场中，损失是不可避免的，这包括自然的机械损耗以及受空气氧化作用而发生的化学损耗。

煤堆过于松散，不仅占地面积过大，而且由于风吹、雨水冲刷，易造成燃煤的流失，同时又造成环境污染。另一方面，煤堆过于松散，煤与空气接触面积很大，促进煤的氧化变质。这两方面均造成燃煤在贮存过程中的损耗。

如果煤堆过于庞大，且高度很高，这样燃煤与空气接触面减少，有助于减缓氧化；另一方面，这样的煤堆在组堆、向锅炉供煤、配煤掺烧等方面也将出现很多问题，如煤堆一旦发生自燃，处置也将十分困难，易造成很大的经济损失。

2. 组堆的具体要求

（1）由于组堆的地面要承受巨大的压力，故应在坚实平整的地面上组堆，以防地面下沉，同时取煤与盘煤均比较易于实施。

（2）由于我国的地理条件，组成的煤堆以南北方向较长、东西方向较短为宜，这样有助于减少太阳直射、减缓氧化、防止自燃。

（3）煤堆形状以正截角锥体较为理想，这种形状的煤堆比正方形煤堆通风范围大，顶部平整，不仅有利于盘煤，也可减少风力及雨水冲刷的损失。

（4）经验表明，煤堆角度以 45° 为宜，角度过大，如 60°，易产生不同粒度煤的分离即偏析作用，同时煤堆坡面很陡易使煤堆坍塌；另一方面，角度太小，如 30°，占地面积又太大，且与空气的接触面加大，促进煤的氧化。

（5）不同品种的煤要分别组堆。组堆时最好分层压实，以减少煤堆内的空隙，有助于减缓氧化，防止自燃。特别是高挥发分煤，因其变质程度较浅，最易受到氧化，故组堆时就要特别加以防范，否则煤质将会明显降低。

（6）在煤堆顶部略呈凸起状，使水分不易积存而且在煤堆表面易形成硬壳，减少空气与雨水渗入煤堆，这些是防止存煤自燃的措施之一。

（7）煤堆不宜太高太大。煤堆高度可随煤的挥发分减小而增高，而存煤时间也可延长。褐煤及高挥发烟煤煤堆高度宜不超过 2m，保存时间宜不超过 1 个月，特别是褐煤易风化、变质很快，存煤时间越短越好；对中挥发分烟煤如肥煤、气煤、焦煤，堆高宜不超过 5m，保存时间不宜超过 2 个月，至于低挥发分的贫煤、无烟煤，煤堆高度及保存时间不作什么限制，但是从煤场管理及资金流通方面考虑，不论什么煤，煤堆均不宜过高，存煤时间不宜过长。

(8) 对于高挥发分、高含硫煤的组堆，需要特别加以注意，因为这类煤最易自燃。对这种煤，最好还是单独在煤场一角组堆，一旦出现自燃，易于处置并不易对其他存煤产生不利影响。

(9) 在组堆时，可以预埋测温热电偶。作者的经验，可在煤堆的中、下部预埋测温热电偶，外用钢管保护，热偶冷端用补偿导线引至煤堆外，并对热偶位置作出标记，这样随时接上测温仪表，就可显示煤堆内部温度。目前的煤堆测温深度往往也只能测至 $1 \sim 2m$ 深度。

(10) 对于高灰、高硫、低灰熔融性的特殊煤，无法单独燃用，应考虑它的配烧，选在煤场某一特定区域单独组堆存放，并作出明显标记。

三、煤的存放对煤质的影响

燃煤存放过程中质量变化，发生氧化是不可避免的，这将导致煤的发热量降低，这是一般性规律。但煤质变化情况则与煤质特性，包括物理与化学特性、煤堆情况（大小、形状、高度、压实程度）及自然条件密切相关。

由于各种煤性质的差异，各电厂所处条件的不同（包括煤堆状况、自然条件等），其煤质下降幅度也各不相同。一般说来，低挥发分烟煤如贫煤、瘦煤为主体的混煤，存放 6 个月，发热量下降约 $1.8\% \sim 2.0\%$；高挥发分烟煤，如气肥煤、长焰煤等，存放 6 个月，发热量约损失 5%左右；无烟煤存放 6 个月，发热量变化甚微，褐煤只要存放 1 个月，发热量就会明显降低。

各种煤存放 6 个月后的热量损失参见表 2-4。

表 2-4　　　　　　　　　　　各种煤存放 6 个月后发热量降低

类　别	V_{daf}（%）	发热量降低（J/g）	发热量降低（%）
贫　煤	<17	710	2.0
瘦　煤	12～18	590	1.6
焦　煤	18～26	620	1.7
肥　煤	26～35	880	2.5
气煤、长焰煤	>35	1590	4.9

烟煤存放若干月后，元素组成发生明显变化，参见表 2-5。

表 2-5　　　　　　　　　　烟煤存放若干月后的元素组成变化　　　　　　　　　　%

存放时间（月）	C_{daf}	H_{daf}	$O_{daf}+N_{daf}$	S_{daf}
1	87.42	5.32	6.03	1.22
4	87.12	5.30	6.38	1.19
7	87.00	5.04	6.96	1.00
9	86.93	5.00	7.07	1.00
12	86.80	4.70	7.78	0.72
变　化	−0.62	−0.62	+1.75	−0.50

煤在自然界中由于发生缓慢氧化，导致发热量降低，而煤的发热量的主要来源也就是煤中的碳、氢二元素，故热量降低是由于碳、氢含量降低所致；煤的氧化致使含氧量增加（氮含量很少有变化）是很自然的；硫被氧化致使含硫量降低也是不难理解的。

煤在存放过程中，除了氧化因素外，煤的机械损耗也在一定程度上对煤质产生影响，例如煤堆表面的细粉易被风吹走，而其表面又会为大量尘土所覆盖，这将导致煤堆表面煤中灰分含量增加、发热量下降。

煤在存放过程中，引起煤质变化的因素很多，也很复杂，但一般性规律是：随煤的挥发分含量的增加，煤的发热量损失随之增多，灰分含量增高，含硫量（主要是可燃硫）有所降低。

四、存煤试验研究实例

电厂必须设置贮煤场；一般贮煤量为数万吨至数十万吨，而存煤过程中，煤的化学损耗与机械损耗又是不可避免的，如果煤场一旦发生自燃，损耗就更大，而且难以作出确切的估计。

煤场存煤是电厂入厂煤与入炉煤之间的一个重要环节，现在对煤的采制样，化验分析研究较多，也较深入，但对煤场存煤的变化却缺少充分的试验研究。

为了研究电厂存煤在自然条件下的煤质变化规律，以确定燃煤在煤场中最佳存放条件，计算因煤质变化而导致的经济损失，从而为电厂较准确地估算存煤的热值，探索入厂煤与入炉煤的热值差，为改善煤场管理提供依据，作者特对某电厂燃用某矿区的高挥发分烟煤（$V_{daf}=38.61\%$）进行了单独组堆，在与电厂煤场完全相同的条件下，存放一年，每半个月观测记录气象参数，测定煤堆不同深度的温度，同时在煤堆四侧定点采样，以进行粒度及各项特性指标的测定，从而研究其煤质变化规律。

1. 试验煤堆及煤质

（1）试验煤堆。在电厂火车煤场清理出一块约 600m² （30m×20m）的空地，作为试验煤的组堆场地，与电厂煤场相距约 20m。该试验煤堆与电厂用煤是在完全相同的自然条件下堆成。

组堆时，将一列火车运进电厂的 1500t 某矿原煤由翻车机卸于煤槽中，由拨煤机拨至输煤皮带送到试验煤场附近，用斗轮机卸煤组堆。煤堆四侧均呈梯形，平均长度为 20m、宽12m、高 6m。

（2）试验煤质。试验煤以高挥发分、灰分波动大为特点。在试验煤组堆前，在火车上及卸煤后进行多次采样，其煤质特性指标列于表 2-6 中。

表 2-6   试验煤质分析结果

特 性 指 标	A_d（%）	$Q_{gr,d}$（MJ/kg）	V_d（%）	$S_{t,d}$（%）
测定均值	26.16	24.49	28.50	1.09

以表 2-6 中的测定均值为基准，观测并对照存煤的煤质变化情况。

2. 试验内容与方法

（1）气象参数的观测。在现场使用便携式多功能气象仪观测开始与结束时的气温、气压、风速、风向与湿度，取前后 2 次测定均值作为气象参数值。

（2）煤堆各部位温度测量。将热偶与补偿导线预埋于煤堆中，测出电位换算温度。

（3）采样分析。在煤堆四侧定点（位于各温度测点附近）下挖 0.2m，每侧从上、中、下交错位置上的 3 点各采集 2kg 煤样，将四侧等高度样品合成一个总样，这样每次采样，获得 3 个总样。

先进行粒度分析，然后再将其还原为原样，用于制样与化验。

煤的采样，制样与化验均按国标规定进行。每一样品测定 A_d、V_d、$Q_{gr,d}$ 及 $S_{t,d}$ 四项指标。

粒度分析结果分为 >25mm、>13～25mm、>6～13mm、<6mm 四挡，分别计算所占百分率。

3. 观测试验结果

(1) 气象参数。从 2000 年 11 月～2001 年 11 月，正好一年的时间，所观测的结果是：

1) 温度：4～45℃，平均 21.8℃。

2) 湿度：25%～70%，平均 52.8%。

3) 气压：99.8～103.3kPa，平均 101.5kPa。

4) 风速：0.2～4.0m/s，平均 1.54m/s。

5) 风向：东风占 44%，东南风占 20%，东北风占 12%，其他占 84%。全年主导风向为东风、东南风。

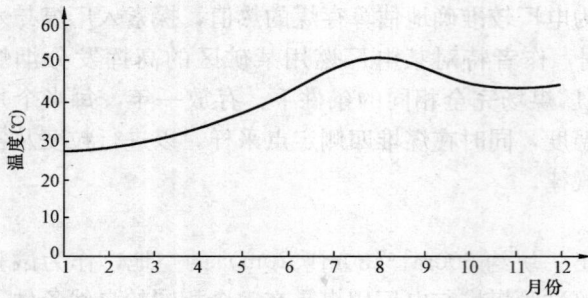

图 2-3 煤堆深度 3m（煤堆中层）温度变化曲线

由于煤堆四周无任何高建筑物及树木，煤堆全部暴露在阳光直射范围内，又是接近中午测温，每次观测定于上午 9：30～11：30 进行，故夏季多次出现 40℃以上的高温。

(2) 温度测量结果。温度测量结果参见图 2-3。

图 2-3 为煤堆深度 3m，即相当于煤堆中层的温度变化曲线，煤堆 1m 及 5m 深度的温度变化与 3m 深度的变化趋势完全相似。

由图 2-3 可以看出，进入 2 月份后，煤堆各点温度多在 20～30℃范围内变化；进入 6 月份后，各点温度急剧上升至 40～50℃，最高达 55℃；进入 10 月份后，各点温度又缓慢降低，但仍维持在 40℃左右。

(3) 粒度变化规律。不同存煤时间内，试验煤的粒度分布（%）见表 2-7。

表 2-7   试验煤的粒度分布变化   %

测定时间	>25mm	13～25mm	6～13mm	<6mm
存煤 2 个月	20.5	22.4	24.2	32.9
存煤 5 个月	16.8	19.3	25.8	38.1
存煤 8 个月	13.7	19.1	27.3	39.9
存煤 11 个月	12.2	18.5	28.4	40.9
一元线性方程	$y_1=22.8-0.93x$	$y_2=22.8-0.88x$	$y_3=22.9+0.47x$	$y_4=31.5+0.86x$
相关系数 r	−0.984	−0.878	0.997	0.935

在试验中，因在煤堆的表层下 0.2m 深度采样，故上表反映了煤堆近表面粒度分布规律。

不同粒度区间，其粒度所占百分率大体上均与存煤时间呈线性关系，其中较大颗粒者与存煤时间呈负相关性；而较小颗粒者则呈正相关性。

结果表明，大粒度者（＞25mm）变化速度最快。在大粒度者所占百分率减小的同时，小颗粒者所占百分率相应增大，理论预测与实际测定结果相一致。

关于一元线性方程及相关系数 r 的计算，请读者参阅作者编著的燃料专业科技书，前文已作过说明。

表2-7中的一元线性回归方程表示煤的存放时间（月）与粒度百分率之间的关系。存放时间 x 为自变量，粒度百分率 y 为因变量，设＞25mm的煤来说，$x=5$，则 $y_1=22.8-0.93\times5=18.2\%$；$x=10$，$y_1=22.8-0.93\times10=13.5\%$。

（4）煤质变化规律。试验煤堆存放一年，其煤质变化见表2-8。

表2-8　　　　　　　　　　　　试验煤堆存放一年的煤质变化

煤 质 指 标	A_d（%）	$Q_{gr,d}$（MJ/kg）	V_d（%）	$S_{t,d}$（%）
组堆时均值	26.16	24.49	28.50	1.09
存放一年均值	27.48	23.94	27.86	1.04
煤质变化（绝对值）	1.32	−0.55	−0.76	−0.05
煤质变化（相对值）	5.05	2.25	2.67	4.59

试验煤堆在不同深度时，煤质变化幅度是不同的，见表2-9。

表2-9　　　　　　　　　　　　试验煤堆不同深度全年煤质变化

煤 质 指 标	A_d（%）	$Q_{gr,d}$（MJ/kg）	V_d（%）	$S_{t,d}$（%）
1m（堆上层）	26.80	24.15	28.19	1.07
3m（堆中层）	27.98	23.76	27.63	1.04
5m（堆下层）	27.65	23.92	27.75	1.01
各层平均值	27.48	23.94	27.86	1.04

由表2-9可知，煤堆中层3m处，灰分 A_d 最高，而 V_d、$Q_{gr,d}$ 及 $S_{t,d}$ 值均最低，煤质变化幅度最大，这与煤堆中部温度密切相关；而煤堆深1m层，其煤层变化幅度最小；煤堆深5m层，煤质变化则介于二者之间。

经过一年的试验研究，得出如下结论：在自然条件下，煤堆的总体煤质有所下降，这是由于煤的粒度减小、吸水性增强、内部温度升高、氧化速度加快等一系列因素综合影响所致。煤堆温度升高是其主要的客观原因，煤的自身挥发分很高、含硫量不算很低则是其内在因素。试验煤在一年中 $Q_{gr,d}$ 由 24.49MJ/kg 下降至 23.94MJ/kg，下降率为2.25%。与此相对应，A_d 则由 26.16% 上升至 27.48%，上升率为5.05%。

由于电厂燃煤量很大，作者进行上述试验研究的火电厂日燃用天然煤量约1.2万 t，煤场存煤发热量下降2.25%，这是一个很大的数字。它表明电厂存煤的质量下降，将导致巨大的经济损失。

不同的煤具有不同的特性，各地、各电厂的自然环境与煤场条件也各不相同，存煤在自然条件下的变化程度也有所差异，然而其变化的基本趋势是一致的。

由于这种试验研究工作量大、周期长、影响因素多，故具有较大的难度。继续深入这方面的试验研究，特别是对燃用高挥发分及高含硫煤的电厂来说，如何做好煤场存煤管理、估算存煤热值损耗、防止煤堆自燃，均具有较大的实际意义。

第四节 防止煤堆自燃与煤场盘点

煤在贮存过程中，煤质会发生不同程度的变化，导致热量损失，有的煤还会产生自燃，造成更为严重的后果。如何防止煤堆自燃以及一旦发生自燃后又如何处理，尽量减少损失，这是煤场存煤管理中的一个重要问题。

另一方面，清查煤场存煤量，俗称煤场盘点，也是煤场管理的重要组成部分。为了进行煤场盘点，必须提供煤堆容积及煤的堆密度，这方面的问题仍然不少，故本节就煤场存煤管理中的这两个较突出的问题加以阐述。

一、煤堆自燃及其防范

（一）煤堆自燃的起因

煤堆自燃受众多因素影响，其中主要的是以下几点。

1. 煤质特性

各种煤在贮存过程中会发生缓慢的氧化作用。煤中挥发分是最易燃烧的组分，各种煤在贮存过程中，挥发分含量会发生变化。对变质程度较浅、挥发分含量较高的煤来说，将导致挥发分降低；而对变质程度较深、挥发分含量较低的煤来说，其挥发分含量将不会有明显变化。挥发分含量越高的煤，在较高温度条件下逸出的挥发分物质，通常是由碳、氢元素组成的可燃气体，在煤堆中很难散失，从而导致在煤堆的高温部位浓度的增高，很易引起自燃。

煤中硫特别是黄铁矿硫，也是引起煤堆自燃的另一重要煤质因素。硫在煤中分布很不均匀，这是一个显著特点煤中可燃硫在较高温度下易生成二氧化硫，它易溶于水形成亚硫酸，伴随放热，致使煤堆该处温度大大升高，从而进一步促进煤的氧化、加速煤的自燃。

当煤堆局部温度达到 $60℃$ 时，就会出现自燃迹象，当温度达到 $80℃$ 以上时，自燃就会随时发生。因此，电厂应加强煤堆的测温监督，以便及时消除隐患。特别是对高挥发分、高硫煤堆，要将煤堆测温作为一项经常性的监督工作，随时观测煤堆温度的变化。

当煤堆局部温度达到 $60℃$ 左右时，应增加测温频度，扩大测温范围，及时消除祸源（煤堆局部昼夜平均温度连续明显增高的区域为祸源区）。此时应将祸源区内的煤挖出，并将其散热冷却，不应往煤堆上泼水，由于泼水量不足或不均，有可能使煤堆的祸源区扩大，煤堆温度进一步升高，以致造成更为不良的后果。

某些煤如褐煤在贮存中，易被风化，其机械强度将会降低，大块煤很快裂成碎块，进而裂成碎末，从而加速煤的氧化，为其自燃创造更为有利的条件。另一方面，由于煤的粒度减小，将导致吸水能力的增强，因而烟煤、褐煤在贮存过程中，其粒度减小会出现水分含量增大的现象，促进煤堆温度的升高，从而引发自燃。

2. 温度影响

本章第三节中的存煤试验研究表明，温度升高是加速存煤氧化并造成煤堆自燃的关键因素，也是导致煤质下降的主要原因。

从作者的试验研究中，存煤温度显示如下特点。

（1）煤堆深层温度与环境温度无关；煤堆浅层因接近大气，故煤堆的浅层温度受大气环境温度不同程度的影响。

第一季度，进行试验的电厂地区白天气温度一般在 0～10℃，夜间温度更低，而煤堆各层温度通常要比气温高出 20℃左右，多为 25～30℃（见图 2-3）。显然，煤堆深层温度与环境温度之间不存在相关性，故某些发电厂在冬季或初春时节也会发生煤堆自燃现象。

（2）进入雨季，煤堆温度明显上升，自燃危险性增大。试验电厂所在地区一般 7～9 月份为多雨期，试验煤用斗轮机组堆，并未压实。煤存放半年后，一方面，机械强度减弱，致使氧化速度加快；另一方面，煤堆吸水增多，与二氧化硫作用生成亚硫酸，其放出的热量，又进一步使煤堆温度升高、氧化速度加快。如此反复循环，将使煤堆深部温度不断递升。7～9 月份，煤堆 3m 深度（相当于煤堆中层）温度一般达 40～50℃，最高达 55℃。

（3）雨季过后，煤中水分减少，氧化速度有所降低，煤堆深部温度变化减弱，但比春季时仍要高出 15℃左右。试验煤于 2000 年 11 月组堆，煤堆 3m 深度处，2 月份为 25℃，5 月份为 33℃，8 月份为 50℃，11 月份为 42℃。

3．煤的组堆

煤的组堆情况对煤堆自燃有着重要影响，组堆时，应力求减少煤与空气的接触面，将煤分层压实，减少煤堆内的空隙，限制空气流通，以延缓其氧化。因此，对煤的组堆有着许多具体要求，这在本章第三节中已经作了说明。

（二）防止煤堆自燃

（1）电厂应加强煤堆的测温监督、改善测温手段、掌握布点与测温技术。

当煤堆局部温度达到 60℃左右时，要加大测温频度及测温点密度，以确定祸源区。因为煤堆局部温度达到 80℃时，自燃随时可能发生，故在密切监控温度的同时，要采取降温措施，以防自燃。

在煤堆中、下部预埋热电偶，且热电偶用钢管保护，平置于煤层上，热电偶的补偿导线穿过煤堆引至堆外。其补偿导线长数十至数百米均可，在测温时，只要将补偿导线的两极引出线（有正、负）连接于温度指示表计上，就可读出煤堆深部的温度值。

现时用于煤堆温度测量的装置，一般仅适宜较浅层煤堆如 1～2m 温度的测量，有的电厂在煤堆中测温点深度不足 1m，这不能反映煤堆内部温度情况。

（2）燃用高挥发分、高含硫煤，存放时间不能太长，特别是进入雨季前，存煤量不宜过多，煤堆不宜过高。

煤中含硫量虽然不高，但由于它的分布不均匀，在小范围内因煤矸石相对集中（煤矸石中含有大量黄铁矿），如再加上适宜条件，就可能在该处首先自燃。

在这里，要特别注意的是，现在有一些不法供煤商将矸石破碎成小粒混入煤中，充当商品煤送进电厂。从表面看，以占百分比并不太大如 3% 的碎矸石混入煤中，煤中灰分及发热量指标等煤质指标并不致明显的降低，但对电厂磨煤机运行及锅炉燃烧却将产生严重危害，同时也将使煤场存煤产生自燃的危险性大大增加。

作者在很多场合反复强调加强入厂煤含矸情况的监督，要研究测定粒度 50mm 以下小颗粒矸石的含量，应制定电力行业标准，把测定煤中含矸率（包括各种粒度的矸石在内）作为入厂煤的监督指标之一。这对保证电厂安全经济运行来说，具有十分重要的意义。有关这方面的情况，请参阅《电力用煤采制化技术及其应用》（修订版，中国电力出版社，2003 年 5 月出版）。

（3）要定期或不定期地彻底清理煤场，避免局部存煤长期不动。因为长期不动的局部存煤区往往形成煤场的祸源区，如与主煤场连成一片，其危险性更大。对不易清理的地方，尽可能不要用于存煤。

（三）煤堆安全的影响因素

煤场自燃发火，将对煤场存煤安全构成严重威胁，将可能对电厂造成巨大的经济损失。

影响煤堆的安全因素是多方面的。从根本上讲，煤堆自燃发火是由于煤的低温氧化伴随放热，在煤的自热与自燃过程中，反应物的传质及热量的传递借助于煤堆内存在的通风条件而产生。

大量的试验观测，煤堆安全方面应重点考虑的因素是通风条件，粒度偏析及煤堆倾角。

1. 通风条件

在空气循环的两种极端情况下，煤堆是安全的：一是无循环；二是大量循环。研究表明，通过煤堆压实来限制空气循环比通过加强通风来防止煤堆着火更为有效。

煤堆压实可使煤粒间空隙体积大为减小，煤堆内通风条件恶化，因而煤堆自热与自燃的倾向就会减弱；另一种方法是，在煤堆周围设置天然或人工风障，还可用惰性物质覆盖煤堆表面以防其自燃。

2. 偏析作用

组堆过程中产生粒度偏析也会导致发火。煤矸石中黄铁矿较多，在组堆时易与煤粒相分离，相对集中地在一较小范围内，发火点往往就处在粒度偏析区。故当在一个已经自然干燥的煤堆上再次堆煤时，发火区则多发生在两次堆煤的分界面上。

3. 风与煤堆倾角的作用

风对煤堆自热起重要作用，因为几乎总是在煤堆向风侧发火。煤堆倾角影响气流阻力，在一定风速条件下，倾角越小，其煤堆发火的危险性也越低。

上述诸因素与如何组堆息息相关，煤的组堆状况对煤堆的自热与自燃有着至关紧要的作用。

国外曾进行的防止煤堆自燃的试验研究，对 5 个试验煤堆进行了为期近一年的观测，每堆用煤量为 2000～3000t，分别为高灰、高黄铁矿硫、高硫酸盐煤，采取了四种不同的方法，进行了防止煤堆自热、自燃，降低热量损失的试验。这四种方法分别是：①煤堆侧面定期压实；②主导风向一侧采用小倾角；③人工设置风障；④用水灰浆覆盖煤堆。研究表明，上述四种方法对防止自燃都很有效。一年内各试验煤堆的各种损失因子列于表 2-10 中。

表 2-10　　　　　　　　　　一年内各试验煤堆的各损失因子

损失因子（%）	煤　　堆				
	A	B	C	PBV	PCB
总热损失	19.5	4.5	18.5	6.1	3.1
质量损失	12.5	7.1	4.8	0.9	1.6
发热量损失	7.6	—	14.2	4.8	0.6

表 2-10 中的 A 为参照煤堆；B 代表定期压实；C 代表小倾角煤堆；PBV 代表设置风障；PCB 代表用水灰浆覆盖煤堆。参照煤堆总热损失高达 19.5%，可能是因为煤堆倾角大于 45°所致，各种方法均导致总热量损失明显下降。虽则小倾角 C 堆总热损失相对较大，这是因为其他侧面的倾角仍然较大所致。设置风障的 PBV 煤堆及覆盖水灰浆的 PCB 煤堆，质

量损失降至很低水平。

在各种方法中，以采用同一电厂的飞灰的水灰浆覆盖煤堆最为有效，其总热损失因子最小，仅为 3.1%。应用同一电厂的飞灰制备水灰浆覆盖煤堆，成本低廉、使用方便，防风防水、不透气，现场可取，不用运输，且燃烧过程中又无技术问题，对操作及环境无害。该试验所用灰水浆的质量比为 3.7∶1，借助混凝土运输车从煤堆顶部沿各侧面向下铺浆。

试验的参照煤堆 A 的各种损失因子均较高，该试验煤挥发分达 33%，含硫量达 4%，其中黄铁矿硫达 3.6%，属于易自燃的煤。由表 2-10 可知，用水灰浆覆盖煤堆是最有效的方法，风障的效果次之。从煤堆 B 来看，定期压实是有效的；煤堆 C 总的热损失因子高达 18.5%，尽管其成本很低，但从技术和经济上考虑，都是不能令人接受的。定期压实与用飞灰浆覆盖的成本相当，但后者的损失因子要比前者小得多。

损失因子是通过计算试验开始与结束时有关数据的差值得到的，质量损失的单位为千克，热损失的单位为兆焦/千克。

试验的最终结论是：在堆煤过程中，将煤充分压实，令其空隙率小于 10%，是保证降低热损失的有效手段。

从成本和效率方面综合考虑，采用飞灰浆覆盖，是防止煤堆自燃的最佳方法。在各种防止煤堆自燃的方法中，风障方法次之，其总热损失因子约为 6%。

由于对煤堆自热、自燃进行大规模的试验研究周期长、工作量大、费用昂贵，所以这方面的研究资料及成果就显得格外宝贵。故本书将作者及国外进行的这方面试验研究的结果介绍给读者，这将对电厂做好煤场监督、防止煤堆自燃、减少热量损失，起到借鉴作用。

例如，作者曾多次去某一海滨电厂，该厂煤场几乎终年自燃，而从事这方面试验研究的人却很少，这不能不说是我们在燃煤管理上的一个薄弱环节。存在煤场自燃的电厂应研究情况，采取切实措施，以便将煤场存煤的质量损失及热量损失降至最低程度。

二、煤场存煤的盘点

清查煤场存煤量，俗称煤场盘点，是电厂煤场管理的组成部分。各电厂普遍定期对煤场进行盘点，一般是一月一次。

要较准确地清查煤场的存煤量，必须准确地丈量或采取其他方式测出煤堆的容积；另一方面，必须测准煤的堆积密度。

1. 煤堆容积的测定

煤堆容积多采用传统的人工测量方法。将煤堆平整成一定的几何形状，以便于计算其体积。前文已经指出，煤在组堆时，以正截角锥体较为理想，煤堆角度以 45° 为宜。如果将煤堆平整为正截角锥体，煤锥角度为 45° 时，则可按下式计算煤堆容积

$$V = \frac{1}{6}h[(2a + a_1)b + (2a_1 + a)b_1]$$

这种方法计算较准确，故电厂中应用较多。

正截角锥体的煤堆如图 2-4 所示。

设有一正截角锥形煤堆，自然堆积角为 45°，底基长 a 为 85m，上顶长 a_1 为 66m，底基宽 b 为 46m，上顶宽 b_1 为 12m，平均高为 4.5m，则该煤堆体积为

$$V = 1/6 \times 4.5[(2 \times 85 + 66) \times 46 + (2 \times 66 + 85) \times 12]$$
$$= 10095 \approx 10000(\text{m}^3)$$

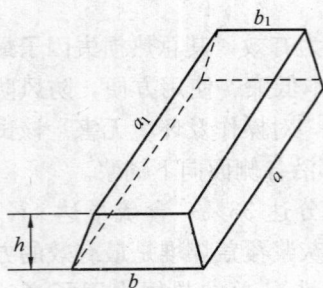

图 2-4 正截角锥
体煤堆外形

应用传统方法丈量煤堆体积，工作量大、费时很多，而且准确性较差，现在我国不少电厂已采用激光盘煤仪（见图 2-5）代替上述传统方法来测定煤堆体积。通常仅需 2h 就可完成整个煤场存煤体积的测量，具有简便、快速、准确、实用的特点。该仪器是利用激光系统快速测量整个煤场的各特征点，并能自动记录其空间坐标。它采用数字内插拟合技术建立数字地面模型（见图 2-6），从而计算出煤场煤堆的体积。该仪器适用于任何形状煤堆体积的测量，并可直接打印出测量结果。

激光盘煤仪测量精度小于等于 1%。一台仪器可测量多个煤堆，一个人用约 2h 即可完成一煤堆的测量，测量时可将盘煤仪携带至现场，也不需要额外的辅助设备及工具。但激光盘煤仪价格相当高，每台约在 30 万元左右，某些产品质量也欠佳。

2. 煤的堆密度测定

当测出煤堆体积后，还需要测出煤的堆密度，方可计算出煤场煤量。因此即使使用了激光盘煤仪，也只是完成了 50% 的盘煤工作量。

（1）堆密度的含义。煤的堆密度，是指单位容积的装煤量，以吨/米^3 表示。装煤容器的大小、煤的粒度、含水量、装样方式等多种因素均与堆密度相关。故在测定时，如不对这些条件一一加以规范，其测定结果的可比性就较差。

不同煤种，堆密度各不相同。堆密度随煤的变质程度加深而增大，见表 2-11。

（2）堆密度的测定方法。堆密度测定，至今尚无国家标准方法，仅有煤炭行业标准及电力部在《火力发电厂按入炉煤量正平衡计算发供电煤耗的方法》中推荐的测定方法。

1）MT/T 739—1997《煤炭堆密度小容器测定方法》。该法适用于粒度小于 150mm 的褐煤、烟煤及无烟煤。该方法要点是：装煤用的容器容积为 200L（0.200m^3）、内边长为 585mm 的正方形，台秤最大称量为 500kg，称量准确度≥0.1%。测定时，先称准装煤容器，准确至 0.5kg；用铁铲将有代表性的煤样装于容器中，煤样下落高度应尽可能小，最大不能超过 0.6m，煤样装至高出容器顶面约 100mm，用硬直板将高出容器的煤样除去，使煤样面与容器顶部平齐。称量装有煤

图 2-5 激光盘煤仪

样的容器，从而计算出堆密度。对另一部分煤样进行重复测定，其精密度要求为 0.03t/m^3。此测定结果以收到基堆密度 $D_{s.ar}$ 表示；可按基准换算方法，在已知煤样水分条件下，换算出干基煤的堆密度 $D_{s.d}$，测定结果保留小数点后两位。

表 2-11		各种煤的堆密度				t/m^3
煤　种	无烟煤	烟　煤	褐　煤	泥　煤	焦　煤	煤　粉
堆密度	0.9~1.0	0.8~0.95	0.65~0.85	0.3~0.6	0.36~0.53	≈0.7

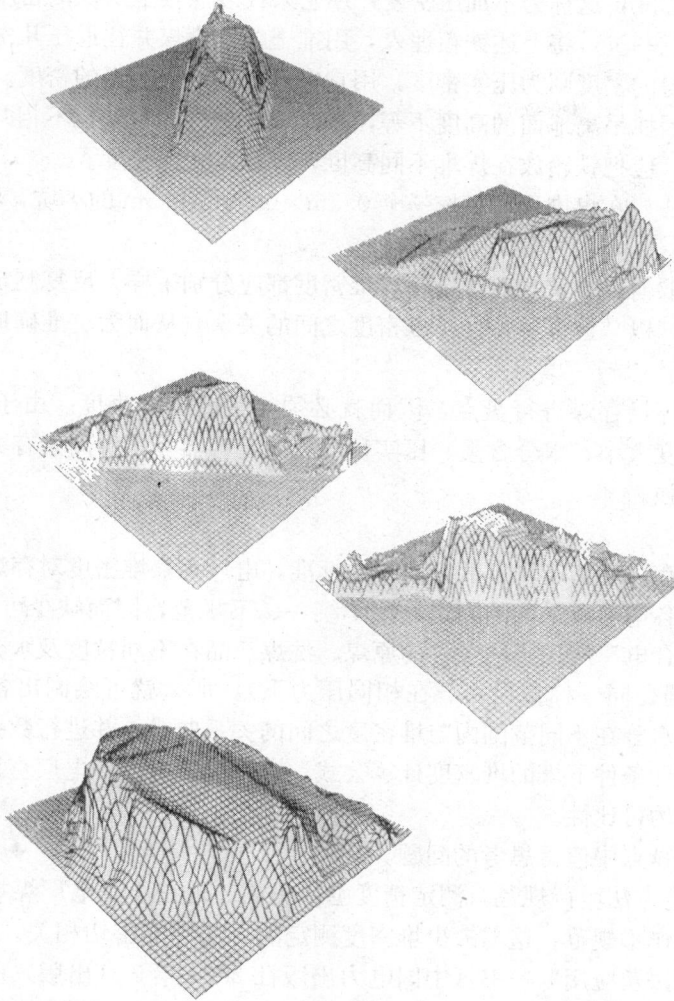

图 2-6 煤堆扫描图

2）电力部推荐方法。该法是将原煤或煤粉从 1m 高的空中自由落入一直径约 0.4m、高约 0.5m 的容器中，勿敲打容器或捣实，然后称出其质量，再计算单位体积下的原煤或煤粉的量，即求出堆密度。

在现行的设计及计算中，对原煤的堆密度一般取 $0.9t/m^3$ 计算，而煤粉的堆密度，由于煤粉自身细度与聚结、疏松程度的不同，必须经计算或测量求出。

MT/T 739—1997 规定的方法与电力部规定方法较为接近，这对电厂中进行煤的堆密度测定仍具指导与参考价值。

3. 煤场盘煤时的堆密度测定

煤堆中的煤处于不同的高度，也就承受不同的压力，自然它们的堆密度将因受压不同而不同。

对于存煤堆密度的测定，通常可采用模拟法与挖坑法。

（1）模拟法。制作一个 80cm×50cm×30cm 的铁箱，先将此铁箱称重，然后装满煤并刮平，过磅后求出密度，这称为不加压密度，用它来代表煤堆上层煤的密度。

如先在煤堆内挖一坑，将上述铁箱埋入，用推土机堆满煤并往返压几次，然后将铁箱取出，刮平称重，求得的密度则为压实密度，用它来代表煤堆下层煤的密度。

有抓吊的电厂因抓吊离地面的高度不等，故煤堆各部位的密度也不相同。为了准确地测得不同高度的密度，应把铁箱放在煤堆不同高度，以求出实际密度。

（2）煤堆挖坑法。在煤堆顶面，挖一个 0.5m×0.5m×0.5m 的小坑，将挖出的煤称重，计算出堆密度。

各电厂不论采取何种方式，对煤场存煤堆密度都应分别采样，反复测定，并根据煤质分析结果，积累资料，以掌握煤质特性与堆密度之间的关系，从而为更准确地进行煤场存煤提供依据。

电厂定期要对煤场存煤进行盘点，因而就必须经常测定堆密度。由于煤的堆密度因煤种、煤炭品种、粒度大小、水分含量、压实程度、测定容器等多种因素有关，故不同单位所测结果的可比性不强。

4. 几点建议

（1）组织制定存煤堆密度测定的电力行业标准。电厂存煤堆密度对存煤量盘点的准确性影响很大，而目前各电厂所采取的测定方法不统一、不规范，因而缺少可比性。作者设想，如果能够测定出适合电厂所用不同煤种的原煤、洗煤产品在不同粒度及水分范围的堆密度值（采用相同装煤容器、同一称量设备、在相同压力下），那么就可绘制出各煤质特性，如煤种、品种、粒度、水分在不同范围内与堆密度之间的关系曲线，并进行数据的回归处理，就能得到一系列在各种条件下煤的堆密度计算公式。这不但可方便各电厂直接应用，而且将使盘煤结果具有较好的可比性。

（2）煤场存煤盘点中值得思考的问题。

1）堆密度测定方法亟待规范，测定精度亟待提高。现在不少电厂煤场存煤堆密度的测定方法不一致、操作不规范，这与缺少堆密度测定的方法标准密切相关。有鉴于此，《火力发电厂燃料试验方法及应用》一书（中国电力出版社 2004 年 9 月出版）中，对各种条件下的堆密度（包括入厂煤到站堆密度、煤场存煤堆密度、一般条件下的堆密度）测定，均提出了规范化的测定方法，供各电厂在实际测量时参阅。

2）煤堆体积与煤的堆密度测量精度要相匹配。根据有效数字的运算法则，运算所得结果的有效数字应以相对误差的最大数字为依据，故煤的堆密度测量精度将直接影响盘煤的准确性。目前不少电厂都很重视煤堆体积的测量，希望有一台性能良好的激光盘煤仪来取代传统的丈量煤堆体积的落后方法，是不难理解的；但另一方面，各电厂对堆密度测量的关注则普遍较差。作者在一些电厂看到，其堆密度测定值可靠性一般说来并不高，有的甚至将违反常理的数据也在用于煤量的计算。这种情况存在，即使配备最好的煤堆体积测量仪器，也不可能获得准确的盘煤结果。

尽快制定煤场存煤堆密度测定的电力行业标准，是电力生产的需要，也是各电厂的期望，宜纳入计划组织实施。在制定该标准时，必须进行大量试验，因而该项标准宜由科研院所及电厂共同负责。

第五节　入炉煤的掺配、输送与计量

火力发电厂的生产由燃烧系统、水汽系统、电气系统三大部分组成，其中燃烧系统的运行与燃煤密切相关。电厂燃烧系统如图 2-7 所示。

一、入炉煤的掺烧

1. 配煤掺烧的目的

入炉煤配煤掺烧，其根本目的在于使入炉煤质符合锅炉设计煤质，至少也要达到锅炉校核煤质的要求，以确保机组的安全经济运行。

大型电厂日燃煤量一般都达万吨以上，且电厂普遍燃用多种煤源的混煤，因而研究配煤掺烧就具有很大的实际意义。

通过配煤掺烧，其实际意义在于：

(1) 使得入炉煤质尽可能达到或接近锅炉设计煤质的要求，提高燃烧效率，保证锅炉安全运行。

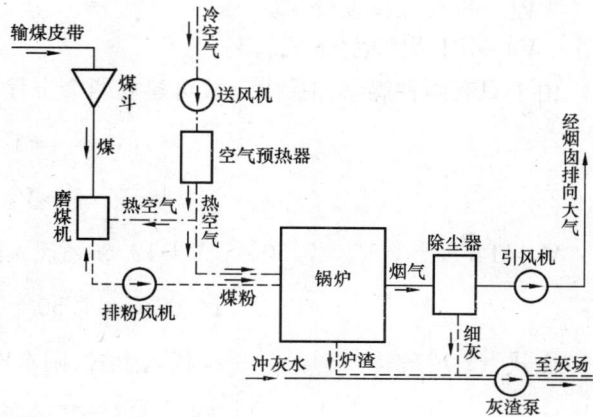

图 2-7　电厂煤粉锅炉燃烧系统

(2) 可充分利用煤炭资源，特别是充分燃用当地所产煤炭，以节约运输费用，降低发电成本。

(3) 使得某些电厂不能单独燃用的无烟煤、高硫低热量煤、低灰熔融温度的煤得到有效利用，以节约电煤。

2. 配煤掺烧的依据与原则

(1) 掺烧依据。

1) 应以锅炉设计煤质为基本依据。在一座电厂中往往安装有多台锅炉，特别是不少电厂经分期扩建而成，各期锅炉的设计煤质可能存在很大的差异，故掺烧配煤要有针对性，切不可一概而论。这就要求从事配煤的人员要了解各台锅炉的设计及校核煤质，熟悉各台锅炉的运行特性。

2) 以对各煤源的采样分析及计算为依据。为进行配煤掺烧，首先要对待配的各种煤进行采样分析，这是确定掺配比例的前提。混煤特性除灰熔融温度外，其他煤质特性指标如挥发分、发热量、含硫量等均可按各煤质指标加权计算而得。例如，某混煤由 A、B、C 三种煤掺混而成，其煤中全硫 $S_{t,d}$ 分别为 2.84%、1.06%、0.82%，三者的数量比为 1∶6∶3，则混煤全硫（%）为 0.1×2.84＋0.6×1.06＋0.3×0.82＝0.28＋0.64＋0.25＝1.17。混煤的煤灰熔融温度应根据实测结果来加以确定，通常它比按比例关系的计算值要低。

3) 掺烧的具体期望多在于控制好入炉煤的挥发分或发热量。因为挥发分是决定燃烧稳定性及锅炉热效率的首要条件，而发热量降低会使燃烧温度下降、燃烧稳定性减弱、锅炉热效率降低。特别是当前一些燃用贫煤的电厂，由于贫煤资源不足，不得不掺烧部分无烟煤，通过相关计算即可求出无烟煤与贫煤的适当比例。

示例：某设计用贫煤锅炉，其 V_{daf} 的设计值为 12.56％而电厂中只有 $V_{daf}=14.68$％的 A 煤及 $V_{daf}=7.50$％的 B 煤，那么如何掺配才能使挥发分的下限值 $V_{daf,min}$ 为 12.56％。

解：要求 $x_1 V_1 + x_2 V_2 \geqslant V_{daf,min}$ (2-11)

式中　x_1——A 煤百分率，％；

　　　x_2——B 煤百分率，％；

　　　V_1——A 煤挥发分 V_{daf}，％；

　　　V_2——B 煤挥发分 V_{daf}，％。

由于只有两种煤参加掺配，故可建立两个方程求解。

$$\begin{cases} x_1 + x_2 = 1 & (2\text{-}12) \\ x_1 V_1 + x_2 V_2 = V & (2\text{-}13) \end{cases}$$

$V_1 = 14.68$％，$V_2 = 7.50$％，$V = 12.56$％代入式（2-13），即

$$14.68 x_1 + 7.50 x_2 = 12.56$$

由式（2-12），将 $x_2 = 1 - x_1$ 代入上式，则求出 x_1

$$14.68 x_1 + 7.50(1 - x_1) = 12.56$$

$$14.68 x_1 - 7.50 x_1 = 12.56 - 7.50$$

故　$x_1 = 5.06/7.18 = 0.7047 = 70.47$％

$x_2 = 1 - x_1 = 0.2953 = 29.53$％

经计算可知，将 70.47％的 A 煤与 29.53％的 B 煤相掺混，其混煤的挥发分 V_{daf} 为 12.56％，符合锅炉设计煤质的要求。将上述配比的计算，可写成如下通式

$$x_1 = \frac{V - V_2}{V_1 - V_2} \tag{2-14}$$

本例中 $V = 12.56$％，$V_1 = 14.68$％，$V_2 = 7.50$％，将上述参数代入式（2-14），即求出 $x_1 = 0.7047 = 70.47$％，$x_2 = 0.2953 = 29.53$％。

如果求算配煤后的收到基低位发热量 $Q_{net,ar}$，则式（2-14）可改写为

$$x_1 = \frac{Q_{net,ar} - Q_{net,ar,2}}{Q_{net,ar,1} - Q_{net,ar,2}} \tag{2-15}$$

如果是由三种煤组成的混煤，则 3 个配比 x_1、x_2、x_3 是未知数，需要 3 个联立方程才能求解。

（2）掺烧原则。

1）不同煤源掺烧，各种煤的挥发分值相差不能太大。否则，即使混煤的挥发分值符合或接近锅炉设计值，由于各种煤燃烧条件差异较大，在燃烧速度、燃烧时间、需氧量等方面各不相同，因此燃烧调整控制也就不易掌握。

2）在配比确定后，保证不同煤源之间掺混均匀，以确保燃烧稳定，方能达到预期的掺烧目的，因而如何保证掺配均匀，就成为掺烧的关键所在。

3）多种煤掺配后要测定其均匀度。对于常用的 A_{ar}、M_{ar}、$Q_{gr,ar}$、V_{daf} 等值，选取哪一个值为依据，则取决于混煤要求的约束条件是以哪一种为主。分别计算各自的标准差，从而

求出配煤的不均匀度。

4）煤的掺配有多种方法可供选择，最常用的是分堆或分罐混配煤法及堆成混煤床法。前者按照挥发分的高、中、低分堆或分罐储存，掺烧时，调节储罐闸板开度来控制各种煤的比例，进行煤的混配；后者则用堆煤机，堆成混煤床的煤堆，然后再从混煤堆取用。

5）进行配煤计量是实施配煤的重要条件。混煤一般分质量配料与容量配料两种，然而质量配料更为准确。质量配料一般采用电子皮带秤，通过质量显示比例、调节皮带出料流量实施配煤。

关于煤的掺配与质量管理，还涉及多方面的内容，本书不拟细述。要了解这方面更详细情况，可参阅《煤质检测新方法与动力配煤》（中国物资出版社，1992 年 4 月出版）或《燃料管理工程》（冶金工业出版社，1995 年 11 月出版）。

配煤掺烧过程中，应加强各种配煤及混煤的采制样与化验工作，并通过锅炉的燃烧效率来评判掺配的实际效果，并注意及时调节配比、改进掺配方法、提高掺配质量。

二、入炉煤输送与计量

电厂入炉煤是通过输煤皮带输送的，途中经除铁、破碎后，再通过机械采样装置对入炉煤进行采样与皮带秤计量后，将煤送至磨煤机制粉。这是电厂对入炉煤运行监督的重要组成部分。

1. 输煤皮带

输煤皮带负载量大、运行平稳，不同皮带间通过上、下层或倾斜的空间布置，很容易实施煤的较长距离、往不同高度处的输送，故在电厂中普遍使用。

对某一区段，设有 A、B 两侧输送皮带，一条运行，一条备用。

我国电厂中使用的各种输煤皮带，带宽多为 1000～1500mm，额定流量多为 800～1500t/h，带速多为 2～3m/s。但也有少数电厂所用输煤皮带的规格在上述范围之外。

电厂入炉煤输煤皮带上方常设有多级电磁除铁装置，以去除混入煤中的铁器，如铁丝、铁片、道钉等杂物，同时可保护碎煤机及采煤样机的安全运行。

输煤皮带的技术参数，与安装于皮带上的碎煤、除铁、采样、计量等装置的设计与选用均密切相关。

2. 碎煤机

各电厂进厂的原煤粒度各异，即使同一电厂，由于煤源的不同，粒度也不可能相同。电厂锅炉采用煤粉悬浮燃烧方式，需要提供足够的细粉供锅炉燃用。因此，原煤进入输送带，经多级除铁后，通过碎煤机一般碎至粒度 50mm 以下，这样使入炉煤粒度减小、均匀度增加，有利于制粉及采煤样机的运行。故皮带采煤样机应安装在电厂入炉煤碎煤机的后方而不是前方。

碎煤机是入炉煤输送过程中的重要设备。用于碎煤的破碎机称为碎煤机，其主要技术参数包括进料粒度、出料粒度、额定出力、对原煤的水分适应性及耗电等。

以下将有关碎煤机的知识作一简要介绍。

（1）碎煤作业种类。

1）开路破碎，指破碎产品中超粒不再返回破碎的作业。这里的超粒，是指破碎产品中大于要求粒度的颗粒。

2）闭路破碎，指破碎产品中超粒返回破碎的作业。

3）一段或两段破碎，指只进行一次或两次破碎的破碎作业。

4）破碎比，指破碎机入料与出料粒度之比。

（2）碎煤机种类。

1）锤式破碎机，指借铰接在转子上的锤头回转时的打击作用，破碎物料的机械。

2）环式破碎机，指利用套装在枢轴上的环形锤头与棒条之间的剪切作用，破碎物料的机械。

3）反击式破碎机，也称固定锤式破碎机，是借固定在转子上的锤头回转时的打击作用及物料对反击板的冲击作用，破碎物料的机械。

电厂中入炉煤所配用的碎煤机多为锤式碎煤机，其出力多为每小时 1000t 以上。至于电厂制样室所配用的各种小型碎煤机，有锤式的，还有颚式的、辊式的等其他类型，这将在本书第三章中介绍。

3. 燃煤水分

煤中水分含量不仅对煤的燃烧，而且对煤的输送有很大影响。

煤中水分有全水分与外在水分之别，对燃烧的影响，主要考虑煤的全水分；对输送的影响，主要考虑煤的外在水分。

外在水分是指在一定条件下，煤样与周围空气湿度达到平衡时所失去的水分；内在水分，是指在一定条件下，煤样达到空气干燥状态时所保持的水分；全水分，则是指煤的外在水分与内在水分的总和。

煤中全水分增加，低位发热量减小，炉膛温度下降，燃烧稳定性减弱；烟气量将因煤中水分的增加而增大，排烟热损失增加，锅炉热效率降低。

而在入炉烟煤输入时，原煤外在水分一般在 7% 左右，可保证输煤系统正常运行；当原煤外在水分大于 8%～10% 时，原煤斗、给煤机、落煤管、碎煤机等都会因原煤粘结而发生不同程度的堵煤而影响其正常运行；如原煤水分达到 12% 以上时，将会出现严重的运行障碍。

当某些电厂燃用外在水分含量较小的煤时，往往要在输煤过程中适当喷水，以减小煤尘的污染。因此，加水量一是要适当控制，二是力求均匀，以防止局部区段煤的外在水分过大而影响整个输煤系统的运行。在输煤、给煤、碎煤作业中，只要某一个环节或设备上发生堵煤，就将影响入炉煤的输送。

4. 入炉煤计量

入炉煤计量有两种方式：①通过安装在总输煤皮带上的电子皮带秤及其监测系统分别计算各机组的燃煤量；②利用给煤机自身附有的计量装置直接计量。这里主要介绍电子皮带秤的使用。

（1）电子皮带秤的基本原理。

电子皮带秤是一种动态称量装置，可以对皮带输煤进行连续自动称出累计量。通常它是由秤架、测重与测速传感器、二次仪表等部件组成。

输煤皮带在单位时间（瞬时的）的输煤量 Q_t 应为皮带单位长度上的煤量 q_t 与皮带运行速度 v_t 的乘积，即

$$Q_t = q_t v_t \tag{2-16}$$

采用测重及测速传感器分别测出皮带单位长度上的煤量及带速，再运用等臂电桥原理，进行原煤瞬时质量与皮带瞬时速度的乘积运算。

累计质量是将测量仪表测出的代表瞬时运量的电流或电压进行换算，再把转换的信号对瞬时时间累加而得到的脉冲数，经过计算机处理，就可自动显示出皮带在一段时间内的总运煤量，并可打印出称量结果。

（2）电子皮带秤的配置要求。

原电力部在《火力发电厂按入炉煤量正平衡计算发供电煤耗的方法》中，对电子皮带秤提出了下述诸项要求：

1）125MW 及以上火电机组的入炉煤计量原则上按单台机组进行。已投入运行的125MW 及 200MW 机组，有条件者应尽快加装燃煤计量及校验装置；已投入运行的300MW 机组与新建的 300MW 及以上火电机组，必须配备按入炉煤正平衡计算煤耗的所需全部装置，包括燃煤计量装置、机械采制样装置、煤位计和实煤校验装置等。

2）电子皮带秤的称量范围和数量要满足燃料管理的需要。在运行的称量范围内，其称量的使用精度应不低于±0.5％；应加实煤校验装置或计量标准规定的校验器具。

3）电子皮带秤安装在总皮带上时，经犁煤器与分炉计量微机监测系统将燃煤分别送入各炉的原煤仓中。要注意，防止由于犁煤器犁不净煤把剩余燃煤带入其他炉的原煤仓内。对电子皮带秤安装段前后的皮带机托辊等运转设备，应加强维护检修。

4）为准确计量煤量，计量装置须定期进行实煤校验。用于实煤校验的煤量不小于输煤皮带运行时最大小时累计量的 2％；实煤校验所用标准称量器具的最大允许使用误差应不低于±0.1％，校验后的弃煤应处理方便。

5）要使用部级计量部门认可的、持有检验合格证的燃煤计量装置。每月应用实煤校验装置校验 2～4 次。实煤校验装置使用前应经标准砝码校验，实煤校验装置的标准砝码每 2 年应送往国家计量部门校验一次。

（3）电子皮带秤的使用

1）为保证电子皮带秤的仪表指示值与实际值相一致，电子皮带秤要按规定时间与要求进行实物标定，也就是将已知质量的物料在皮带秤上称量或对在一段时间内过秤的物料进行高精度称重，并与电子皮带秤的示值相比较以确定称量误差。

实物标定又分为在线及离线实物标定两种方法。所谓在线实物标定，是指物料通过料斗秤进入料斗下料，通过电子皮带秤进行动态计量，也可将物料先进行动态计量再导入料斗秤，把料斗秤称量的指示值作为标准值与电子皮带秤的累计示值相比较。所谓离线实物标定，是指因汽车衡或轨道衡等较精确的计量器具，把通过皮带秤的物料从输送线取出进行静态称重视为标准物料量，将它与皮带秤的累计值进行比较。

2）电子皮带秤在约 40％～80％最大流量的量值点上进行检测，检测结果应符合表 2-12 中的规定。

表 2-12 电子皮带秤准确度等级表

等 级	标定最大允许误差	使用中最大允许误差	等 级	标定最大允许误差	使用中最大允许误差
Ⅰ	±0.125％	±0.25％	Ⅲ	±0.5％	±1.0％
Ⅱ	±0.25％	±0.5％	Ⅳ	±1.0％	±1.0％

3）为了按正平衡计算电厂标准煤耗，必须提供 3 个基本参数，即入炉煤量、入炉煤收到基低位发热量及发电量。这些参数的计量或测定精度，决定了标准煤耗的计算精度。

为了计算标准煤耗，因各电厂燃煤发热量不同，为了使各厂煤耗具有可比性，首先需将天然煤量折算成标准煤量。

示例：某电厂燃煤收到基低位发热量 $Q_{net,ar}$ 为 21680J/g，每天燃用天然煤 10020t，而该电厂装机容量为 1000MW，该求该电厂的发电煤耗。

解：由于标准煤的收到基低位发热量为 29271J/g，故首先求出该电厂每天燃用的标准煤量为

$$21680/29271 \times 10020 = 7421.5 \ (t)$$

故该电厂发电标准煤耗是

$$7421.5 \times 10^6/24 \times 10^6 = 309.2[g/(kW \cdot h)]$$

设该电厂日用电量为 $1.21 \times 10^6 kW \cdot h$，则供电煤耗为

$$7421.5 \times 10^6/(24-1.21) \times 10^6 = 340.6[g/(kW \cdot h)]$$

如入炉煤计量不准，就将直接影响标准煤耗计量的可靠性。

原电力部提出的《火力发电厂按入炉煤量正平衡计算发供电煤耗的方法》已十多年了，但至今仍有一些电厂在沿用反平衡法计算煤耗。其关键因素不在于燃煤量与发电量的计量，而在于皮带采煤样机的采样精密度普遍不能达到电力部规定的要求，而且相距甚远，它直接影响了电厂标准煤耗计算的可靠性。因此，当前在电厂的入炉煤运行监督中，最为薄弱的环节，就是如何提高皮带采煤样机的合格率及运行可靠性。

第六节　煤粉的制备与特性

电厂锅炉绝大部分为煤粉炉。原煤先要制成煤粉，然后由空气携带将气粉混合物即一次风喷入炉内燃烧。故电厂煤粉制备是电力用煤的一个组成部分，电厂燃料专业人员同样需要了解煤粉的制备方法与特性，掌握煤粉的使用技术。

一、煤粉制备

1. 制粉系统

将原煤输送到磨煤机，干燥并磨制成煤粉送往锅炉燃烧的设备及其管道，称为制粉系统。

制粉系统常分为中间储仓式及直吹式两种。

（1）中间储仓式系统（如图 2-8 所示）。中间储仓式系统，是将磨好的煤粉储存于煤粉仓中，然后再根据锅炉负荷情况，从煤粉仓经给粉机送入炉膛燃烧。该制粉系统常配用 16～25r/min 的低速钢球磨煤机。

在制粉系统中，煤的干燥与输送需要一定的气量，而煤粉在炉内燃烧也需要充足的空气。输送煤粉进入炉膛的那部分空气，称为一次风；不携带煤粉而仅仅用于助燃，经

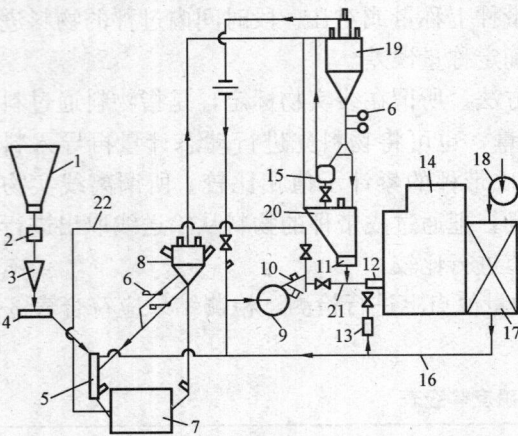

图 2-8　中间储仓式制粉系统

1—原煤仓；2—自动秤；3—煤斗；4—给煤机；5—干燥管；6—锁气器；7—磨煤机；8—粗粉分离器；9—排粉机；10——一次风箱；11—给粉机；12—燃烧器；13—二次风箱；14—锅炉；15—螺旋送粉机；16—热风道；17—空气预热器；18—送风机；19—旋风分离器；20—煤粉仓；21——次风管；22—再循环管

燃烧器直接进入炉膛的热空气，则称为二次风。在中间储仓式制粉系统中，粗粉分离器上部出来的干燥气，也称磨煤乏气中还含有约 10%的细煤粉，为了回收利用，将携带此煤粉的干燥气由燃烧器专门的喷口送入炉内燃烧，称为三次风。

（2）直吹式系统（如图 2-9 及图 2-10 所示）。直吹式系统，是指煤由磨煤机磨制成粉后直接送炉膛燃烧。该制粉系统常配用中速磨煤机或竖井式磨煤机。中速磨煤机，是转速在 60～300r/min 范围内的磨煤机；竖井磨煤机，则是转速在 750～1500r/min 范围内的高速磨煤机。

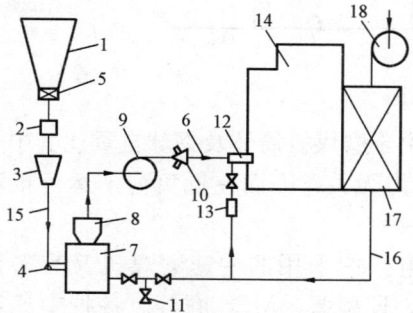

图 2-9　配中速磨煤机的直吹式系统

1—原煤仓；2—自动秤；3—煤斗；4—给煤机；5—挡板；6—煤粉管；7—磨煤机；8—粗粉分离器；9—排粉机；10——次风箱；11—冷风门；12—喷燃器；13—二次风箱；14—锅炉；15—落煤管；16—热风道；17—空气预热器；18—送风机

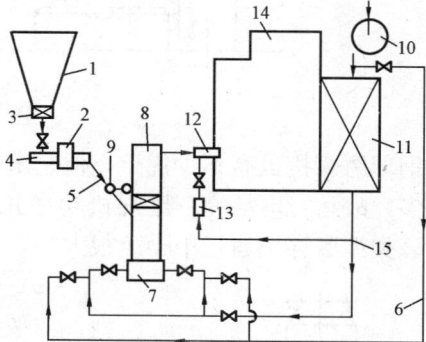

图 2-10　配竖井式磨煤机的直吹系统

1—原煤仓；2—自动秤；3—挡板；4—给煤机；5—落煤管；6—冷风道；7—磨煤机；8—竖井；9—锁气器；10—送风机；11—空气预热器；12—喷燃器；13—二次风箱；14—锅炉；15—热风道

（3）不同制粉系统的特点。

1）中间储仓式系统可采用热风送粉，这对燃用挥发分较低的无烟煤、贫煤及低质煤锅炉来说，都是必要的。这种制粉系统运行可靠性高，即使出现一些故障，也不会立即影响锅炉运行。该系统的不足之处在于：系统复杂，投资及运行电耗较高，有煤粉爆炸的危险。

2）直吹式系统结构简单、布置紧凑、投资及运行电耗较少、爆炸性也小。该系统的不足之处在于：运行中易出现风粉不均的情况，运行可靠性较差、设备故障率较高、维修工作量较大。

2. 磨煤设备

各类磨煤机是最重要的磨煤制粉设备，通常靠撞击、挤压或碾磨作用将煤磨制成粉，对某一种磨煤机系统，可能各种作用兼而有之。

（1）钢球磨煤机。它是电厂中应用最广泛的一种磨煤机，转速低，几乎适用于所有煤种，可长时间连续运行，故工作可靠性高。

钢球磨煤机如图 2-11 所示。

钢球磨煤机是一个直径为 2～4m、长 3～10m 的大圆筒，筒内装有大量直径为 25～60mm 的钢球，管内壁衬装波浪形锰钢护甲。筒身一端是热空气及原煤进口；另一端是气粉混合物出口。在磨煤机内磨煤与干燥是同时进行的，一般采用热空气为干燥剂，磨好的煤粉由干燥剂气流从筒体内带出。干燥剂流在筒内的速度为 1～3m/s，速度越大，带出的煤粉越粗，磨煤机出力越大。

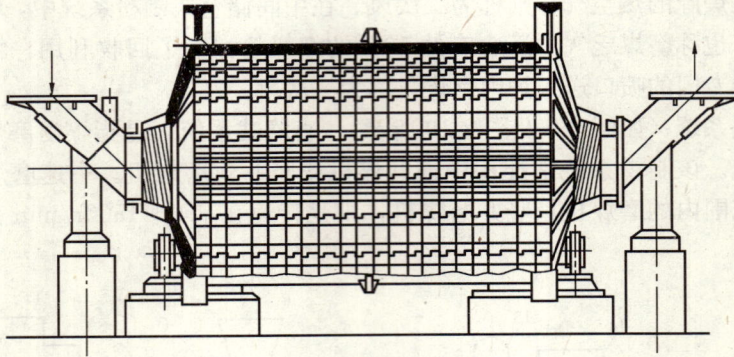

图 2-11　钢球磨煤机

钢球磨煤机虽有不少优点，但它出粉细度不均；由于磨煤机筒体及钢球自重比其中煤量大得多，故运行电耗高；磨煤机功率几乎与磨煤机出力无关，因而在低负荷下运行很不经济；该类型磨煤机运行中噪声很大。

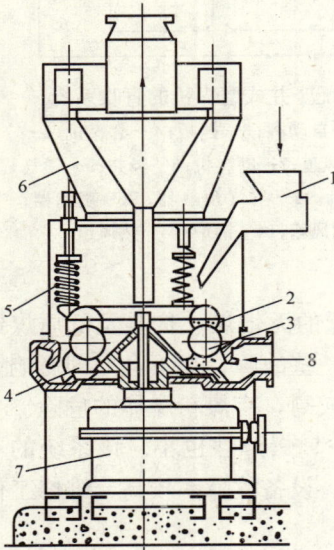

图 2-12　球式中速煤磨机

1—给煤机；2—不转的上磨环；3—钢球；4—旋转的下磨环；5—压紧弹簧；6—粗粉分离器；7—减速箱；8—热空气进口

（2）中速磨煤机。电厂中采用的中速磨煤机又有多种类型：如平盘磨、碗式磨、E 型磨、MPS 磨等。各种中速磨煤机具有相同的工作原理。球式中速磨煤机如图 2-12 所示。

各类中速磨煤机都是由两组相对运动的碾磨部件，在弹簧力、液压力或其他外力作用下，将其间的原煤挤压并碾压成粉的。磨煤机上部紧接着粗粉分离器，将过粗的煤粉分离出来再磨，达到一定细度后，经排粉机送入炉膛。

中速磨煤机体积小、单位电耗也小，较适合磨制水分不大、灰分较少、可磨性指数较大的煤。

3. 竖井磨煤机

竖井煤磨机为一种高速磨煤机，如图 2-13 所示。

竖井磨煤机由机体及竖井两部分组成的。煤从原煤仓经落煤管落入磨煤机，经高速锤击磨制成粉。热空气从风道进入磨煤机，将细煤粉吹起，经竖井从燃烧器进入炉膛燃烧。

竖井磨煤机投资少、运行单位电耗小，比较经济，但它对煤种的适应性差，由竖井带出的煤粉较粗，且不均匀，影响燃烧。同时，设备的磨损也较快。竖井磨煤机较适合磨制可磨性指数较大的煤，如高挥发烟煤及褐煤等。

4. 其他设备

除磨煤机外，制粉系统中的主要部件是：

（1）粗粉分离器。它由圆锥形的外壳和内壳构成，内、外壳之间有可以转动的导向叶片。分离器依靠重力、惯性力和离心力的作用将粗粉分离出来。

（2）旋风分离器或称细粉分离器。它的作用是利用离心力来分离煤粉与空气。

（3）给粉机。储粉仓煤粉靠给粉机送入一次风管，与一次风一起进入喷燃器。常用的有螺旋式和圆盘式两种类型。

（4）给煤机。它的作用是将原煤按要求的数量均匀地送入磨煤机，常用的有圆盘式和电磁振动式等型式。

二、煤粉特性

电厂煤粉锅炉燃用的煤粉，通常是指经磨煤机磨制并经粗粉分离的煤粉，其粒度一般小于 $1000\mu m$，以 $20\sim50\mu m$ 的细粉为主，粒径小于 $90\mu m$ 的约占 80% 以上。

煤粉具有许多重要特性，使其适合作为锅炉的燃料。

1. 细度特性

煤粉的粗细，对燃烧过程及效果有着直接影响。煤粉越细，则煤粉的单位质量的表面积越大，与空气接触面加大，从而加快燃烧速度，煤粉的机械不完全燃烧损失越小，这意味着燃烧越完全。

煤粉细度一般用特定规格（$200\mu m$ 及 $90\mu m$ 孔径）的标准试验筛的筛余量来表示。取一定量的煤粉样在规定的筛子中筛分，如筛下的粉量为 b，筛上的剩余量为 a，煤粉细度即用留在筛上煤粉量的百分率 R 来表示，即

$$R = \frac{a}{a+b} \times 100\% \qquad (2\text{-}17)$$

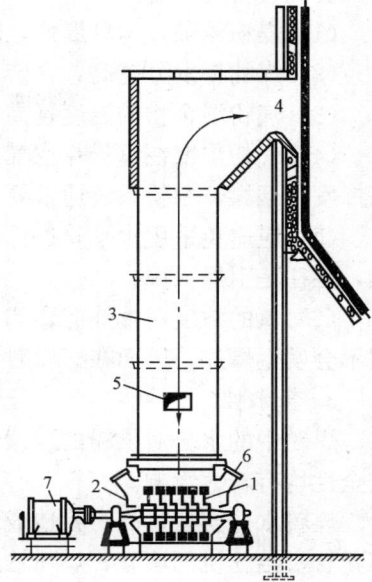

图 2-13　竖井磨煤机
1—转子；2—外壳；3—竖井；4—磨口；5—煤的入口；6—热空气入口；7—电动机

显然，R 值越小，则煤粉越细。

在电厂中，煤粉磨得越细，磨煤能耗也越大，制粉设备的磨损也会加大，因而煤粉有一个最佳细度，称为煤的经济细度。

由于各种煤的可磨性不同，如果要磨制到同样细度，能耗有所不同，或者说，在消耗一定能量的条件下，所磨制的煤粉细度有所差异。

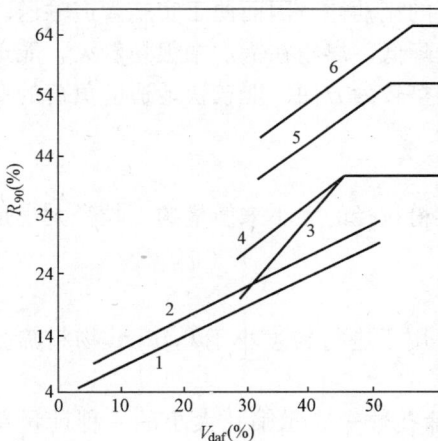

图 2-14　煤粉经济细度 R_{90} 与 V_{daf} 的关系
1—无烟煤、烟煤、贫煤采用钢球磨煤机；2—贫煤、烟煤采用中速磨煤机；3—烟煤采用锤击式磨煤机；4—褐煤采用钢球磨煤机；5—褐煤采用中速磨煤机；6—褐煤采用锤击式磨煤机

各种煤在同样细度下，燃烧时所产生的机械不完全损失各不相同。一般说来，挥发分大的煤，易燃烧，机械不完全燃烧损失小，可以磨得粗一些；而挥发分小的煤，就要磨得细一些，以促进其完全燃烧。由此可以知道，电厂中每种煤的经济细度各不相同。

图 2-14 表明，煤粉经济细度取决于煤种及磨煤机的类型。在实际运行中，还与燃烧工况有关。而干燥无灰基挥发分 V_{daf} 是划分煤种的主要参数，故煤粉经济细度与其 V_{daf} 值相关。通过试验，可得到上述曲线。

2. 爆炸特性

煤粉在气流携带过程中，可能会在制粉管路中沉积下来，特别是挥发分高、含硫量又大的煤粉，由于受缓慢氧化而产生的热量增多，温度逐渐升高，则易发生煤粉的自燃，在一定条件下，还会发生爆炸，导致

对人员及设备的危害。

（1）煤粉越细，越易爆炸，爆炸时产生的压力也越高，造成的危害也越大。

（2）煤的挥发分越高，含硫量越大，越易发生煤粉的自燃与爆炸。

（3）气粉混合物的温度越高，则自燃爆炸的可能性也越大。

（4）气粉浓度在每千克空气中含 0.3～0.6kg 的范围内，爆炸性最强。一般说来，燃用高挥发分烟煤，制粉系统通常要避开易引起煤粉爆炸的浓度范围。

（5）应避免采用水平管道，煤粉气流速度不能太低，以防煤粉沉积，制粉系统中积粉自燃，往往是引爆火源。

（6）氧的浓度对爆炸有影响，输送煤粉的气体介质中如含氧量小于 16％（体积分数）则不会发生爆炸。因而在必要时，可用烟气来干燥和输送煤粉。

3. 含水性

煤粉中的水分对供粉的连续性、均匀性，燃烧的经济性、磨煤机出力及制粉设备运行的安全性均有较大影响。

煤粉水分含量过高，将造成制粉系统运行困难；煤粉仓内的煤粉易结块或被压实，造成落粉管及给粉机的堵塞，煤粉输送困难；延长了煤粉的着火时间。

煤粉水分含量过低，高挥发分烟煤及褐煤的自然爆炸可能性大大增加，故煤粉中也要保持适当的水分含量。

4. 颗粒性、流动性与着火性

颗粒性、流动性、着火性是煤粉尤为重要的特性。

（1）颗粒性。煤磨制成粉后，表面积大大增加，这样可借助空气喷入炉膛内燃烧。正因为煤粉颗粒很细，煤粉可呈悬浮状态燃烧，它得以与空气充分混合，故燃烧完全，燃烧效率高。也正因为如此，当今电厂普遍采用煤粉锅炉。

（2）流动性。煤粉表面积增大，它能吸附大量空气，在煤粉颗粒上形成一层空气膜，粉粒间彼此被空气隔开，故煤粉与空气的混合物具有良好的流动性，因而便于实施管道输送。

（3）着火性。煤粉在有氧条件下，其着火温度大大降低，煤粉在锅炉中很易着火，能迅速提高燃烧室温度，增加传热效果。煤粉燃烧，锅炉调整较为方便，能较快地适应负荷的变化。

三、试验筛的应用

煤粉的重要特性之一就是细度特性，而细度是以煤粉粒径的大小来衡量的。粒径大小是通过一定孔径的试验筛的筛分结果来确定的。

1. 标准试验筛及其表示方法

标准试验筛或称标准筛，是指按照标准网目制作，用于进行粒度小于 0.5mm 物料筛分试验的套筛。

所谓网目，是指以单位长度或单位面积所包含的筛孔数来表示筛孔大小的一种计量单位。

通常标准试验筛由铜或不锈钢加工，直径为 200mm，筛帮高 50mm，配有筛盖与底盘。

以往我国使用的标准筛比较杂乱，各个国家对标准筛的表示方法也不相同，使用较多的国外标准筛为德国 DIN 筛、美国的 ASTM 筛、英国的 BS 筛等。德国筛是以每厘米长度内的筛孔数作为筛号，而美国筛则是以每英寸（2.54 厘米）长度内的筛孔数作为筛号。

近年来各国新修订的标准，一律采用实际孔径作为标准筛筛级的名称，这样在选用标准筛时就方便多了。

在电厂中，不少人习惯使用德国筛号，例如我国煤粉细度测定结果用 R_{200} 及 R_{90} 表示，而对应于德国筛则是 R_{30} 及 R_{70}。

作为标准筛来说，最重要的技术参数就是筛孔的实际孔径。在规定了筛孔的孔径及其允许差，筛网的金属丝直径及其允许差后，就可对标准筛的规格加以确定。

表 2-13　　　　　　　　　　　　　中德标准筛对照表

中国标准筛孔径（μm）	200	120	90	75	60
德国 DIN 筛筛号	30	50	70	80	100
筛孔数（个/cm²）	900	2500	4900	6400	10000

2. 标准筛的使用

(1) 标准筛应经计量检定部门检定合格者方可使用。现在省、市一级计量检定部门已能对标准筛进行计量检定。当前一些电厂中所用的标准筛问题较多，有的不仅未经计量检定，而且有的筛网已经破损或明显变形，有的筛子内侧底、壁之间存在较大缝隙还在使用，这是不适宜的，应予以淘汰更新。

(2) 应用合适的机械进行筛分，以保证筛分完全。建议使用具有垂直振击 149 次/min 及水平回转 220 次/min 的振筛机或相类似的振筛机。

(3) 在筛分操作过程中，要按规定在筛分一定时间后，轻刷筛的外底，以防煤粉堵塞筛孔，操作时注意不要使筛网受损。

另外有一点需要注意的是，市售的相同规格的标准筛其质量相差很大，当然价格也就相差悬殊，二者可能相差 1～10 倍，甚至更大。即使新购的标准筛，也应送计量部门检定确认为合格后方可使用。产品合格证并不能等同于计量检定合格证。

第七节　煤粉燃烧与煤质特性

煤的燃烧与其特性密切相关。在电厂燃烧系统中，将煤粉喷入炉膛，并期望达到预期的燃烧效果，是火力发电厂燃煤监督中最为重要的环节。所以电厂燃料人员应该了解煤粉燃烧的特点，掌握煤质特性与燃烧的关系，最大限度地保证燃烧系统的设备安全与运行的经济性。

一、煤粉燃烧

1. 锅炉设备

锅炉设备由锅炉的汽水部分、燃烧部分、锅炉附件及锅炉辅机组成。锅炉设备的组成见表 2-14。

按照水的流动方式，锅炉分为自然循环、强制循环及直流锅炉等类型。

自然循环锅炉是电厂中应用最为普遍的一种锅炉，见图 1-2。

强制循环锅炉的结构、特性与自然循环锅炉相似，只是在下降管与水冷壁下联箱之间，增加了循环水泵，改善了水循环。这种循环方式主要用于高参数、大容量锅炉。

表 2-14　　　　　锅炉设备的组成

部　分	主要部件及设备
汽水部分（锅）	锅本体（水冷壁、汽包等）、过热器、省煤器
燃烧部分（炉）	炉本体（炉膛、燃烧设备）、空气预热器
锅炉附件	水位计安全门、吹灰器、防煤门等
锅炉辅机	给水泵、磨煤机、送风机、引风机、除尘器等

直流锅炉的特点是没有汽包，水在给水泵的压力下一次流过锅炉的蒸发部分，而不往复循环。

2. 煤的燃烧反应

在本书第一章中就已指出，从工业分析角度看，挥发分与固定碳是煤的可燃组分；从元素分析角度看，则可燃组分为煤的主要组成元素，即碳、氢、氧、氮、硫。煤燃烧实际上能产生热量的为碳、氢、硫三元素，其中碳、氢为主要热源，而硫燃烧产生的热量甚微。

(1) 碳。碳在充足的空气中完全燃烧，产生二氧化碳。1g 碳完全燃烧能产生 34040J 的热量；而在空气不足的条件下，碳则不能完全燃烧而生成一氧化碳，每克碳此时仅能产生 9910J 的热量；一氧化碳也是一种可燃性气体，在充足的空气条件下，还可燃烧生成二氧化碳，同时放出 24130J 的热量，其燃烧反应如下

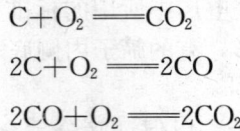

$$C + O_2 = CO_2$$

$$2C + O_2 = 2CO$$

$$2CO + O_2 = 2CO_2$$

(2) 氢。氢是仅次于碳的主要热源之一。煤中氢有两种存在形态：一是构成矿物质及水中的氢，它是不能参加燃烧的；另一种是与碳元素构成的有机组分，每克这样的氢完全燃烧时，可放出 143000J 的热量，约相当于同量碳放出热量的 4 倍。例如无烟煤含碳量比烟煤高，但含氢量要低得多，故通常无烟煤的发热量要低于烟煤。氢燃烧生成水

$$2H_2 + O_2 = 2H_2O$$

(3) 硫。煤中有可燃硫与不可燃硫之分，煤中可燃硫燃烧生成二氧化硫，放出很少热量，同时伴有极少量三氧化硫产生

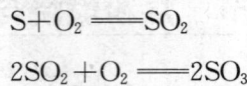

$$S + O_2 = SO_2$$

$$2SO_2 + O_2 = 2SO_3$$

硫是煤中有害成分，其含量越低越好。

(4) 氮。煤在锅炉中燃烧时，氮大部分呈游离态，但在一定条件下，也会产生少量的氮氧化物 NO_x，它也是对大气产生污染的一种有害物。故氮无助于煤的燃烧，甚至是有害的。

(5) 氧。随煤的变质程度的加深，氧含量减少而碳、氢含量增加，反之则出现相反的结果。

表 2-15　　　　　　　　　各种煤的元素组成

煤　种	碳	氢	氧	氮	有机物热量（J/g）
褐　煤	68.8	5.5	24	1.7	23840
烟　煤	82.2	4.3	12	1.5	35125
无烟煤	95.0	2.2	2.0	0.8	33870

氧自身不能燃烧，但起助燃作用。

煤中各元素含量随煤种不同而异，因而其燃烧性能也就有所不同。

3. 煤的燃烧条件

煤的燃烧必须满足三个条件：要有充足的氧气（空气量）；氧要与煤粉充分接触与混合；要保持在一定温度以上。

(1) 燃烧所需空气量。煤中各可燃元素（主要为碳、氢）充分完全燃烧，必须提供所需氧量。在电厂则主要提供热风，即二次风。为了计算某一定量的煤完全燃烧所必需的空气量，就得对燃煤进行元素分析。根据元素组成，按化学反应式计算出必需的空气量，称为理论空气量，用符号 A_0 表示。

煤的变质程度越深，自身的含氧量就越低，因而燃烧时所需理论空气量则越大，故不同种煤完全燃烧的理论空气量是不同的，见表 2-16。

表 2-16　　　　　　　　各种煤燃烧所需标准状况下的理论空气量　　　　　　　　m^3/kg

煤　种	泥　煤	褐　煤	烟　煤	无烟煤
理论空气量 A_0	4.5～5.0	5.5～6.0	7.5～8.5	9.0～10.0

如果实际空气量少于理论空气量，结果就会产生未燃物，煤烟及可燃气体排到大气中去，既造成巨大的浪费，又污染环境。另一方面，若把过多的空气量送入炉中，也是不经济的。过多地送入多余空气，大大超过理论空气量，将会降低火焰温度。例如用 2 倍理论空气量的空气送进 1200℃ 的燃烧室中，火焰温度会降至 800℃，从而无法达到燃烧的目的。

(2) 燃烧的过剩空气系数。从热能经济观点来看，供给燃料燃烧的空气量是十分重要的。但是利用现有的燃烧设备及技术，只要用理论空气量使燃料完全燃烧是不可能的。如果不供给超过理论空气量一定量的空气，就不可能燃烧完全，致使燃烧效率降低。故理论空气量 A_0 总是小于实际空气量 A。

$$A = \alpha A_0 \qquad (2-18)$$

式中　α——过剩空气系数。

当然 α 值越小，燃烧越经济。煤粉锅炉过剩空气系数通常为 1.15～1.25，如图 2-15 所示。

(3) 煤粉完全燃烧的其他条件。电厂锅炉所用煤粉颗粒很细，采用悬浮燃烧方式，因而煤粉得以与空气充分接触。一方面，煤粉是与空气组成的一次风，以相当高的风速（25～30m/s）喷入炉内；另一方面，热空气即二次风又从喷燃器吹入炉中助燃，从而为煤粉的完全燃烧提供了良好的条件。

煤粉的燃烧，不仅需要足够的空气以及与煤粉充分接触混合，而且还需要一定的温度。煤在燃烧前，要使水分蒸发而消耗热量，从而降低了温度。因此，煤粉能够燃烧，必须保证燃烧温度在它的着火点以上。

煤的挥发分高低，与其开始析出的温度及着火温度密

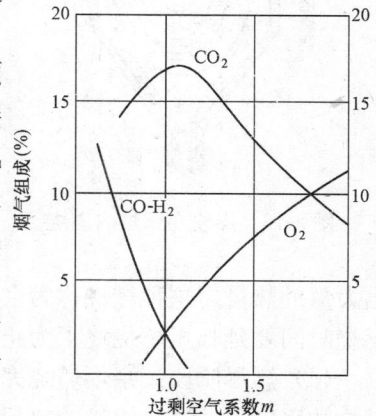

图 2-15　煤粉锅炉过剩
空气系数与烟气组成

切相关，见表 2-17。

表 2-17 煤的挥发分与燃烧特性间的关系

煤 种	挥发分 V_{daf}（%）	开始逸出温度（℃）	着火温度（℃）
无烟煤	0～10	～400	650～700
贫、瘦煤	10～20	320～390	500～650
一般烟煤	20～37	210～260	400～500
长焰煤	>37	～170	300～400
褐 煤	>37	130～170	250～300

应该指出，煤的着火温度，随测定方法而异。试验室的着火点温度测值并不能反映煤的实际着火温度，但各种煤从试验室中所测出的着火点差异，却也能反映不同煤着火的相对难易程度。由表 2-17 可知，无烟煤最难着火，褐煤最易着火，烟煤则处于二者之间。该表还反映，高挥发分烟煤较低挥发分烟煤易着火。

高挥发煤粉的实际着火温度约为 800℃；低挥发分煤粉实际着火温度可达 1100℃。为了使一定量的煤完全燃烧，就需要一定的时间与空间，这可用炉膛热强度来表示，通常采用的单位为 MJ/（m³·h），煤粉炉炉膛热强度为 $4.2 \times 10^2 \sim 6.3 \times 10^2$ MJ/（m³·h）。

炉膛热强度值大，则炉膛及锅炉总体积就相应小一些，这样消耗的材料少，散热损失也降低。煤粉在炉内的燃烧如图 2-16 所示。

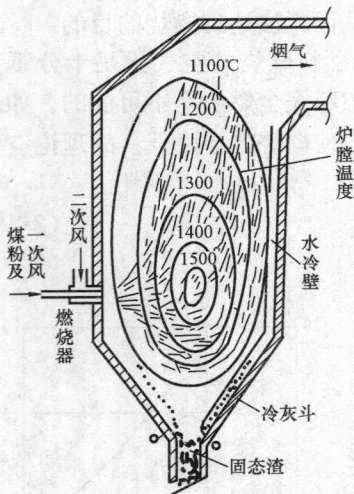

图 2-16 煤粉在锅炉内燃烧

4. 煤粉的燃烧过程

煤粉在炉内的燃烧过程大体经历如下几个阶段。各个阶段并不能明确区分，而是交叉进行并完成的。

（1）水的蒸发与干馏阶段。吹入锅炉内的煤粉，由于外来辐射热等原因而受热，温度逐渐上升，水分蒸发，这时的热量几乎都用在水分的蒸发上而被消耗。随着煤中水分蒸发，表面温度继续上升，当升到某一温度时，挥发分开始逸出，在此过程中系统是吸热的。

（2）挥发分燃烧阶段。由于挥发分是煤中最易燃烧的成分，各种煤的挥发分可在 130～400℃ 范围内先后逸出，首先与其附近的氧进行反应而着火。挥发分的燃烧，即可燃气体的燃烧。由挥发分构成的火焰在燃烧室内燃烧，称为空间燃烧。

（3）固定碳燃烧阶段。挥发分全部逸出后，残留的碳也就是固定碳和自表面渗透进来的氧进行反应而燃烧，放出大量的热量，这种燃烧称为余烬燃烧。高灰分、结渣性的煤，由于氧难以从表面进入，故燃烧时间要延长至燃烧终了为止。

（4）燃尽阶段。余烬燃烧完成后留下来的就是残存的灰渣，通常其中多少含有一些未能燃烧的固定碳，这是锅炉的热损失之一。

煤粉从着火到燃烧终了的时间，随煤质不同而异。挥发分越大的煤，燃烧时间越短；另一方面，它与燃烧设备也有关。

5. 锅炉的热平衡与燃烧效率

(1) 锅炉的热平衡。

锅炉设备的输入热量与输出热量及各项热损失之间的平衡，一般称为锅炉的热平衡。其计算式为

$$Q_r = Q_1 + Q_2 + Q_3 + Q_4 + Q_5 + Q_6 \tag{2-19}$$

或者用入炉热量的百分率表示

$$q_r = q_1 + q_2 + q_3 + q_4 + q_5 + q_6 = 100 \tag{2-20}$$

$$q_1 = Q_1/Q_r \times 100\% \tag{2-21}$$

$$q_2 = Q_2/Q_r \times 100\% \tag{2-22}$$

式中　　Q_r——输入热量；

Q_1——输出热量；

Q_2——排烟损失热量；

Q_3——可燃气体未完全燃烧损失热量；

Q_4——灰渣未完全燃烧损失热量；

Q_5——锅炉散热量；

Q_6——灰渣物理热量；

q_1——锅炉输出热量百分率，%；

q_2——排烟热损失百分率，%；

q_3——可燃气体未完全燃烧损失百分率，%；

q_4——灰渣未完全燃烧损失百分率，%；

q_5——锅炉散热损失百分率，%；

q_6——灰渣物理热损失百分率，%。

(2) 锅炉的热效率。

锅炉输出热量占输入热量的百分率，称为锅炉热效率或称为锅炉效率 η。其计算式为

$$\eta = q_1 = Q_1/Q_r \times 100\% \tag{2-23}$$

由上式可知，求锅炉热效率，应选通过试验测出锅炉的输出热量 Q_1，这种方法称为正平衡法。利用此法所测出的热效率，称为正平衡热效率。

根据式 (2-23)，锅炉热效率 η（%）也可由下式求出：

$$\eta = q_1 = 100 - q_2 - q_3 - q_4 - q_5 - q_6 \tag{2-24}$$

上述方法即为反平衡法，或称热损失法，它不需要提供锅炉的输出热量 Q_1。利用此法测得的热效率，称为反平衡热效率。

(3) 锅炉的燃烧效率。

为了说明煤在锅炉内的燃尽程度，可用燃烧效率 η_{rs}（%）来表示

$$\eta_{rs} = 100 - (q_3 + q_4) \tag{2-25}$$

也就是说，可燃气体及灰渣未完全燃烧损失百分率越小，则锅炉的燃烧效率越高；反之，则越低。一般说来，高参数的大型煤粉锅炉的 q_3 及 q_4 均比较小，故燃烧效率较高。

二、煤质特性对燃烧的影响

燃煤的多项特性对燃烧有着影响，其中最为重要的为挥发分、水分、发热量、含硫量、可磨性、灰熔融性等，本节将分别加以简要说明。

1. 挥发分

(1) 挥发分与锅炉的安全经济运行。及时提供煤的挥发分测定结果，锅炉运行人员据此进行相应的调整，是保证锅炉稳定燃烧的必要条件。

煤中挥发分含量的高低，不仅对锅炉运行的安全性，而且对其经济性均有重要影响。

发电用煤挥发分含量过高或过低，都有不少弊病。电厂一般不选用无烟煤，其主要原因就是其挥发分太低，锅炉燃烧不稳定，甚至易造成灭火；而对高挥发分的长焰煤、褐煤等，则要采取切实的防范措施，以确保电厂煤场存煤、制粉系统及燃烧设备的安全。电厂多乐意选用挥发分含量中等的贫煤、瘦煤、贫瘦煤、弱黏煤等类别的低、中挥发分烟煤作为发电用煤。

一般燃煤的挥发分含量越大，其灰渣未完全燃烧热损失越小。飞灰可燃物通常随煤的挥发分 V_{daf} 的增大而降低，这有助于提高锅炉的热效率；当燃煤挥发分含量较低时，为使其灰渣未完全燃烧热损失不致太高，则要求锅炉具有较高的炉膛热强度，提高煤粉细度及热风温度，以尽可能提高燃烧温度水平。

(2) 干燥无灰基挥发分 V_{daf} 的应用。在锅炉设计时，需提供煤、灰分分析结果。各项煤质特性指标除挥发分采用干燥无灰基 V_{daf} 表示外，其他指标均以收到基表示。

前文已指出，挥发分含量是评价其燃烧性能的首要指标。考虑到煤中水分、灰分等不可燃成分的影响，使用 V_{daf} 值来判断煤的可燃性较为接近锅炉的实际情况。故不仅锅炉设计煤质，而且锅炉燃烧调整中均广泛应用干燥无灰基 V_{daf} 值。然而不少人对 V_{daf} 的含义及应用存在认识上的误区，以致某些电厂发生锅炉安全方面的事故均与此有关，故在此就 V_{daf} 的问题做进一步的阐述。

煤质试验室所测得的挥发分用空气干燥基表示，它与干燥无灰基挥发分之间存在下述关系

$$V_{daf} = V_{ad} \times \frac{100}{100 - M_{ad} - A_{ad}} \qquad (2\text{-}26)$$

由式 (2-26) 可以看出，当煤中不可燃成分，主要是灰分 A_{ad} 一定时，V_{daf} 值随 V_{ad} 值的增大而增大；当煤中挥发分 V_{ad} 一定时，V_{daf} 值则随 $(M_{ad} + A_{ad})$，主要为 A_{ad} 的增大而增大。

有一些人误认为，燃煤干燥无灰基挥发分 V_{daf} 值越大越好，这是不对的。首先，电厂燃煤要与锅炉设计煤种及其类别相一致，同时要与其设计值相近，这才能保证锅炉的稳定燃烧与安全运行。例如某电厂锅炉用贫煤的 V_{daf} 为 12.60% 为设计值，就不应使用挥发分相差较大的其他类别烟煤，如气肥煤、长焰煤等。否则，锅炉很易被烧坏甚至造成很严重的事故。

另一方面，燃用高挥发分烟煤的锅炉，如其设计值 V_{daf} 为 37.00%，也不能用低挥发分的烟煤来取代，这通过计算可以清楚地显示出来。

如该炉设计时，用的是弱黏煤，$V_{ad} = 26.40\%$，$M_{ad} = 2.12\%$，$A_{ad} = 26.44\%$，则

$$V_{daf} (\%) = 26.40 \times \frac{100}{100 - 2.12 - 26.44} = 36.95$$

如果电厂进了一批劣质弱黏煤，$V_{ad} = 24.32\%$，$M_{ad} = 1.84\%$，而灰分 $A_{ad} = 38.63\%$，则

$$V_{daf} (\%) = 24.32 \times \frac{100}{100 - 1.84 - 38.63} = 40.85$$

虽然电厂进煤的空气干燥基挥发分 V_{ad} 还较原设计值略低，但 V_{daf} 值却明显高于设计值，这是由于煤中灰分含量增大所致。故不能认为，V_{daf} 值越高，对燃烧越有利。本例中就说明，

V_{daf}的增高，对锅炉燃烧将起到负面影响，是不利的。

2. 水分

水分是煤中的不可燃成分，是评价煤质特性与实际应用价值的最基本的指标之一。煤中水分不仅对输煤、制粉系统运行，而且对煤粉在锅炉内燃烧均有重要影响。

任何煤均含有水分，只是含量不同而已，一般说来，煤中水分随其变质程度的加深而减小，见表2-18。

表 2-18　　　　　　　　　　　煤中水分与变质程度的关系

水　　分	褐　煤	烟　煤	无烟煤
全水分 M_t（%）	30~60	4~15	2~4
空气干燥基水分 M_{ad}（%）	10~40	1~8	1~2

煤中水分过多，用于水的蒸发热量增多，发热量下降，炉温降低，使煤不易着火，同时锅炉烟气量增大，排烟热损失增加，而影响锅炉热效率。

煤中水分含量的增加，致使收到基低位发热量的降低可通过下述实例来加以说明：

设 $Q_{gr,ad}$ 为 26650J/g，$M_{ad}=2.18\%$，$H_{ad}=3.82\%$，问全水分 M_t 分别为 10.0% 及 9.0%时，收到基低位发热量有何变化。

收到基低位发热量按下式计算

$$Q_{net,ar}=(Q_{gr,ad}-206H_{ad})\times\frac{100-M_t}{100-M_{ad}}-23M_t$$

当全水分 $M_t=10.0\%$时，则

$$Q_{net,ar}=(26650-206\times3.82)\times\frac{100-10.0}{100-2.18}-23\times10.0$$
$$=23796-230=23566\ (J/g)$$

当全水分 $M_t=9.0\%$时，则

$$Q_{net,ar}=24060-207=23853\ (J/g)$$

煤中全水分由 10.0% 降至 9.0%，则收到基低位发热量增加 $23853-23566=287$（J/g），由此将直接影响标准煤耗的计算结果。

煤中含有适量的水分，可对煤粉的燃烧起催化作用。

3. 发热量与灰分

（1）灰分与发热量的相关性。灰分是煤中不可燃成分，而煤的发热量则由煤中可燃成分的挥发分及固定碳燃烧所产生的，由于煤中可燃与不可燃成分之和为 100%，故灰分也就与发热量之间存在相关性。

在一定范围内，煤中灰分与发热量大体呈负相关性。现以某单位对烟煤灰分 A_d 与高位发热量 $Q_{gr,d}$ 之间的大量实测数据进行了统计计算，表明二者之间呈现较好的相关性，见表2-19。

表 2-19　　　　　　　　　　　煤中 A_d 与 $Q_{gr,d}$ 之间的相关性

编　　号	1	2	3	4	5
灰分 A_d（%）	24.93	27.37	29.97	30.54	39.27
发热量 $Q_{gr,d}$（MJ/kg）	24.75	24.01	23.31	23.18	20.13

以 A_d 为自变量 x，$Q_{gr,d}$ 为因变量 y，用一元线性回归方程 $y=a+bx$ 表示二者之间的关系。

经计算 $y=31.24-0.27x$，相关系数 $\gamma=-0.953$。

设 A_d（x）为 35.00%，则按上述方程即可求出 $Q_{gr,d}$（y）值

$$y=31.24-35.00\times0.27=21.79\ (MJ/kg)$$

正因为灰分与发热量之间存在良好的相关性，它们在电厂中的作用，可视为一个问题的两个方面，故本节将它们合在一起加以说明。

关于一元线性回归方程中 a、b 以及相关系数 γ 的含义与计算，请读者参阅《火力发电厂燃料试验方法及应用》一书（中国电力出版社，2004 年 9 月出版）。

（2）发热量对燃烧的影响。煤的发热量较高，这就意味着煤中可燃成分，即挥发分与固定碳含量不低，这将有助于煤粉的稳定燃烧。

发热量过低，将导致燃烧不稳定，甚至会出现锅炉灭火的情况；发热量过高，将导致燃烧室温度过高，有可能促使锅炉结渣（俗称结焦）情况的发生或增大结渣的严重程度，同时使得排烟温度升高。故煤的发热量过低或过高，都不利于锅炉的安全经济运行。

（3）灰分对燃烧的影响。含有大量灰分的煤粉进入锅炉，由于热量降低，燃烧稳定性减弱，从而降低锅炉热效率；煤中灰分增加，将导致锅炉结渣、受热面玷污及磨损的加剧，从而影响锅炉安全运行；煤中灰分含量的增加，对电厂的除尘、排灰提出了更高的要求，要付出更大的代价。

总之，煤中灰分含量增大，将对电力生产众多方面产生负面影响。前已指出，电厂也不宜燃用灰分很低、发热量很高的精煤。电厂锅炉燃煤量大，不会按精煤作为设计煤质，因为燃用精煤成本太高；同时煤的发热量过高，对燃烧也有不利的一面，这已作了说明。

4. 含硫量

硫是煤中有害元素，硫的燃烧产物对大气污染、锅炉运行、灰渣利用等均有很大影响，已引起对煤中含硫量监控普遍的重视。

（1）煤中硫的存在形态。自然界不存在不含硫的煤，而且硫在煤中的分布很不均匀。

煤中硫按其存在形态划分，可分为无机硫和有机硫两大类；如按燃烧特性划分，则可分为可燃硫及不可燃硫两大类。

一切有机硫化物、无机硫化物、元素硫均为可燃硫，燃烧后残存于灰中的硫则以硫酸盐形式存在，这其中大部分为有机与无机硫化物硫燃烧后被灰吸收和固定下来的新生成的硫酸盐，另有少量煤中的天然硫酸盐。

在煤中，通常可燃硫构成全硫的主体。煤中全硫含量越高，则可燃硫在全硫中所占比例一般也越大。

对煤的燃烧影响来说，可燃硫的危害是主要的。

（2）煤中硫与大气污染。煤中可燃硫燃烧，生成二氧化硫，同时伴有少量三氧化硫产生。

煤中硫转化成二氧化硫的比率与硫的存在形态、燃烧设备及运行工况有关，而排到大气中的二氧化硫量还与电厂所选用的除尘设备有关。

煤在锅炉中燃烧，其燃烧产物为烟气与灰渣。烟气通过除尘器后，其中绝大部分尘粒被收集下来，如采用水膜式文丘里除尘器，尚可除去约 15% 的二氧化硫；如采用电除尘器，

则无除硫作用，煤燃烧所产生的二氧化硫全部由烟囱排至环境大气，这是电厂中对外排放的最主要污染物。

二氧化硫是一种无色、有刺激性臭味的气体。大气中二氧化硫在低浓度时，一般不会造成人的急性中毒，但在不利气象条件下，可能会发生急性中毒，造成老弱病患者的死亡。研究表明，大气中 SO_2 浓度与支气管类等呼吸系统疾病基本上呈正比关系。

大气中 SO_2 与飘尘结合而发生协同作用，危害更大。飘尘中有许多重金属及其氧化物微粒，能对 SO_2 起催化作用，使之加速转变为 SO_3，SO_3 与湿气结合，形成硫酸雾，对眼与呼吸系统有强烈的刺激作用，并对金属材料及农作物有严重的腐蚀与伤害作用。

大气中因 SO_2 浓度过高而形成酸雨，通常其 pH 值小于 5.6，有时甚至达到 1～2。这意味着酸雨比自然状态下的雨水酸度高 10^1～10^6 倍，从而对环境构成严重威胁，将对整个生态系统产生巨大破坏力。

电厂中每天排放的二氧化硫量是不难估算的。例如一座 1000MW 的电厂，日燃用天然煤量为 10000t，煤中全硫含量为 1.20%，可燃硫占全硫的比例为 90%，则

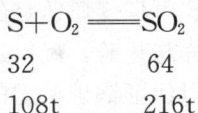

$$S + O_2 === SO_2$$

$$32 \qquad\qquad 64$$

$$108t \qquad\qquad 216t$$

由于该电厂日用煤中的全硫量为 $10000 \times 1.20\% = 120$（t），而可燃硫量则为 $120 \times 90\% = 108$（t），故根据上述反应式，该电厂每天产生 SO_2 为 216t，即每小时排放 $9tSO_2$，全年排放量（按 300 天计）为 6.48 万 t SO_2。按照 SO_2 排放费以 200 元/t 计，则该电厂全年应交 SO_2 排放费 1296 万元。故电厂必须对燃煤中含硫量要严加监控。

（3）锅炉低温受热面腐蚀。煤中硫燃烧时产生的少量 SO_3，与烟气中的水汽结合形成硫酸蒸汽，在低温受热面上凝结，会严重玷污与腐蚀设备。

硫酸蒸汽开始凝结的温度，称为露点。当煤中含硫量增大，烟气中含酸量也越大，露点温度升高，致使低温段空气预热器腐蚀与堵灰，大大缩短空气预热器的使用寿命。

对于煤粉锅炉来说，煤中全硫小于 1.5% 时，尾部受热面不会产生明显腐蚀与堵灰；当达到 1.5%～3.0% 时，就会产生明显的腐蚀与堵灰；当大于 3% 时，就会出现严重的腐蚀与堵灰情况。故燃用高硫煤的电厂，往往要采取各种措施，如提高空气预热器的进风风温、采用耐腐蚀材料的预热器及提高排烟温度等来减轻煤中硫的危害。然而采取这些措施，均要付出经济上的代价。更换耐蚀材料，必然会增加设备及人工费用，提高排烟温度，将降低锅炉热效率，从而影响锅炉运行的经济性。

（4）煤中硫促进锅炉结渣。对同一煤源来说，煤中含硫量的增加，将导致灰熔融温度的下降，致使锅炉易产生结渣或加剧其结渣的严重程度。

锅炉结渣常用结渣指数 R_s 来表示

$$R_s = \frac{碱性氧化物}{酸性氧化物} \times S_{t,d} \qquad\qquad (2-27)$$

式中　碱性氧化物——灰中 $Fe_2O_3 + CaO + MgO + Na_2O + K_2O$ 的质量分数，%；

酸性氧化物——灰中 $SiO_2 + Al_2O_3 + TiO_2$ 的质量分数，%。

结渣指数与结渣程度的关系见表 2-20。

表 2-20		结渣指数与结渣程度的关系		
结渣指数 R_s	<0.6	0.6~2.0	2.0~2.6	>2.6
结渣程度	低	中	高	严重

式（2-27）说明，结渣指数取决于煤灰成分及含硫量两个方面。当煤灰成分在一定的条件下，结渣指数值才由煤中含硫量决定；另一方面，当煤中含硫量一定时，结渣性则取决于煤灰成分，即灰中碱性氧化物与酸性氧化物的比值越大，结渣指数也越大。

煤粉特性包括众多指标，它们对煤粉燃烧有着不同的影响，除本节所述外，煤的若干物理特性，特别是细度特性，煤灰熔融性对煤粉燃烧有着重要影响。前者在本章第六节中已作了阐述；后者还将在本书第八章中给予说明，故在本节中就不加以复述。

第八节 电力生产过程中的煤质监督

煤质监督贯穿于电力生产的全过程。电厂煤质监督的根本任务就在于：做好进厂煤的验收，特别是要按标准要求进行煤的采制样与化验，确保进厂煤质符合供煤合同要求；做好煤场存煤及掺配监督，控制好入炉煤质，以保证锅炉机组的安全经济运行。

煤的质量以各种特性指标来表示。要获得准确的煤质检验结果，关键是采样，其次就是制样。煤质监督的实质性内容，就是对入厂煤及入炉煤进行采样、制样与化验的全过程监督。为此，必须建立完整有效的煤质监督机制，按照电力行业有关规定与要求，做好入厂、煤场、入炉煤及灰渣质量监督的各项具体工作。

一、建立完整有效的煤质监督机制

煤质检验是电厂燃料监督管理的核心内容，是实现机组安全、经济运行的根本保证。自1989年开始，全国电力系统燃料质量检验人员实施集中培训、考核上岗制度以来，每隔一年组织一次全国范围内的培训、考核、发证、换证工作。至2005年止，历时16年，先后完成了9次考核发证及换证工作。16年来共培训上岗人员约20000人次，上岗人员文化程度逐年提高，保证了目前全国火力发电厂燃料质检人员实现了持证上岗的规定。这种完整有效的煤质监督机制的建立，促进了电力行业燃料质量检验与监督管理水平的提高。近年来，又多次举办了全国电力行业高级煤质检验人员培训班，制定了《全国电力行业高级煤质检验员考核取证实施办法》，这将为建立一支高素质的燃料质检人员队伍提供机制上的保证。

与此同时，我国先后建立了一批原国家电力公司及各地发电用煤监督检验中心，在电力行业的煤质检验、人员培训方面发挥了监督与指导作用，已成为电力行业燃料监督检验的核心力量。

二、入厂煤质监督

做好入厂煤质监督，是做好电力生产全过程煤质监督的基础与前提。对煤质检验人员来说，最为重要的是按标准要求做好煤的采制化工作，保证入厂煤质符合供煤合同要求。

采样、制样与化验是煤质检验工作中相互联系又相对独立的三个环节。它们对煤质检验的影响，采样最大，制样次之，化验最小，故各级煤质管理与检验人员都必须对煤的采制样予以足够的重视，切实掌握煤的采制样技术。

由于大中型电厂日燃煤数千至数万吨，凭人工采制样，一是难以保证质量；二是工作效率太低，劳动强度太大。入厂煤实现机械化采制样是必然的发展趋势。目前，已有一些电厂实现了火车及汽车的采制样机械化，但存在的问题仍然不少，尚有待于不断完善与改进。

就全国范围来讲，电厂进厂煤大都还是依靠人工采样。近期各电厂应加速实现机械化采制样进程，同时应在制样室中加大机械制样的比重，尽可能采用较先进的制样技术。

在我国电力系统中，长期以来形成了重化验、轻采制样的局面，这是一种本末倒置的现象。但实际上，切实做好燃煤监督，核心问题就是抓好煤的采制化，关键就是采样。

电厂对进厂煤质量监督的具体要求是：

1. 入厂煤日常监督内容与要求

对电厂每天每批进厂的商品煤，都要实现 100％ 的检质率，即做到车车采样、批批化验。检质率达不到 100％ 以及不按标准规定进行采制化，都有可能使不符合合同要求的次煤混进电厂，这也给了不法分子以次充好的可能。所以保质保量地完成每天入厂煤的验收，是电厂煤质监督性最重要、最经常性的工作。

每批入厂煤均须进行常规特性指标的测定，包括全水分、空气干燥基水分、灰分、挥发分、含硫量、高位发热量等。

2. 入厂煤日常监督中注意的问题

根据我国电厂的实际情况，在入厂煤日常监督中要特别注意下述诸方面的问题。

(1) 采样代表性不足。对人工采样来说，主要表现为不按标准规定而任意减少子样数。例如 1000t 原煤采集 60 个子样，采样精密度可达到 ±2％，即符合国家标准要求，如只采集 20 个子样，则采样精密度降至 ±3.46％，如只采 10 个子样，则采样精密度降至 ±4.90％。采样精密度的计算，将在本书第三章中说明。

对于机械采样来说，采样代表性不足主要表现为，相当多的设备并未按要求经有资格的部门鉴定。不少人认为，只要实现了机械化采制样，就比人工采制样强。从减少劳动强度、提高工作效率的角度来看，确实如此；但是从采样代表性方面来看，未必如此。当前我国电厂中使用的各类采煤样机合格率普遍较低，制样系统易堵，运行可靠性较低，各电厂应对此重点关注，并尽快消除缺陷，使采样机械充分发挥应有的作用。

(2) 应尽快实施制样机械化。现在大型电厂中，每天入厂煤有 10 多批，甚至数十批。批批采样后也就要批批制样，人工制样工作量确实很大。如按 GB 474—1996 规定，完成 200kg 原煤样的制备，由 2 人操作，也要约 1.5h。一些电厂不得已简化制样程序，在 0.5h 甚至更短时间内就制备一个试样，显然就不能保证制样质量。

另一方面，不少电厂的制样设备不全、不配套，个别电厂甚至连制样钢板也没有。建有一个符合标准要求的制样室十分必要，要在制样室中实施制样的机械化也并不难。一方面，国内产品也完全能满足要求，技术已经成熟；另一方面，全部设施与设备投资也不大。而现在购买一台自动热量计就要十几万，这就顶上制样室的全部设备费用，还有的电厂化验室设备积压，有多台自动热量计闲置，而制样室则极为简陋，制样设备严重不足。这种状况必须改变，有关领导应该对采制样给予必要的重视。

(3) 应适当增加检测项目。除了进行日常监督的常规项目外，锅炉易结渣的电厂力求配备煤灰熔融温度测定仪（俗称灰熔点炉）。虽然不一定每天都得对各批入厂煤进行灰熔融性测定，但根据需要可随时进行测定。

我国电厂中普遍不能测定煤中的元素组成。由于煤中氢的含量对收到基低位发热量的计算结果有着很大影响；锅炉燃烧调整，也需要提供煤的元素分析指标值，因而有条件的电厂，应增加煤的元素分析工作。现在不少电厂中每天计算收到基低位发热量时采用固定的氢值（委托各地煤检中心测定，其后就一直使用该数据），甚至不同煤源应用同一氢值，这都是不适宜的。

对于煤的可磨性、磨损性、灰的比电阻、煤灰成分等，电厂平时应用不多，这些项目仍可委托各地煤检中心测定。

（4）注意积累检测数据与资料。电厂每半年及年终，必须按煤源对各进厂煤混合样进行一次煤、灰全分析。本厂不具备测定条件者，可委托煤检中心或其他有资格的煤质试验室来测定。这样不仅可以积累资料，而且有助于掌握各矿煤质变化趋势，从而为以后选择煤源提供依据。

如果发现某一煤源的质量呈下降趋势或以次充好，则更应加大监督力度，缩短全分析的周期，及时摸清情况，及时中止从这一煤源进煤或采取其他措施，以确保入厂煤质量，维护本厂的正当经济权益。

3. 对新煤源的监督问题

对于新煤源，电厂除应预先掌握该煤的常规特性外，还应加测可磨性、灰熔融性、灰成分等项目，以确认该煤源是否可用于本厂锅炉。经检验证明可用者，方可签订供煤合同，组织进煤。

三、煤场存煤质量监督

煤场存煤处于入厂煤与入炉煤的中间环节。对于存煤的煤质监督，不少电厂由燃煤管理人员，而不是采制化人员来具体负责。不论各电厂人员岗位如何分工，其监督要求是一样的。

煤场存煤质量监督的重点是：减少煤在存放过程中的自然损耗，包括煤量损耗及煤质下降，特别是要防止煤场自燃；另一方面，做好煤场存煤盘点，特别是力求提高煤的堆密度测定的准确性。详见本章第四节。

四、入炉煤质监督

入炉煤质监督的基本任务是：按照锅炉设计煤质的要求，做好配煤掺烧，控制好入炉煤质，以保证锅炉机组的安全经济运行；另一方面，煤质检测，用以计算电厂的经济指标——发供电标准煤耗。

1. 配煤掺烧中的煤质监督

参见本章第五节。

2. 必须用原煤样作为入炉煤监督的样品

不允许用煤粉样代替原煤样作为入炉煤监督的样品，其主要原因是：

（1）煤在制粉过程中，由于煤粉粒度的不同易发生偏析现象，即由于煤的粒度与密度的差异，在重力作用下大小不同的煤粒发生的自然分离和分层的现象。煤粉中密度最小的部分细粉易被三次风带进炉膛，故煤粉样不能反映入炉煤的真实质量。一般说来，煤粉样灰分含量较原煤偏高，发热量偏低。

（2）目前国际上普遍采用炉前煤的分析结果，代表电厂入炉煤质，而煤在制粉过程中，会有不同程度的氧化变化，挥发分含量越高，这种变化也就越大。DL/T 567.2—1995《入炉煤和入炉煤粉样品的采取方法》指出：入炉煤粉样品的检测结果只用于监督制粉系统的运行工况，不能代表入炉原煤质量，并且不能用于计算煤耗。

（3）当前我国生产的入炉煤采样机在技术上日趋成熟，使用已相当普遍，例如山东电网各电厂绝大部分安装了2台以上各种类型的皮带采煤样机，各生产厂生产的产品质量不断有所改善，电厂运行水平也不断有所提高，故实现入炉煤采制样机械化已经成为可能。当然，入炉煤采样精密度要达到 DL/T 567—1995 的要求，还有相当长的路程要走，如达到 GB 475—1996 的要求，还是能够做到的。

3. 入炉煤必须实现机械化采样

DL/T 567—1995《火力发电厂燃料试验方法》规定：电厂入炉煤要采取机械化采制样，且采样精密度由 GB 475—1996（A_d 大于 20%的原煤）规定的采样精密度±2%提高到±1%，这就意味着，相同数量的煤，按 DL/T 567—1995 规定所采子样数为 GB 475—1996 规定的 4 倍。显然，执行电力行业标准具有更大的难度。

现在已有很多电厂实现了入炉煤机械化采制样，多数采煤样机采样精密度能符合国标规定，而制样精密度往往难以达到要求。

关于采煤样机应用中的各种问题，将在本书第三章中集中加以阐述。

4. 对入炉煤监督的具体要求

（1）对每班（一般为 8h）入炉煤样进行常规特性指标分析，包括全水分、空气干燥基水分、灰分、挥发分、高低位发热量及全硫含量的测定。

（2）每半年及年终要对入炉煤半年及全年的按月混合样进行煤、灰全分析，其项目同入厂煤。电厂还应对按日的月混样进行上述常规特性指标的检测，以积累入炉煤质资料。

（3）若锅炉运行异常，则应增加检测项目，如可磨性、灰熔融性等。电厂应将煤粉细度及灰渣可燃物的检测作为经常性甚至每班必测项目，以监督锅炉的运行。

（4）随机组容量的增大及参数的提高，对入炉煤监督也要不断充实其内容，更多地采用在线检测及自动化检测仪器设备，以逐步克服当前入炉煤质检测滞后于锅炉燃烧的弊端，更好发挥煤质监督（包括入炉及入厂煤）的作用。

5. 提高标准煤耗计算的准确性

电厂标准煤耗计算需要提供入炉煤量、入炉煤收到基低位发热量及发电量三个基本参数。在此三个参数中，电子皮带秤及电量计量的精度均可达到±0.5%的水平，惟独采样精密度较低。按 GB 475—1996 规定，原煤灰分 A_d 大于 20%，采样精密度为±2%，这就决定了入炉煤发热量的测定精度也不会超过±2%。按照有效数字的运算法则，标准煤耗的计算可靠性也只能达到±2%。这正是电力行业标准要求入炉煤采样精密度由国标规定的±2%提高至±1%的主要原因。最理想的情况是，上述三参数具有相同的精度，即均为±0.5%。这样计算出的入炉煤标准煤耗的精度也就可以达到±0.5%的水平。

综上所述，入炉煤质监督方面要做的工作很多，当前更为突出的是：做好配煤掺烧监督及大力提高采煤样机的合格率及投运率。

五、除尘与排烟监督

煤的燃烧产物灰渣其数量很大。例如，一座日燃煤 10000t 煤的电厂（相当于 1000MW 容量），每天产生灰渣约 2500～3000t，这就需要电厂加以妥善处置，一般对灰渣的监督也列入燃料监督的范畴。

1. 除尘

煤粉在锅炉内燃烧后所形成的粉煤灰随烟气进入锅炉尾部，通过各类除尘器将其中绝大部分收集下来，而未能收集的细小灰粒则随烟气排到大气中去。

当今电厂锅炉均装有除尘器，中小型锅炉多采用离心式分离及洗涤集尘装置，对于200MW及以上机组来说，则多采用电除尘器，其除尘效率可达99%。

（1）电除尘器的特点。电除尘器的主要优点是：除尘效率高、阻力小、能耗低；适合处理大烟气量；所收集的烟尘尘粒范围大；适合处理高温烟气；自动化程度高，运行维修费用少。

电除尘器的主要缺点是：一次性投资高；宜收集比电阻为 $10^4 \sim 5 \times 10^{10} \Omega \cdot cm$ 的尘粒；设备制造、安装、运行要求严格；电除尘器占地面积大。

与各类除尘器相比，电除尘器具有较多的优点，特别是它具有高效、低阻、适合处理大烟气量的特点，因而在电厂大型锅炉上被广泛采用。

（2）灰的比电阻对除尘率的影响。影响电除尘器效率的因素很多，设计、安装、运行条件等都在不同程度上影响电除尘器的除尘效率。一个突出的问题是，除尘效率受烟尘比电阻影响较大，锅炉烟尘俗称飞灰。当灰的比电阻大于 $5 \times 10^{10} \Omega \cdot cm$ 时，就难以集尘；而灰的比电阻过小时，又易重新被烟气带走，故通常认为选用电除尘器时，灰的最佳比电阻为 $10^4 \sim 5 \times 10^{10} \Omega \cdot cm$。

比电阻为灰的重要物理性能之一，而灰又是煤的燃烧产物，故比电阻值的大小也就与煤质直接相关。

各种材料的电阻与其长度成正比，与其截面积成反比，且与温度有关。

$$R = \rho \frac{L_R}{A_R} \qquad\qquad (2-28)$$

式中　R——材料在某一温度下的电阻，Ω；

$\quad\rho$——材料的比电阻或称电阻率，$\Omega \cdot cm$；

$\quad L_R$——材料的长度，cm；

$\quad A_R$——材料的截面积，cm^2。

上式中 L_R 及 A_R 为一个单位时，则 $R = \rho$。故一种材料的比电阻，就是其长度与截面积各为1个单位时的电阻。

根据灰的比电阻对电除尘器性能的影响，大致可分为下列三种情况：

1）$\rho < 10^4 \Omega \cdot cm$ 者，属低灰比电阻，也有将 $\rho < 10^5 \sim 10^6 \Omega \cdot cm$ 者列入此类。

2）$10^4 < \rho < 5 \times 10^{10} \Omega \cdot cm$ 者，适用于采用电除尘方式集灰。它带电稳定，除尘效率高。

3）$\rho > 5 \times 10^{10} \Omega \cdot cm$ 者，此为高比电阻灰。

过高或过低比电阻的灰粒，如不采取预处理措施，均不宜应用电除尘器。灰的比电阻与除尘率的关系如图2-17所示。

由于灰的比电阻受其化学组成、外界条件的变化影响，要获得准确测值是不容易的。关于其测定方法可参阅《电力用煤采制化技术及其应用》一书修订版（中国电力出版社，2003年5月出版）。通常是测定室温至180℃区间5~7个温度点时比电阻值，这对电除尘器的设计、运行，都是重要的参数。

灰是煤的燃烧产物。在煤质特性方面，煤中含硫量对灰的比电阻有较大的影响。煤中可燃硫燃烧后主要生成二氧化硫，并伴有少量三氧化硫产生。如温度过低，三氧化硫会吸附在灰粒上从而大大降低灰的比电阻值，故煤中含硫量高者要比含硫量低的比电阻值要小。此外，灰的粒径分布、真密度、堆积密度、粘附性等物理性质均对电除尘器的运行性能有一定的影响。在设计电除尘器时，还要考虑温度、湿度等因素。一般说来，调节烟气的温度、湿度及添加三氧化硫可降低灰的比电阻值，因而这可提高高比电阻值灰的除尘效率。

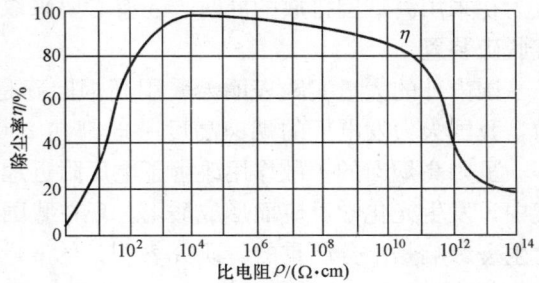

图 2-17　灰的比电阻与除尘率

2. 排烟

烟囱是锅炉系统烟气的最后通道。它既可以给锅炉以自然通风力，又可将烟气中的有害物排至上空稀释扩散，从而减少对地面的污染。

(1) 烟囱的通风力与烟气上升力。烟囱产生自然通风力是由于其内部烟气比周围大气温度高，从而在烟囱内形成负压的缘故。

烟囱的有效通风力因烟囱出口的烟气动量损失、烟囱内部阻力损失而减小。

烟气由烟囱排出，由于它具有一定的流速，因而也就具有一定的动量，故它能继续上升；另一方面，由于烟气温度要高于环境大气温度，它具有上升的热浮力。

烟囱的实际高度加上因烟气动量与热浮力引起的烟气抬升高度，称之谓烟囱的有效高度。

$$H_e = H_0 + K (H_m + H_t) \tag{2-29}$$

式中　H_e——烟囱的有效高度，m；

H_0——烟囱的实际高度，m；

H_m——排烟由于动量作用而上升的高度，m；

H_t——排烟由于热浮力而上升的高度，m；

K——修正系数，取 0.5～0.75。

故考虑烟囱的扩散能力时，不仅要看烟囱的实际高度，还必须尽量增加烟囱的有效高度。

(2) 高烟囱的作用。我国火力发电厂排出的大气污染物，主要是烟尘及二氧化硫。由于电厂中普遍采用的除尘器的除尘效率高达 99％，故烟尘的污染已得到有效控制；而对二氧化硫的污染，则因烟气脱硫装置庞大、费用太高而难以全面控制，故采用高烟囱排放，仍是我国火力发电厂防止二氧化硫污染的主要措施之一。

高烟囱排放是一种稀释措施，它的作用是把二氧化硫送到高空并扩散，以确保二氧化硫浓度稀释到标准以内而达到实际上合乎动植物呼吸所要求的浓度水平。

关于高烟囱的作用，长期以来存在两种不同的看法。一种看法认为，现代大型电厂只要采用足够高的烟囱，在一般气象条件下，对地面二氧化硫浓度的贡献份额很小，再者，大气中二氧化硫半衰期约为 2h，故大气中二氧化硫浓度并非无限叠加。另一种看法认为，采用高烟囱虽然可以解决电厂附近地面的二氧化硫污染问题，但并没有减少排入大气中二氧化硫的量，而且离电厂较远处（如 20km 以外）的地面二氧化硫浓度基本上与烟囱高度无关。故认为在采用高烟囱排放的同时，还有必要采取其他措施来防止大气污染，其中就包括加装烟气脱硫装置。

国内外的大量实践表明，采用高烟囱确是防止大气污染的一种经济而有效的措施。目前，我国火力发电厂的烟囱高度一般都在 200m 以上，高烟囱成为发电厂的标志性建筑之一。虽则高烟囱的扩散作用改善了电厂附近地区的大气质量，但它把烟气中的污染物送入空气中，发生光化学反应而形成酸雨。现在我国酸雨面积越来越大，雨水中的酸度越来越高，对生态影响是十分严重的。研究表明，约 60% 的酸雨归因于二氧化硫，40% 的酸雨归因于氮氧化物。

GB/T 13223—2003《火力发电厂大气污染物排放标准》对火电厂大气污染物的排放作出了更严格的规定。

为了执行上述标准，不仅要采用高烟囱排放，以降低污染物的地面浓度；同时还要采用烟气脱硫或其他措施，以降低电厂中二氧化硫的排放量。

3. 烟气脱硫

硫在各种煤中是普遍存在的。我国发电用煤含硫量通常在 1%～3% 范围内，大型火力发电厂含硫量最好能控制在 1% 以下，且越低越好。

本书主要讲述火力发电厂用煤技术，而二氧化硫是煤燃烧的气态产物，故本书对此加以简要介绍。

(1) 煤中硫的燃烧及烟气脱硫的特点。煤中硫按其燃烧特性分，有可燃硫及不可燃硫。其中可燃硫燃烧时，发生下述反应

$$S+O_2 \Longrightarrow SO_2$$

$$2S+3O_2 \Longrightarrow 2SO_3$$

硫的燃烧产物主要为 SO_2，所产生的 SO_3 仅占 SO_2 的 1%～2%。

SO_2 及 SO_3 均为酸性氧化物，它们易溶于水而形成亚硫酸及硫酸，分别为中强酸及强酸。为了减少或脱除烟气中的 SO_2，主要应加入碱性物质，如石灰石、消石灰、白云石等。

电厂烟气中二氧化硫浓度较低，如煤中含硫量在 1%～3% 范围内，则烟气中二氧化硫约在 $500～1500/10^6$ 范围内，即相当于 0.05%～0.15%。由于 $1/10^6 SO_2$ 为 $2.86mg/m^3$，故 $500～1500/10^6 SO_2$ 相当于 $1.43～4.29g/m^3$。由此可知：电厂烟气中 SO_2 浓度实际上是很低的。然而我国规定大气中的 SO_2 日均浓度仅为 $0.15mg/m^3$（$0.0525/10^6$），故烟气中的 SO_2 浓度是国家规定大气中 SO_2 日均浓度 9530～28600 倍，故必须采取措施脱除烟气中的二氧化硫，并将其迅速有效地稀释到标准以内，从而避免造成对大气的污染；另一方面，电厂中锅炉烟气量很大，例如一台 600MW 机组每小时排出的烟气量达 200 万 m^3 以上，如此大量的含有低浓度的 SO_2 烟气要进行脱硫处理，必然要配备庞大的处理设备，占有巨大的场地与空间位置，不仅耗费资金大，而且具有相当高的技术难度。这些既是电厂烟气脱硫所具有的基本特点，也是实施烟气脱硫的制约因素。

(2) 烟气脱硫的基本方式与类型。为了控制二氧化硫排放，可以在煤燃烧前，中、后进行脱硫。燃烧前脱硫，主要是洗煤；燃烧中脱硫，主要采用流化床方式燃烧；燃烧后脱硫，就是指烟气脱硫（Flue Gas Desulfurization，FGD）。

所谓烟气脱硫，就是把烟气中的 SO_2 及少量 SO_3 转化为液体或固体化合物，令其从排出的烟气中分离出去。烟气脱硫的基本方式有湿式及干式。

在烟气脱硫过程中，采用中和 SO_2 的碱性化合物，溶于水形成洗涤液作为吸收剂来洗涤排出的烟气，称为湿式脱硫法。采用固体或非水液体作吸收剂来去除烟气中 SO_2 的方法，如炉内添加石灰石或白云石，即属于干式脱硫法。

采用湿式脱硫法，烟气温度降低，烟气热浮力减小直至丧失，在不良气象条件下，有可能影响电厂附近地区的大气质量。湿式脱硫方法很多，它们都是在空气预热器与烟囱之间进行脱硫。

采用干式脱硫法，由于采用脱硫剂性质不同或因脱硫反应需要更高温度，一般都要对锅炉结构做适当改动。

除湿式及干式脱硫方法外，还有一种介于二者之间的半干式脱硫工艺。例如烟气经旋风除尘器先除去其中约 70％ 的灰粒，然后进入吸收塔顶部，与喷嘴喷出的吸收液顺流而下，使烟气与吸收液接触并发生反应，最后再经除尘器除去脱硫反应物及灰粒后排入烟囱。

烟气脱硫的工艺按其流程及吸收剂种类分为湿法、干法或半干法；如按脱硫副产品是否回收与利用，又可分为回收法及抛弃法。

各种脱硫工艺方法各具特点。湿式脱硫法目前应用最为广泛，而喷雾干燥法脱硫发展很快，显示出良好的应用前景。

不同脱硫方法的比较参见表 2-21。

表 2-21　　　　　　　　　　　　不同脱硫方法的比较

参 数 ＼ 方 法	石灰石—石膏湿法	喷雾干燥法	LIFAC 法
适用煤中的含硫量（％）	＞1.5	1～3	＜2
钙/硫	1.1～1.2	1.5～2	＜2.5
脱硫率（％）	＞90	80～90	60～85
占电厂总投资的百分率（％）	15～20	10～15	4～7
钙利用率（％）	＞90	40～45	35～40
运行费用	高	较高	较低
设备占地面积	大	较大	小
灰渣状态	湿	干	干

表中 LIFAC（Limestone Injection into The Furnace and Activation of Calcium）干式炉内喷钙增湿活化法。该工艺可分为两个阶段：往炉内喷石灰石细粉；然后烟气在一个特殊设计的活化器中喷水增湿。

由表 2-21 可基本反映烟气脱硫的情况，特别是设备投资费用很高，再加上运行费用，除了可以获得环境效益以外，电厂经济负担很大，却无其他方面收益，因而电厂实施烟气脱硫困难不小，进展较缓慢。三十多年来，国内电厂烟气脱硫方面取得不少进展，但与实际要求仍然相差很远。作者认为，煤的脱硫有多种方法，不一定非得采取燃烧后脱硫这种途径，加强对煤在燃烧前及燃烧中脱硫，同样具有实际意义。

六、排灰及其治理

经除尘器收集的灰及炉底排出的渣，通常是借助水力排往贮灰场的，灰场排水是电厂主要外排水。由于电厂的各种排水（工业污水、化学废水、生活污水等）经处理后，通常均排入除灰除渣系统，以供冲灰、冲渣之用，故灰场水组成较复杂、治理难度也较大。

1. 灰、渣的物理、化学性质

煤灰主要来自矿物质，它是赋存于煤中的无机物。煤中矿物质含量越多，灰分含量越高，发热量则越低，燃烧稳定性也越差。

煤中矿物质是煤中除水分以外的所有无机物质，它由各种硅酸盐、碳酸盐、硫酸盐、金属矿化物、氧化亚铁等矿物所组成。在大多数情况下，铁、铝、钙、镁、钾、钠的硅酸盐构成矿物质的主要成分，其中黏土（$2SiO_2$、$Al_2O_3 \cdot 2H_2O$）占较大比重；渣与灰的化学组成大致相似。

煤灰具有细砂结构的特性，一般呈灰色。如其中含碳量较高，则颜色趋深。煤灰的密度为 $2.1 \sim 2.6 g/cm^3$。

灰的颗粒大小与分布和入炉煤粉细度直接相关。例如，某 600MW 机组电除尘器出口灰粒组成参见表 2-22。

表 2-22　　　　　　　　某 600MW 机组电除尘器出口灰粒粒径

灰粒粒径（μm）	<2	2~<5	5~<10	10~<20	20~<45	≥45
占灰比（%）	4	20	20	22	18	16

渣呈深褐色，其密度为 $2250 kg/m^3$，充填密度为 $1350 \sim 1400 kg/m^3$。

渣的粒度组成如下：破碎后渣的最大粒径为 50mm，平均粒径为 12mm，渣粒 12~50mm，占 20%，渣粒小于 12mm 者占 80%。

各电厂燃用的煤质不同、运行工况各异，故灰、渣的化学及物理性质也不可能相同。

2. 电厂除灰、除渣系统

电厂通过除尘器将绝大部分的粉煤灰加以收集，渣则从炉底排出。多数电厂采用水力冲灰、冲渣，将其排至贮灰场及贮渣场。如灰、渣实施混排，则不设贮渣场。也有电厂采取干排灰方式，但数量较少。

灰、渣混排还是分排，各有利弊。一般说来，炉渣比粉煤灰更易被利用。分排自然有利于渣的利用，但管道磨损较严重；混排则有助于降低冲灰管道的结垢，但不利于渣的充分利用。

干灰输送又分为负压及正压输送系统。干灰较湿灰更具有综合利用价值；有的电厂煤灰系统则由两部分所组成：从除尘器下灰斗至灰库为气力收灰系统；由灰库至贮灰场为水力输灰系统。

3. 灰场外排水的水质要求

根据地面水水域使用目的和保护目标，GB 3838—1988《地面水环境质量标准》将水域功能分为五类：

（1）Ⅰ、Ⅱ、Ⅲ类。主要适用于国家自然保护区以及一、二级生活饮用水源保护区。

（2）Ⅳ类。主要适用于一般工业用水区及人体非直接接触的娱乐用水区。

（3）Ⅴ类。主要适用于农业用水区及一般景观要求水域。

电厂外排水一般排至Ⅳ类及Ⅴ类水域，水质标准见表 2-23。

表 2-23　　　　　　　　　　　地面水环境质量标准（摘录）

指标 类别	氟化物 （以 F 计，mg/L）	COD_{cr} (mg/L)	BOD_5 (mg/L)	石油 (mg/L)	pH (25℃)	总砷 (mg/L)	总汞 (mg/L)	总铅 (mg/L)	总镉 (mg/L)
Ⅳ类	≤1.5	≤20	≤6	≤0.5	6.5~8.5	≤0.1	≤0.001	≤0.05	≤0.005
Ⅴ类	≤1.5	≤25	≤10	≤1.0	6~9	≤0.1	≤0.001	≤0.1	≤0.01

灰水作为电厂主要外排水，其控制指标应符合国家有关标准，在灰水各监测项目中，统计表明我国火力发电厂灰水超标较严重的是 pH 值及悬浮物两项，超标率平均在 30％以上。COD、氟化物以及砷等，也有超标情况，其超标率平均在 10％以下。

4. 灰水的治理方法

（1）设置贮灰场，本身就是一项治理设施。

电厂设置贮灰场，其首要功能当然是贮存粉煤灰，同时它作为灰水治理的综合设施也具有十分重要的作用。

空气中的 CO_2 为酸性氧化物，如它为 pH＝7 的纯水所饱和，可使 pH 值降至 5.6。为了让灰水更有效地吸收空气中的 CO_2，灰场面积要大一些，让灰场蓄水运行。

一般说来，灰场出口水 pH 值要低于灰场入口水的 pH 值。

设置贮灰场，特别是让灰水在贮灰场停留时间较长，有利于灰、水之间分离，从而降低外排灰水中的悬浮物浓度。

当灰水进入贮灰场后，灰场水与大气接触，pH 值有所下降，灰场外排水中含氟量会略有下降；灰水经贮灰场澄清一定时间后，由于灰中某些元素对砷的吸收与沉淀，可使贮灰场外排水中含砷量明显降低。

（2）pH 值超标治理。最常用的方法是加酸处理灰水以降低 pH 值。

所得 pH 超标，即灰水碱度过大，通常 pH 值可达到 10 或者更高。对于碱性污水（pH＞7），一般是采用加入酸性物质的办法来加以中和的。由于电厂灰水量较大，pH 值较高，故为了达到中和的目的，消耗的酸性物质也较多。因而用于处理灰水的酸性物质必须来源丰富，价格低廉，使用方便。

电厂中最常用的为工业硫酸，它的浓度高达 96％，且为液体，可用水加以稀释。它又是一种不挥发的酸（不同于盐酸及硝酸），使用十分方便，且价格较低，故电厂中普遍采用硫酸处理灰水。

通常加酸处理应在冲灰水外排口前进行。将浓硫酸稀释至一定浓度，连续加入排水中，从而降低排放口冲灰水的 pH 值。

（3）悬浮物超标治理。灰场排水中如悬浮物超标，还将造成一系列的影响。悬浮物超标又是造成 COD 超标的主要原因。有的电厂出现砷超标情况也与此有关。凡是外排灰水悬浮物超标的电厂，应采取适当措施，如保持排水口前一定水位、一定流量及较低的流速，尽可能减少悬浮物及由它引起的有害物超标问题。

（4）氟化物超标治理。灰水中含氟量的高低，主要取决于原煤中含氟量的多少，同时与电厂的运行条件有关。煤中含氟量相差悬殊，煤在燃烧过程中 90％以上的氟进入大气，其余的则赋存于灰渣中。文丘里水膜式除尘器具有较高的吸收烟气中氟的功能，当原煤中氟含量较高时，往往造成冲灰水中氟含量过大。

由于电厂冲灰水量大，而含氟浓度又较低，故治理难度较大，费用较高。

对于排灰及其治理，还包括冲灰管道结垢及其治理问题。这也与用煤有关。灰渣与煤关系密切，相关问题难以尽述。本节只是就其主要方面的问题作一简要介绍。

综上所述，火电生产过程中的煤与灰、涉及电厂众多环节与部门，特别是与锅炉专业，环保专业关系更为密切。要了解并掌握火力发电厂用煤技术，不能不对与煤相关的问题有所了解与认识。只有这样，才真正能够用好电煤，使燃料人员在电力生产中发挥更大的作用。

电力用煤采制样技术

任何一台电厂锅炉燃用的煤炭都有一定的质量要求,而煤质特性检测,是通过采样、制样与化验这三个相互联系、又相对独立的环节来完成的。它们对检测结果的影响来说,以采样最大,制样次之,化验最小。故要获得准确的煤质检验结果,关键就在于采样与制样。

煤是化学组成及粒度都很不均匀的固体物料。要从大量煤中采制出极少量样品,要能代表这批煤的平均质量,即样品具有代表性。如从 1000t 原煤中,采集出 100kg 煤样,然后再将它缩制成 100g 的分析试样。其所采样为原始煤量的 1/10000,而所制取的最终样品又为煤样的 1/1000,也就是说,所制取的最终样品只相当原始煤量的 $1/10^7$,即千万分之一。这具有很大的难度。必须遵循一定的原则及采用科学的采制样方法。

随着电力生产的发展与技术的进步,电厂入厂及入炉煤越来越多地采用机械装置进行煤的采制样,特别是 DL/T 567—1995《火力发电厂燃料试验方法》的颁布,规定了电厂入炉煤应实施机械化采样,从而大大推动了电力用煤采制样实现机械化的进程,因而电厂煤质检验人员不仅要掌握人工采制样原理与方法,而且也应了解各类采煤样机结构、性能与使用要求。

煤质检验的关键,首先在于获得有代表性的样品。故采制样是电力用煤技术中最为重要的组成部分,故本书单列一章,对采制样的原理、方法及机械化采制样技术加以详细阐述。

第一节 采 样 的 基 本 概 念

煤样的采集是制样与化验的前提。采样的目的,就是为了获得具有代表性的样品,通过其后的制样与化验,掌握其煤质特性,从而为入厂煤质验收与入炉煤质控制提供依据。

所谓采样,是指按国家标准或电力行业标准采集有代表性煤样的过程。而采样代表性则是以采样精密度来度量。当采样精密度合格,所采集的样品又不存在系统误差,则说明所采样品具有代表性。

采样所依据的是方差理论。采样中涉及不少基本概念及众多的名词术语,读者务必要对此有所了解,方能正确地理解标准中的有关规定,这将有助于掌握采样的技术要点,达到预期的采样要求。

采制样技术是电力用煤技术中最为重要,也是技术难度最大的组成部分。如果用方差(标准差的平方)来表示误差的话,采样误差占 80%,制样误差占 16%,而化验误差占4%,故在煤质检验中,真正的关键就是采样,其次就是制样。然而这方面却不能为一些人员,特别是领导人所认识,重化验、轻采制样的现象在我国电厂中并不少见。采制样得不到应有的重视,这在煤质检验中是认识上的误区,是本末倒置的一种表现。

本书论述电力用煤技术，其中很重要的一条就是燃料人员要切实掌握煤的采制样技术。否则，"用好电煤，掌握用煤技术"也就成为一句空话。

一、煤的不均匀性与不均匀度

1. 煤的不均匀性

煤的粒度与化学组成都很不均匀，这是煤的基本特点，也是采样的难点所在。

任何商品从形态上有气态、液态、固态之分，这种形态的不同直接影响到采样的难易程度。一方面，固态物质采样难于液态物质，液态物质采样难于气态物质；另一方面，如同为固态物质，粒度越小、分布越均匀、数量越少，则采样难度相对较小。

电厂用煤多为原煤，粒度大小不一，均匀性很差，加上数量巨大，这远比从数十或数百千克中采集小米、小麦等固态物料的样品难度要大得多。煤的不均匀性与采样有着直接的联系。

所谓煤的不均匀性，是指粒度大小不同的煤或同一粒度的煤具有不同的物理化学特性。就煤的总体而言，也就表现为物理、化学特性分布的不均匀性。

煤的不均匀性，是一个定性的概念。可以说：煤的不均匀性越大，或煤的均匀性越小。

煤的不均匀性，还体现在它的偏析作用上。所谓偏析作用，是指由于煤的粒度与密度的不同，在重力作用下产生自然分离及分层的现象。例如一堆煤，在堆煤时大块煤往往抛落在堆底四周，而中小粒度者则在堆的上中部所占比例较大。由于这种偏析作用，增加了煤的不均匀性，给煤样的采集带来很大的难度。

2. 煤的不均匀度

煤的不均匀度，表示煤的不均匀程度，它是一个定量的概念。

在煤的组成中，灰分及含硫在煤中的分布最能体现煤的不均匀性。故通常用煤的灰分 A_d 的标准差或方差作为不均匀度的量度。标准差通常用 S 表示，方差则为 S^2。如 A_d 的方差 S^2 越大，表示煤的均匀度越差，反之则均匀度越好。

标准差是表示精密度的最好的、应用最多的一种方法。通常它有两种表达形式

$$S = \sqrt{\frac{\sum_{i=1}^{n}(X_i - \overline{X})^2}{n-1}} \tag{3-1}$$

$$S = \sqrt{\frac{\sum X_i^2}{n-1} - \frac{(\sum X_i)^2}{n(n-1)}} \tag{3-2}$$

式中　X_i——测定值；

$\overline{X}$——测定平均值；

$\sum X_i^2$——各测定值的平方和；

$(\sum X_i)^2$——各测定值和的平方；

n——测定次数。

例如有两堆煤，各采 6 个子样，分别制样与化验，从而得到下述两组灰分 A_d 值：

A 组：26％、28％、30％、32％、34％及 36％。

B 组：28％、29％、30％、32％、33％、34％。

A 组灰分平均值：为 31％，标准差为 3.74％。

B 组灰分平均值：为 31％，标准差为 2.37％。

两组灰分平均值完全相同，但 S_A 要明显地大于 S_B。观察这两组测值，可以看出 A 组测定结果要比 B 组分散得多，也就是说，A 组测定精密度差，B 组测定精密度好。如按极差来评判，A 组为 10%，B 组为 6%。

关于标准差的含义与计算，作者估计读者均已掌握，故本书中不作详细说明。

由于标准差在煤质检验中的应用极为广泛，在采制样精密度计算、系统误差检验中均要应用。如读者在这方面还不太熟悉，可参阅中国电力出版社出版的《火力发电厂燃料试验方法及应用》或《电力用煤采制化技术及应用》的修订版。

在标准差的实际计算中，并不是将各项参数代入式（3-1）或式（3-2）中进行手工计算，而是应用带统计功能的电子计算器计算，既快捷，又不易出差错。

二、采样中常用名词术语及说明

采样中涉及众多名词术语，了解重要的也是常用的名词术语的含义，将有助于学习、理解、采样标准，从而能更好、更快地掌握电煤采样技术。

（1）批与采样单元。

1）需进行总体性质测定的一个独立煤量，称为批。例如一列火车从煤矿运进 1500t 原煤到电厂，电厂按标准规定进行采样、制样与化验。作为煤质验收依据，此 1500t 原煤就是一批。

2）一批煤中采取一个总样或几个总样，也就是这一批煤由一个或几个采样单元所组成，故采样单元的单位为个，而一采样单元的煤量为吨。例如一列火车装原煤 900t，精煤 400t、洗煤 500t，则此批煤由 3 个采样单元所组成，各采样单元应分别采样。各采样单元的煤量分别为 900、400 及 500t。

（2）子样、总样与分样。

1）用采样工具或机械操作一次或截取一次煤流全断面所采集的一份样品，称为子样。子样必须是标准规定要求下采集，而不是随意地在运输工具上或煤流中采集一点样品，就称为子样。在不同地方采样时，每一次的采样量、采样位置及采样器具都应符合标准的规定，这样所采集的一份样品才真正符合子样的含义。

2）一个采样单元采集的全部子样合并而成的煤样，称为总样。子样是总样的组成单元，如采样的子样不符合标准要求，自然由它组成的总样也就缺少代表性。

一采样单位所采子样数与每一个子样量的乘积，就是总样量。例如一采样单元煤量为 1000t，共采集 60 个子样，如每个子样量应采 2kg，则此总样量为 120kg。

3）代表总样的一部分煤样，称为分样。它应能保持与总样一致的性质。

为了测定采样精密度，将所采子样依次轮流放入 6 个桶中，这样每个桶中的煤样就是 1 个分样，此总样即由上述 6 个分样所组成。为了某种需要，需将总样充分混合均匀后分成多份样品，供对比或仲裁检验，这样的一份样品也称为分样。

（3）随机采样与系统采样。

1）在采集子样时，对采样部位及时间均不施加人为的意志，能使任何部位的煤都有同等机会被采出的一种采样方法，称为随机采样。不能把随机采样误解为随意采样，想怎么采就怎么采。随机采样的核心是，任何部位的煤被采集的概率相等，故它是一种没有系统误差的采样方法。

2）按照相同的时间、空间或质量间隔采集子样，但第一个子样在第一个间隔内应随机采集，其余的子样则按选定的间隔采集，称为系统采样。

GB 475—1996 所规定的商品煤采样，无论是在运煤工具上，还是在煤流中，均采用系统采样方法。

（4）多份与双份采样。

1）从一采样单元取出若干子样，依次轮流放入各容器中，则每个容器中的煤质相近，每份样品均能代表该采样单元煤质特性的一种采样方法，称为多份采样。前已所述，为了测定采样精密度，就采取这种方法。

2）双份采样实际上是多份采样的一种特殊形式，即按一定的间隔采集子样，将它们交替放入两个不同容器中，从而得到两个煤质相近的样品。

（5）时间基与质量基采样。

1）通过整个采样单元，按相同的时间间隔采取子样，称为时间基采样。电厂中入炉煤采样普遍采用时间基采样，即每隔一定时间从输煤皮带上采集一个子样。

2）通过整个采样单元，按相同的质量间隔采集子样，称为质量基采样。由于每个子样所代表的煤样量相同，故它比按时间基采样可获得更高的采样精密度。为了实现质量基采样，煤量的计量与采样装置必须联动，这将增加技术上的难度。

（6）机械采样与采煤样机。

1）用符合采样要求的机械采样装置进行自动采样的过程，称为机械采样。

2）采煤样机经常是指机械采样与机械制样的组合装置，实际上应称为采制煤样机，一般简称为采煤样机，其主要部件包括采样装置、给煤机、碎煤机、缩分器及余煤处理装置等。

（7）一般分析煤样与入炉煤样。

1）将煤样按规定缩制成粒度小于 0.2mm，并与空气湿度达到平衡，可用于进行大部分物理与化学特性测定的煤样。与空气湿度达到平衡，也就是煤样达到空气干燥状态。故分析煤样，通常又称为空气干燥煤样。所谓空气干燥状态，是指试样在空气中连续干燥 1h，其质量变化应不超过 0.1％，例如对 100g 煤样，其变化应不超过 0.1g。

2）从炉前输煤皮带上采集的含有全水分的煤样，称为入炉煤样。入炉煤收到基低位发热量，用来计算电厂的发、供电标准煤耗；入炉煤粉样仅供测定煤粉细度之用。

（8）随机误差与系统误差。

1）随机误差又称偶然误差或不可测误差，它是在测定或采制样过程中一些难以控制的偶然因素所引起的。所谓偶然因素，是指它对测定结果的影响变化不定，误差时正时负、时大时小，这种误差无法确定，也无法校正。

随机误差在测定操作中是不可避免的，但在一定条件下，对同一量的测定，随机误差的算术平均值随测定次数的增加而趋近于零。也就是说，随机误差平均值的极限值为零。

就煤的采样来说，在一采样单元中，随采集子样数的增加，采样的随机误差减小，从而有助于提高采样精密度。

2）系统误差又称固定误差或可测误差，它是由于在测定过程中某些固定的原因，造成测定结果经常性偏高或偏低，出现比较恒定的正误差或负误差。

系统误差的特点是这种误差在测定过程中，按一定规律重复出现，并呈现一定的方向性，增加测定次数并不能减小系统误差。正因为系统误差往往由确定的原因所造成，故它可以被认识，也可以被修正，而使系统误差得以消除或减小。

在煤的采制样中，无论采取何种方式，其基本要求是一致的，即所采制的样品必须具有代表性。而样品具有代表性，实际上就是指采样、制样精密度合格。在此前提下，所采制的样品并不存在系统误差。

对采制样精密度的测定以及有无系统误差的检验，是评价采制样有无代表性的核心问题。本章将结合采制样的具体实例，说明采制样精密度的测定与系统误差的检验方法，希望读者能够掌握相关技术。

三、采样精密度

1. 采样精密度的含义

所谓精密度，是指一组观测值的接近程度。所谓采样精密度，是指单次采样测定值与同一煤（同一来源、相同性质）进行无数次采样测定平均值的差值，在 95% 概率下的极限值。或者说，采样精密度，就是采样所允许的偏差程度。

在采样中，产生偏差总是不可避免的，但这种偏差不应超过一定的限度，而且正确的采样，不允许存在系统误差。如能达到这一要求，说明所采样品真正具有代表性。此时采样精密度与准确度就具有相同的含义。

采样精密度是一个非常重要的概念。在采样中，我们要力求达到标准规定的采样精密度要求，同时经统计检验采样不存在系统误差，则说明采集到了具有代表性的样品，完成了煤质检验中最为关键的操作。

2. 采样精密度的要求

采样精密度受多种因素的影响，不同煤炭品种，不同应用目的对采样精密度有着不同的要求。

通常国际、国家及行业各级标准均对采样精密度作出了明确的规定。

(1) GB 475—1996 的规定。根据煤的不同品种，GB 475—1996 对采样精密度提出了不同的要求，见表 3-1。原煤的均匀性最差，精煤最好，故标准对原煤采样精密度要求最低，对精煤要求最高。

表 3-1 采样精密度的规定

原煤、筛选煤		精　煤	其他洗煤（包括中煤）
$A_d \leqslant 20\%$	$A_d > 20\%$		
$\pm 1\% \times A_d$，但不小于 $\pm 1\%$（绝对值）	$\pm 2\%$（绝对值）	$\pm 1\%$（绝对值）	$\pm 1.5\%$（绝对值）

实际应用中为采样、制样与化验的总精密度。由表 3-1 可以看出，采样精密度随煤的品种不同而有不同的规定，对原煤来说，还与灰分含量有关。

电力用煤以原煤、洗煤产品为主，特别是灰分 $A_d > 20\%$ 的原煤，使用更为普遍，故通常以 $\pm 2\%$ 作为电厂进厂煤的采样精密度要求。

例如灰分 A_d 为 24% 的原煤，对所采样品灰分 A_d 如能落在 $24 \pm 2\%$ 范围内，就认为采样精密度合格，如果采样精密度要求为 $\pm 1\%$ 的话，那么所采样的灰分 A_d 必须落在 $24 \pm 1\%$ 范围内才算合格，由此可知，采样精密度值越小，说明对采样的要求越高，反之则越低。

对于上例，如所采样品灰分 A_d 为 25.4%，则采样精密度按 $\pm 2\%$ 要求检验，是合格的，但按±1%要求检验则不合格。

(2) GB/T 19494—2004 的规定。GB/T 19494—2004《煤炭机械化采样》，是我国新颁布的标准。该标准是非等效采用国际标准 ISO 13909—2001《Hard coal and coke—Mechanical Sampling—》。

该标准指出，采样精密度根据采样目的、试样类型和合同各方的要求确定，在没有协议精密度情况下可参考表 3-2 确定。

表 3-2 煤炭采、制、化总精密度

煤炭品种	精密度 A_d（%）
精　煤	±0.8
其他煤	±1/10A_d，但不大于 1.6%

表 3-1 与表 3-2 的规定是不同的。就以上例中灰分 A_d 为 24% 的原煤来说，前者采样精密度规定为±2%，而后者仅为±1.6%。也就是说，当原煤灰分 A_d 小于 16% 时，上述两项标准中对采样精密度是一致的，但 A_d 大于 16% 时，GB/T 19494—2004 规定采样精密度一律按±1.6% 计，这样要求就提高了。

GB 475—1996，主要针对人工采样；GB/T 19494—2004 则是机械采样标准。然而我国现状决定了人工采样与机械采样将会长期并存。同是国家标准，二者又规定不一致；另一方面，机械采样与人工采样有着密不可分的关系，机械采样是以人工采样为前提的。作者认为，表 3-1 及表 3-2 对采样精密度规定方面的明显差异，将会给贯彻实施标准带来诸多问题。

(3) DL/T 567.2—1995 的规定。DL/T 567.2—1995《入炉煤和入炉煤粉样品的采取方法》中规定，为达到采样精密度，入炉原煤样的采取应使用机械化采样装置。该标准对采样精密度作了如下规定：采样精密度 P 为，当以干燥基灰分计算时，在 95% 的置信概率下为±1% 以内。

电力行业标准对电厂入炉煤采样的要求是：一要采用机械采样方式；二是采样精密度由国标规定的±2% 提高到±1%（对灰分 A_d＞20% 的原煤）。

对采样精密度要求达到±1% 的规定，主要是考虑提高标准煤耗计算准确度的需要，而对采煤样机的实际运行状况考虑不多或者说估计过高。时至今日，该标准已颁布 10 多年，国内电厂中所安装的入炉煤采样机，包括国产与进口设备，几乎没有一台可达到采样精密度±1% 的水平。

国产采煤样机普遍按 GB 475—1996 所规定的精密度要求设计的，即对灰分 A_d 大于 20% 的原煤，采样精密度为±2%。即使如此，我国电厂中正在使用的各类皮带采煤样机合格率估计也不会超过 30%。较普遍的问题是，制样系统易堵，制取的样品较多的存在系统误差。因此，我国采煤样机的生产与应用，虽然取得了长足的发展，但是要走的路还很长。就采样精密度来说，要达到电力行业标准的要求并非易事。作者认为，应要求各电厂的采煤样机，其采样精密度首先达到国标规定的±2% 的要求，然后再不断地加以改进完善，把精密度±1%，作为长期的奋斗目标。

3. 采样精密度与子样数的关系

对一采样单元来说，要取得有代表性的样品，关键就在于有足够的子样数。

子样数对采样精密度的影响是很容易理解的。例如一采样单元 1000t 煤量，采集 60 个子样，采样精密度可达到±2%，那么采集 600 个子样显然代表性更好，或者说精密度更高，如仅采集 6 个子样，即代表性大大降低，或者说采样精密度降低。

1000t 煤采集 60 个子样，每个子样代表 16.7t 煤；如采 600 个子样，则代表 1.67t 煤；如采 6 个子样，则代表 167t 煤。故子样数不同，采样精密度也就不同。

采样精密度同时还与煤的均匀性有关。显然，煤的均匀性越大，采集相同子样数的条件下，代表性越好，或者说，精密度越高（数值越小），反之则代表性越差、精密度越低（数值越大）。

采样精密度、煤的不均匀度与采集的子样数三者的关系如式（3-3）所示。

$$P(\%) = 1.96 \frac{S}{\sqrt{n}} \tag{3-3}$$

式中　P——95% 概率下的采样精密度；

　　　1.96——$t_{0.05,\infty}$ 的临界值；

　　　S——单个子样标准差；

　　　n——采样的子样数。

如果选不同的概率（或称不同的显著性水平 α），则 $t_{\alpha,\infty}$ 值不相同。如 $\alpha=0.10$，$t_{0.10,\infty}=1.64$；$\alpha=0.01$，则 $t_{0.01,\infty}=2.58$，这说明显著性水平 α 值选值越大，即概率 P 越小（$P=1-\alpha$），采样精密度 P 值越小，也就是采样精密度越高。

式中的 t 临界值属于数理统计检验的应用范畴。前文已经指出，本书不再多述。

对同一采样单元的煤来说，不论煤的不均度（用灰分的标准差表示）如何，S 值都是一样的。因此当采集不同子样数时，就可获得不同的采样精密度。

$$P_1 = 1.96 \frac{S_1}{\sqrt{n_1}}, P_2 = 1.96 \frac{S_2}{\sqrt{n_2}},$$

由于　　　　　　　　　　　　$S_1 = S_2$

故　　　　　　　　　$P_1/P_2 = \sqrt{n_2}/\sqrt{n_1} \tag{3-4}$

将上式等号两侧平方，则

$$P_1^2/P_2^2 = n_2/n_1 \tag{3-5}$$

由式（3-5）就不难计算出不同子样数下的采样精密度，仍以上例通过计算来加以说明。当 1000t 煤采集 60 个子样时，采样精密度为 ±2%，如采集 600 个子样，则

将 $P_1 = \pm 2\%$，$n_1 = 60$，$n_2 = 600$，求出 P_2

$$P_2^2 = P_1^2 \times n_1/n_2$$
$$P_2^2 = 4 \times 60/600$$
$$P_2 = \pm 0.63\%$$

如采集 6 个子样，则求得采样精密度降至 ±6.3%。

由计算可知，当子样数一定时，采样精密度 P 与标准差 S 成正比；当煤的不均匀度 S 值一定时，则采样精密度 P 与采样子样数 n 的平方根成反比，或者说，采样子样数 n 与采样精密度的平方成反比。

由此就可看出，GB 475—1996 与 DL/T 567.2—1995 对灰分 A_d 大于 20% 的原煤采样密度的规定分别为 ±2%、±1%，则子样数的比例为 1∶4。

$n_1 = 60$，$P_1 = \pm 2\%$，$P_2 = \pm 1\%$，可求出 n_2

$$n_2 = P_1^2/P_2^2 n_1$$
$$= 4/1 \times 60 = 240$$

当采样精密度由±2％提高到±1％，采样的子样数则应由 60 个增加至 240 个。这给采样增加难度外，由于子样量也增至原来的 4 倍，给制样也将带来极大的困难。现在的采煤样机按采样精密度±2％设计，运行中的问题已经不少，合格率普遍较低，故电厂采煤样机采样精密度要达到±1％的水平，还要经过长期努力。这一要求可作为电厂的努力方向，不断加以提高，但近期能普遍实现这一目标是不现实的。

4. 采样精密度的测定与计算

对一采样单元的采样精密度测定，通常采用多份采样法。

对一采样单元的煤来说，按要求将所采样品按顺序依次轮流放进 6 个样品桶中，其中 1、7、…55 号样放进 1 号桶中，6、12、…60 号样放进 6 号桶中，这样可得到由 60 个子样组成的 6 个分样。每个分样由 10 个子样组成，对这 6 个分样分别制样、化验，得到 6 个灰分 A_d 值，即可按下式计算采样精密度 P

$$P(\%) = \pm t_{\alpha,f} \cdot \overline{S} \tag{3-6}$$

式中　$\overline{S}$——6 个分样 A_d 的标准差；

$t_{\alpha,f}$——统计量 t；

α——显著性水平，常取 0.05；

f——自由度，为 $n-1$。

由 t 临界值表查得 $t_{0.05,5} = 2.57$（精密度计算为双侧检验），$\overline{S}$ 按下式计算

$$\overline{S} = \sqrt{\frac{1}{n(n-1)}(G - M^2/n)} \tag{3-7}$$

式中　G——各分样灰分值的平方和，即 ΣA_d^2；

M——各分样灰分值和的平方，即 $(\Sigma A_d)^2$；

n——分样数。

将 $n=6$ 代入式（3-7），而将 $t_{0.05,5} = 2.57$ 及 $\overline{S}$ 代入式（3-6），则

$$P(\%) = \pm 0.47\sqrt{G - M^2/6} \tag{3-8}$$

设 6 个分样的灰分 A_d 值分别为 24.32％、26.88％、29.15％、27.33％、25.11％ 及 30.02％，求采样精密度 P。

解： $G = 4442.25$

$M^2/6 = 4417.85$

$P(\%) = \pm 0.47\sqrt{24.5} = \pm 2.33$

显然，6 个分样灰分值越接近（煤越均匀），则灰分的标准差 $\overline{S}$ 值越小，采样精密度才会越高。本例计算出采样精密度为±2.33％，尚达不到 GB 475—1996 的要求。要提高采样精密度，其根本方法就是增加子样数。

第二节　煤的人工采样技术

我国电厂中的入厂煤，多由火车、汽车及船舶运输，也有少数坑口电厂，由煤矿用输煤皮带直接将煤输进电厂；而对于入炉煤来说，则均用输煤皮带输送。因而，我国电煤多在各种运输工具及皮带上采集煤样。

对于入厂煤，多数电厂仍采用人工采样，只是少数电厂中安装了火车或汽车采煤样机，但呈迅速增多的趋势；对于入炉煤，多数电厂则已安装了皮带采煤样机，实施机械采样。但由于设备或管理上的问题，各电厂皮带采煤样机的年投运率相差较大，有些电厂的皮带采煤样机长期不能正常运行，形同虚设，还有部分电厂的入炉煤一直采用人工采样。

电厂用煤，每天少则数千吨，多则数万吨，它是粒度与化学组成都很不均匀的固体物料，故要采到有代表性的煤样实非易事。同时采样不同于分析化验，后者出了差错，还可再测一遍，而采样则不可能。入厂煤从运输工具上卸下，也许就和煤场其他存煤相混；入炉煤则已送往锅炉，因而不可能再来采集一次，故电煤采样务必做到一次达到要求，这是煤炭采样的特点之一。

对一批煤来说，要采集到有代表性的样品，就必须遵循采样的基本原则及标准所规定的采样方法。如果能严格按标准进行采样，那就有 95％的概率可使采样达到标准规定的精密度要求，且不致出现系统误差。

即使采用机械采样，人工采样仍是基础。它们虽有不同点，然而也有很多共同点。而且我国机械采样将会与人工采样长期并存，故在电厂中的燃煤采制样人员，首先应该深入学习并理解采样标准，掌握煤的人工采样技术，任何轻视采样标准及实际采样操作都是错误的。

本书重点阐述采样的基本原则与采样方法要点，指出采样中应注意的问题，而不是讲采样的具体步骤与操作方法，因为这在 GB 475—1996 中均已作了规定。故读者在阅读本节时，可结合对标准的学习进行。通过本节内容的阅读，将有助于读者正确理解与贯彻标准，提高解决实际问题的能力，切实掌握人工采样技术。

顺便提及，本书对煤的制样及各特性指标的分析，也采取相似原则与方法。关于采制化的具体操作，除参照相关标准外，也可参阅《火力发电厂燃料试验方法及应用》一书（中国电力出版社，2004 年 9 月出版）。

一、采样的基本原则与标准的规定

煤的采样，其根本要求就是能采集到有代表性的煤样；具体指标就是，采样精密度合格；采样没有系统误差。采样的基本原则或称采样的技术要点，就是围绕采样的上述目的确定的。这些技术要点对任何运输工具、煤流或煤堆上进行人工采样都是适用的。故掌握并正确应用这些基本原则或技术要点，就可以说是已经掌握了人工采样技术。

采样的基本原则有四条：一是要有足够的子样数，以保证采样精密度符合标准规定要求；二是每个子样要有一定的量；三是采样点要正确定位；四是要有适当的采样器具。后三条原则则保证采样不致产生系统误差。故完全遵循这四条基本原则采样，就能获得有代表性的煤样。

在采样中，这四条原则必须全部按标准要求执行，否则采样代表性就不能得到保证。这四条基本原则可以说是燃煤采样的核心技术与要求，在此将分别加以阐述，并结合实际采样操作加以详细说明。

1. 要有足够的子样数

本章第一节中已经指出，采样精密度的高低与子样数密切相关，子样数的多少对采样的代表性具有关键性作用。

GB 475—1996 中规定：

（1）1000t 原煤、筛选煤、精煤及其他洗煤（包括中煤）和粒度大于 100mm 的块煤应采取的最少子样数目按表 3-3 予以确定。

表 3-3 　　　　　　　　　　　　　　　　　**1000t 煤最少应采子样数**

品　　种		火　车	汽　车	船　舶	煤　流	煤　堆
原煤、筛选煤	$A_d>20\%$	60	60	60	60	60
	$A_d\leqslant20\%$	60	60	60	30	60
精　　　煤		20	20	20	15	20
其他洗煤（包括中煤）		20	20	20	20	20

（2）当煤量少于 1000t 时，子样数按表 3-3 规定的数目递减，但至少不能少于表 3-4 中规定的数目。

表 3-4 　　　　　　　　　　　　　　　　　**煤量少于 1000t 的最少子样数**

品　　种		火　车	汽　车	船　舶	煤　流	煤　堆
原煤、筛选煤	$A_d>20\%$	18	18	表 3-3 规定值的 1/2	表 3-3 规定值的 1/3	表 3-3 规定值的 1/2
	$A_d\leqslant20\%$	18	18			
精　　　煤		6	6			
其他洗煤（包括中煤）		6	6			

（3）当煤量超过 1000t 的子样数目，按下式计算

$$N = n\sqrt{\frac{m}{1000}} \tag{3-9}$$

式中　N——实际应采子样数，个；

　　　m——实际被采样煤量，t；

　　　n——按表 3-3 规定的子样数。

例如，A_d 为 23.52% 的原煤计 1800t，则应采子样数

$$N = 60\sqrt{1800/1000} = 80.5 \approx 81$$

注意，子样数的单位为个。因标准规定的为最少子样数，故计算中出现小数时，可一律进一位至整数，即 1800t 上述原煤应采 81 个子样。

2. 子样量的确定

每个子样的最小质量根据商品煤标称最大粒度按表 3-5 确定。

表 3-5 　　　　　　　　　　　　　　　　　**子样质量的确定**

最大粒度（mm）	<25	<50	<100	>100
子样质量（kg）	1	2	4	5

所谓标称最大粒度，标准中所作的定义是：取筛上物产率累计率最接近，但不大于 5% 的那个筛孔尺寸，作为原煤的最大粒度。

GB 475—1996 的附录 B 规定了标称最大粒度的测定方法，并指出至少半年进行一次试验。

由表 3-5 可知，煤的粒度越大，则要求子样量也越多。如果煤的粒度较大，例如小于 100mm，如子样量规定过少，则大块煤就无法采集到，就容易导致系统误差的产生。

3. 采样点的正确定位

不论在运输工具上，还是在煤流或煤堆上采样，总的布点原则是，各采样点要能反映被

采煤的粒度分布情况，或者采取均匀布置采样点。

由于在不同运输工具或煤堆中采样，故采样点的具体布置各不相同。GB 475—1996 规定：

（1）火车煤采样点布置。

1）火车装原煤。不论车皮容量大小，至少采取 3 个点。实行斜线（车皮对角线）3 点布置，1、3 点距车角 1m，2 点位于对角线中央。

用户采样时，可挖坑 0.4m 以下采取。

当不足 300t 煤为一采样单元时，依据"均匀布点，使每一部分煤都有机会被采出"的原则分布子样点。按表 3-4 规定，至少应采 18 个子样，各点同样下挖 0.4m 采样。

2）火车装洗煤、精煤。按斜线 5 点布置，1、5 两个子样距车角 1m，其余 3 个子样等距离分布于 1、5 点之间。

注意，洗煤，精煤实施斜线 5 点循环法采样，1 个车皮上只采 1 个子样。

采样深度同原煤。一个采样单元不足 300t 煤时，按表 3-4 的规定，至少要采 6 个子样，各点同样下挖 0.4m 采样。

（2）汽车煤采样点布置。无论何品种的煤，汽车装煤均沿车厢对角线方向，按 3 点（首尾两点距车角 0.5m）循环方式采取子样，采样时也应下挖 0.4m。

当一车上需采取 1 个以上子样时，按火车煤布置采样点相同的原则进行。

（3）船舶煤采样点布置。根据相同的布点原则，将船舱分为 2～3 层，每 3～4m 为一层，将子样均匀分布于各层表面上，如图 3-1 所示。

（4）煤堆采样点布置。按照相同的原则，根据煤堆形状和子样数目，将子样分布在煤堆的顶、腰和底（距地面 0.5m 以上），采样时先除去 0.2m 表面层。

煤堆上不采取仲裁及出口煤样，必要时应用迁移煤堆、在迁移过程中采样。

如在电厂入厂煤验收时，与供煤方发生争议，按 GB/T 18666—2001 的要求，就得将煤从运输工具上卸下，单独存放。故进行仲裁试验时，就得在此煤堆迁移过程中采样，而不得在煤堆上直接采样。

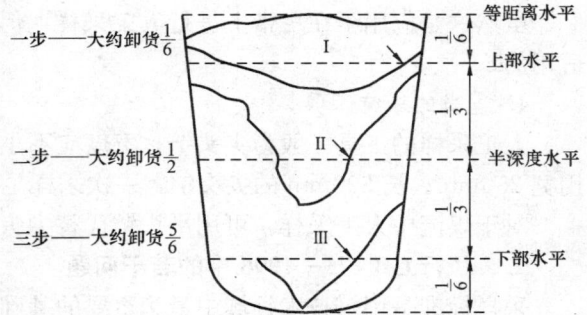

图 3-1 船舶采样点的布置

（5）煤流采样点布置。移动煤流中按时间基或质量基采样。

1）时间基采样。子样的时间间隔 T，按式（3-10）计算，即

$$T \leqslant \frac{60Q}{Gn} \tag{3-10}$$

式中 T——子样时间间隔，min；

Q——采样单元煤量，t；

G——皮带流量，t/h；

n——子样数，个。

设输煤皮带流量为 1200t/h，合计上煤时间为 1.2h。皮带输送的为灰分 A_d 大于 20% 的

原煤，则按 GB 475—1996 的要求，可求出子样的时间间隔 T。

解：上煤量 $Q=1200\times1.2=1440t$

根据式（3-9），计算出应采子样数

$$N = 60\sqrt{\frac{1440}{1000}} = 72(个)$$

在合计 1.2h 即 72min 内，应采 72 个子样，故每间隔 1min 采集一个子样。

写成计算通式，即为式（3-10）。

$Q=1440t$，$G=1200t/h$，$n=72$ 个，故

$$T = \frac{60\times1440}{1200\times72} = 1\ (\text{min})$$

2）质量基采样。子样的质量间隔 m，按式（3-11）计算，即

$$m \leqslant \frac{Q}{n} \tag{3-11}$$

式中　m——子样质量间隔，t；

　　　Q——采样单元煤量，t；

　　　n——子样数。

上例中，$Q=1440t$，$n=72$ 个，则 $m=20t$，即每间隔 20t，采集一个子样。

标准同时指出，在移动煤流上人工铲取煤样时，皮带移动速度不能大于 1.5m/s，并且保证安全。

虽然这是应用于在皮带上进行人工采样，但式（3-10）与式（3-11）对机械采样是同样适用的。

4. 适当的采样工具

人工采样的工具一般为尖头铲，宽度应不小于被采煤样最大粒度的 2.5～3 倍。通常采用宽 250mm、长 300mm 的尖头铲，一次采样足能容纳 5kg 样品。

对于煤流中人工采样，可用平头铲代替尖头铲，以免划伤皮带。

二、执行 GB 475—1996 中的若干问题

采样标准是用煤技术领域中最为重要的基础标准，受到所有电厂的普遍重视。在贯彻实施这一标准中出现了不少疑问，使得有些问题很难处理。

作者认为，产生这一问题的原因是多方面的：一是该标准颁布至今已近 10 年，一直未加修订，标准中的某些规定已不适合当前的实际情况；二是标准中某些规定欠合适，文字表达不够明确，致使执行中因理解不同而采取不同的操作，并由此引发争议。

在 GB 475—1996 没有修订前，存在的问题也还应该有一个解决方法。对此，本书提出相关建议，供读者参考。

1. 大于 1000t 子样数的计算式的应用范围

标准规定，煤量超过 1000t 的子样数目，按式（3-9）计算，即

$$N = n\sqrt{\frac{m}{1000}}$$

该公式并未明确指出，它不适用于什么条件，这就是说，它可以适用于火车、汽车、船

舶、煤堆、煤流采样子样数目的确定；另一方面，式中 m 为实际被采煤量，它大于 1000t，但没有规定上限值。

这样就有两个问题值得研究：如有 1800t 灰分 A_d 大于 20％ 的原煤，按上式计算，其子样数应为 81 个；但标准 7.1 条又规定，原煤和筛选煤每车不论车皮容量大小至少采取 3 个子样；精煤、其他洗煤和粒度大于 100mm 的块煤每车至少取 1 个子样。

1800t 原煤，按每车皮装 50t 煤计，应为 36 个车皮，子样数为 108 个；按每车皮装 60t 煤计，应为 30 个车皮，子样数为 90 个。

按照通常的理解，应执行 GB 475—1996 7.1 条，那么式（3-9）就可明确限定不适用于火车运煤大于 1000t 时子样数的计算。因为按式（3-9）计算，子样数目相对较少，既可减少采样，又可减少制样工作量。

再一点，式（3-9）中没有明确 m 值的上限值。例如将电厂存煤 10000 吨以上的煤堆视为一采样单元，按式（3-9）计算子样数，10000t 原煤应采子样 190 个。显然，这种采样是缺少代表性的，而且煤量过大，采样操作也很难进行。

所以这里要建议：①式（3-9）明确不适用于火车、汽车煤子样数的计算；②一采样单元的上限煤量应作出规定，以保证采样的代表性，并便于采样操作。作者认为以（3000±300）t 作为一采样单元的上限煤量是适宜的。

现时我国运煤火车车皮多采用装载量 60t 者，而一列火车进入火车车站进行装卸作业，一般不超过 50 节车皮，故提出 3000±300t 作为一采样单元的上限煤量。

2. 运输工具上采样深度为 0.4m 的合理性问题

GB 475—1996 规定，在火车、汽车上采样，用户可挖坑 0.4m 以下采取，取样前应将滚落在坑底的块煤和矸石清除干净。

这一规定有两点很值得研究：一是它不符合被采煤量各部分均有机会被采出这一普遍性原则；二是给不法供煤商在运输工具下部用已经破碎的矸石充当商品煤或以次充好提供了合法的借口，不仅给电厂带来巨大经济损失，而且常常影响锅炉的安全运行。这也是煤炭供需双方产生争议与纠纷的常见原因。

ISO 13909—2001 中对静止煤机械采样，仅规定采用螺旋式采样装置实施对煤层全厚度的采样，也正可以避免上述弊端，更符合采样的科学原理。

当然，人工采样要实施煤层全厚度采样是办不到的。规定 0.4m 以下采样也是可以的，问题是缺少制约因素。如标准中规定，允许用户在车厢内部任意深度采样或在卸煤过程中采样，作为煤质验收的依据，这样就可有效地防止发生弄虚作假的情况。

采样深度关系到广大用户的切身利益，如果一直沿用 0.4m 以下采样的规定，无论是人工还是机械采样，上述现象就无法根除。建议在 GB 475—1996 的修订时，将它作为重点内容加以研究，提出更为科学、合理的方法以取代现行标准中下挖 0.4m 采样的规定，或增加其制约因素，保证所采样品确能反映被采煤量的总体煤质。

3. 标称煤的最大粒度问题

GB 475—1996 规定，采样时每个子样最小质量根据商品煤标称最大粒度按表 3-6 确定。该标准附录 B 中提供了标称最大粒度的测定方法。标准中对标称最大粒度是这样定义的：取筛上物累计产率最接近，但不大于 5％ 的那个筛孔尺寸，作为原煤最大粒度。

例 1 对 1000t 原煤，采集到 600kg 煤样，用不同孔径的筛子筛分时，其筛子上、下的煤量见表 3-6。

表 3-6 煤的最大粒度测定记录（一）

筛子孔径（mm）	150	100	50	25
筛上煤量（kg）	0	15	31	96
筛下煤量（kg）	600	585	569	504

600kg 的 5％为 30kg。例 1 中筛子孔径 50mm，其筛上物累计产率最接近 5％，但却大于 5％。那么最大粒度如何确定？是不是要确定为 100mm？

上例中不能同时满足最接近、但又不大于 5％这两个条件，而是满足了其中一个条件。显然不符合标称最大粒度的定义，然而标准中对这类情况未作出明确规定，最大粒度应如何确定。

煤的最大粒度与采制样量关系很大，如最大粒度小于 50mm，每个子样量为 2kg；如小于 100mm，则为 4kg。因而采样量及制样量均增加一倍，故必须加以明确规定。

例 2 对 1000t 粒度很细的煤，采集 600kg 煤样，用不同孔径的筛子筛分时，其筛子上、下的煤量见表 3-7。

表 3-7 煤的最大粒度测定记录（二）

筛子孔径（mm）	150	100	50	25
筛上煤量（kg）	0	0	0	36
筛下煤量（kg）	600	600	600	564

与例 1 相似，25mm 孔径筛上煤量为 36kg，只有它最接近 5％，但又大于 5％，那么煤的最大粒度应如何确定。

作者认为，此例中煤的最大粒度，也只能定为小于 25mm 为宜。如将其定为小于 50mm，显然是不适宜的。因为该煤样中就不存在 50mm 筛上的煤。

另一方面，煤的最大粒度是用毫米表示，还是用小于××毫米表示，也值得注意。煤的最大粒度如以筛子的孔径表示，则应用毫米；如按实际筛分试验，则宜用小于××毫米。

如用孔径 50mm 的筛子筛分煤样，筛上物大于 50mm，筛下物小于 50mm。如正好为 50mm，则将筛孔封住，而无法进行筛分。故煤的最大粒度宜用小于××毫米表示，这符合实际情况。

GB 475—1996 中，一方面，最大粒度定义为一定条件下的筛孔尺寸（见标准中附录 B）；另一方面，又用小于××毫米表示（见标准中表 4）。在同一标准中，二者应该采用统一的表示方法。

故煤的最大粒度可定义为：在筛分试验中，取筛上物产率最接近 5％的那个筛孔尺寸，将小于该筛孔的尺寸作为煤的最大粒度。

这就是说，对筛上物产率不考虑是不大于 5％，还是大于 5％，同时将小于该筛子的孔径作为煤的最大粒度。因此，按照作者的意见，例 1 中的最大粒度应小于 50mm；例 2 中的最大粒度应小于 25mm。

三、执行 DL/T 576—1995 中的若干问题

汽车运煤，也是一些电厂的主要进煤方式，对某些电厂来说，甚至是惟一的方式。

汽车运煤有其自身特点，一是运煤汽车装载量相差悬殊。10 多年前，运煤汽车多则装煤 5～10t，少则 3t 以下，如今运煤汽车多装煤 15～30t，且大于 30t 的装煤汽车也不少见。二是通常电厂用汽车进煤的煤源较多，少则三五个矿，多则数十个矿。各矿进煤车并非按矿依次排列，而是杂乱无章的，哪一辆运煤车先到电厂，就先对之采样、过磅、卸煤。因此，采用机械采样时，混煤现象比较普遍。三是汽车进煤对一个矿运进电厂的煤量来说，就是一个采样单元，因而必须进行采样、制样与化验。有少数矿每天仅发数车煤，煤量不足 100t，因而电厂对汽车进煤的采制化工作量特别大。这些特点均给汽车煤采样带来很大的麻烦，要完全按标准要求进行汽车煤采样、制样与化验，确实是很困难的。

1. GB 475—1996 对汽车煤采样的规定

国标对汽车煤采样的子样数、子样量及采样工具均同火车煤采样见表 3-3～表 3-5，只是采样点的布置与火车采样略有不同。标准规定，汽车煤采样时，均沿车厢对角线方向按 3 点循环法采集子样，首、尾两点距车角各 0.5m，另一点为中心点，下挖 0.4m。当一车采集 1 个以上子样时，仍应依据均匀布点，使每一部分煤都有机会被采出的原则分布采样点，将各子样点分布在对角线，平分线或整个车厢面上。

再次指出，在一车上用 3 点循环法与 3 点法采样是不同的。前者一车只采 1 个子样；后者则一车采 3 个子样。

2. DL/T 576—1995 对汽车煤采样的规定

GB 475—1996 规定，1000t 煤应采集 60 个原煤样（参见表 3-3）。由于汽车装煤量多少不等，有的甚至相差悬殊，例如 1000t 煤装 132 辆车，采样点应如何布置，又如 1000t 煤装 96 辆车，采样点又应如何布置？对此，标准中并无任何说明。因而该标准在汽车煤采样方面缺少可操作性，所以又制定了 DL/T 576—1996《汽车运输煤样的采取方法》。

DL/T 576—1995 与 GB 475—1996 主要不同点在于：子样数目的规定不同。DL/T 576—1995 规定：不带拖斗的汽车，不论装载量多少均视为 1 个；带有拖斗的汽车，不论装载量多少可视为 2 个车，即主车和副车。标准规定车车采样，提高了采样的可操作性，由于子样数的增多，而提高了采样精密度，见表 3-8。

表 3-8   **DL/T 576—1995 的汽车采样精密度**

原煤、筛选煤		其他洗煤（包括中煤）
$A_d \leqslant 20\%$	$A_d > 20\%$	
$\pm A_d 1/10 \times \sqrt{2}$；但不小于 0.7%（绝对值）	$\pm 1.5\%$（绝对值）	$\pm 1.1\%$（绝对值）

DL/T 576—1995 还规定，对同一品种的煤，一天发运超过 30t 时，则按斜线 3 点循环每车采 1 个子样；一天发运量不足 30t 时，不论品种如何，均应不少于 6 个子样。

DL/T 576—1995 的颁布，使得汽车煤采样更具可操作性，又提高了采样精密度，故自该标准颁布以后，电厂中普遍执行 DL/T 576—1995，而不执行 GB 475—1996 中的相关规定。

如按国标对 1000t 原煤采样 60 个子样，采样精密度可达到 ±2% 的话，如同一采样单元的原煤，按每车装煤 10t 计，一车采一个子样，则采样精密度按式（3-5）计算

$$P_2^2 = P_1^2 \times n_1/n_2 = 2^2 \times 60/100 = 2.4$$

$$P_2 = \pm 1.55\%$$

3. DL/T 576—1995 执行中的问题

DL/T 576—1995 颁布初期，确实显示了不少优越性，特别是采样具有了可操作性，又提高了采样精密度。时至今日，该标准已颁布了 10 多年，由于技术的发展，运煤条件的改善，现在电厂汽车进煤的载重汽车装载量大大增加，单车装煤 20～30t 已相当普遍，装载量更大的汽车也不少见。因而仍按 DL/T 576—1995 的规定，一车采一个子样，不仅采样精密度达不到 DL/T 576—1995 的要求，也无法达到 GB 475—1996 的规定。例如，1000t 原煤用平均装煤量 25t 的汽车运输，这样共采集 40 个子样，此时采样精密度为 ±2.45%；如平均用 40t 的汽车运输，这样共采集 25 个子样，采样精密度则进一步降至 ±3.10%。

电力系统购买燃煤，是不同行业之间的联系，它应该以国家标准的规定作为共同遵守的准则。因此在当前情况下，电厂汽车进煤其采样精密度不应低于 GB 475—1996 的规定。

另一方面，近年来我国电厂容量不断增大，每天燃煤量常达 10000t 以上，如仍按 DL/T 576—1995 的规定，不足 30t，不论品种如何，至少采集 6 个子样，并进行制样、化验，这样电厂的采制化工作量也过大。30t 煤只相当于一天燃煤量的 3/1000，故这种规定也很不适应电力生产的现状。因而对执行 DL/T 576—1995 中遇到的这些问题，在该标准未修订以前应提出一个适当的解决方法，这也可作为今后修订该标准的基础，并为此积累实践资料。

4. 对汽车煤采样的建议

(1) 汽车煤的采样方法。

1) 子样数。各品种煤应采子样数按表 3-3 及表 3-4 确定。

为保证采样代表性，汽车进煤应车车采样。当对汽车煤进行人工采样时，按燃煤装载量的多少，将运煤汽车分为小车（15t 及以下）、中车（15～30t）、大车（30t 以上），每车各采 1 个、2 个及 3 个子样；对洗煤及精煤来说，则不分装载量，各汽车一律采集 1 个子样。

表 3-3 及表 3-4 为 GB 475—1996 中的规定，而上述汽车煤子样数的确定，是根据现时电厂汽车进煤的实际情况提出来的，多数情况下，它严于国家标准。

2) 子样质量。每个子样质量按煤的最大粒度决定，见表 3-5。

3) 子样点布置。无论什么品种，均按车皮对角线 3 点循环法采集子样。1、3 点分别距车角 0.5、0.8 及 1.0m（分别为小、中、大车），第 2 点为对角线中心点。采样点的下挖深度为 0.4m。

4) 采样工具。尖头铲：宽 250mm，深 300mm。

(2) 汽车煤采样操作中的注意问题。

1) 汽车煤采样操作要求与方式。汽车煤采样应在车上或卸煤过程中采集，即应在落地之前完成采样。

a. 电厂设有采样平台，操作人员上车采样，这是目前汽车采样的一种主要方式。在采样时，应注意按要求实施 3 点循环法采样，避免每次都是在靠近采样平台的一侧采样。如电厂设有平行的两个采样平台则更好。

b. 经供、需双方协商，也可在汽车于煤场卸煤过程中采样，这样有助于观察到车内的煤质情况。采样时，也应避免固定在汽车某一侧采样，以防汽车一侧装好煤，一侧装次煤。

c. 自卸车装煤，其采样有特殊性。自卸车车身普遍较高，采样平台高度与汽车高度不一定相适应；另一方面，自卸不同于人工卸煤，在自卸过程中无法采样。因而煤场中要有一个自卸汽车的卸煤区域，目的是由车上卸下的煤不会与煤场上的存煤相混。然后在卸下的煤堆上采样，可令司机将汽车慢慢前移，这样卸下的煤仍能保持原来车型。

2）一采样单元最小煤量的确定。DL/T 576—1995 中规定，一天发运量不足 30t，不论品种如何，均不应少于 6 个子样。对于这条规定，在操作中往往存在两个具体问题：一是无法预测某一矿发给电厂的煤仅在 30t 以下，故电厂采样人员通常均是按一车采集一个子样操作；二是汽车煤应车车采样、批批化验，不足 30t 作为一采样单元也要进行采样、制样与化验，电厂工作量也就太大，这在前文中已经指出其弊端。

考虑到我国电厂的实际情况，作者提出一采样单元的最少煤量定为 300t。也就是说，只有对某一矿的进煤量累计达到 300t，才对其所采样品集中进行制样与化验，出具煤质验收报告。

具体操作可以这样安排：例如由某一矿发至电厂同一品种的煤，第一天进 3 车，计 80t；第二天进 5 车，计 135t；第三天进 6 车，计 140t，则此三天共进煤 355t，就作为一采样单元。每车煤进厂按规定要求采样，所采样品保存于样品桶中；第二天又有上述矿同一品种的煤进电厂，所采样品合并于第一天的样品桶中，直至进厂煤量达到 300t 以上，才集中进行制样与化验。

有人提出，一采样单元煤量无论多少，必须天天化验，根据结果进行有关统计或结算。如按上述办法，则缺少当天该矿煤的煤质数据，此时应如何处理？建议暂用该矿发给电厂同一品种的上一采样单元的煤质数据。待该采样单元煤量满 300t 时，按其测定结果对暂用数据进行修正。这样仍然是以车车采样的测定结果作为煤质验收与结算的依据。

对大、中型电厂来说，这种情况也会偶然碰到，但对以汽车进煤为主的一些电厂来说，这种可能性就比较多的。故做上述处理，可适当减少电厂入厂煤制样与化验的工作量，以便有更大的精力去抓采制化质量。

四、执行 DL/T 569—1995 中的若干问题

在电力系统中，船舶采样基本上按 DL/T 569—1995《船舶运输煤样的采取方法》进行。

1. DL/T 569—1995 对船舶煤采样的规定

（1）采样单元。

1）对运载量不足 1000t 的驳船，可按实际载运量为一采样单元；对运载量超过 1000t 的驳船，可根据煤量的多少作为 1 个或若干采样单元。

2）对运输量单一煤源的海轮，可按实际运载量为一个采样单元，也可按舱的多少分成若干采样单元。建议一采样单元煤量以不超过 3000±300t 为宜。

3）对于装载 2 种或以上煤源的海轮，可分品种以实际装载量为 1 个或多个采样单元。

4）对于卸煤码头装有输煤皮带和计量装量时，可按输煤量的多少分为质量相同的几部分，作为若干采样单元。

（2）采样精密度。同 DL/T 576—1995 中的规定，见表 3-8。由表 3-8 可知，电力行业标准中对采样精密度要求均较国标高。例如 $A_d > 20\%$ 的原煤，DL/T 569—1995 中规定采样精密度为 ±1.5%、洗煤为 ±1.1%，而 GB 475—1996 中则规定分别为 ±2%、±1.5%。

（3）子样数。DL/T 569—1995、GB 475—1996 中的主要不同点是，因规定的子样数不同，从而采样精密度也就有所差异。

对（1000±100）t 原煤、筛选煤及除精煤外的其他洗煤（包括中煤、煤泥）及粒度大于 100mm 的块煤应采子样数见表 3-9。

表 3-9　　1000t 煤量的最少子样数

煤炭品种		采样地点		
		煤　流	船　舶	
			驳　船	海　轮
原煤、筛选煤	$A_d \leqslant 20\%$	50	40	50
	$A_d > 20\%$	100	80	110
其他洗煤		30	30	30

一采样单元煤量少于 1000t 时，子样数应按表 3-7 所规定的数目按比例递减，但最少不得少于表 3-10 中所规定的数目。

表 3-10　　不足 1000t 煤量的最少子样数

煤炭品种		采样地点		
		煤　流	船　舶	
			驳　船	海　轮
原煤、筛选煤	$A_d \leqslant 20\%$	16	20	25
	$A_d > 20\%$	30	40	55
其他洗煤		10	10	10

子样质量、采样点位置及采样工具均同国标规定。

2. 船舶煤采样操作中的注意问题

（1）采样单元的划分。船舶装煤的特点之一，就是大小船只装载量相差悬殊，小船装煤 100 余吨，大船装煤数万吨，有的一个船舱就可装煤 10000t 以上。如直接在船上采样，标准规定，一般以一舱为一采样单元，也可将一舱分为若干采样单元。如 1 舱装煤 10000t，为确保采样代表性，建议一采样单元上限煤量为 3000±300t，故 10000t 可划分为 3～4 个采样单元。在此情况下，每一采样单元应采子样数按式（3-9）计算。设一采样单元为 2500t，原煤灰分 $A_d > 20\%$，则一采样单元应采 $60 \times \sqrt{2.5} = 95$ 个子样，10000t 原煤共采 380 个采样。

显然，将 10000t 煤划分为不同采样单元数，其采集子样数就各不相同，从而采样精密度也就不具可比性。故船舶煤采样，如何划分采样单元十分重要。一采样单元煤量越少，则采样代表性越高。

（2）大型船舶煤的采样操作。在大型船舶上采集样，即使将一舱煤划分为几个采样单元，其操作也将十分困难。例如将一舱煤划分为 4 个采样单元，由于各单元煤连成一片，它比 4 个独立的煤堆上采样更难。同时大海轮舱内煤层很深，人工采样安全性也差，故实际上采样操作是十分困难的。应尽可能不要在船上直接采样，而是在卸煤后在转运的输煤皮带或交通工具上采样为宜。

船舶上不直接采取仲裁煤样与进出口煤样，我国进出口煤炭多通过大型船舶运输，其采样方法与国际接轨就显得尤为重要。大型船舶上实施人工采样，已不具太大意义，人工采样方法主要适用于小型船舶。

DL/T 576—1995 与 DL/T 569—1995 规定的采样精密度均高于国标 GB 475—1996，电

力行业标准仅限于电力系统内部使用。而电厂用船舶进煤，还是要与供煤方打交道，故双方能认可的还是国家标准对采样精密度的规定。故无论汽车还是船舶运煤，采样精密度至少要达到国家标准的规定。

DL/T 576 与 DL/T 569 两项电力行业标准颁布至今已 10 多年，至今未作修改。这期间电力生产有了很大发展，机械化采制样技术也有了很大的提高，因此，加速修订这两项电力行业标准，不仅具有必要性，而且具有迫切性。

第三节　煤的人工制样技术

按标准要求对燃煤进行采样、制样与化验，才能获得准确的煤质检验结果。而在采制化这三个相互联系又相对独立的环节中，关键是采样，其次就是制样。实践表明，制样程序或操作不当而造成的制样误差有时不亚于采样误差。电厂中当前制样中存在的问题也不少于采样中的问题，甚至更为突出。无论是人工还是机械制样都是如此，因而学习、理解制样标准，掌握制样技术是十分重要的。

一、制样的基本概念

1. 制样的含义与说明

对所采集的具有代表性的原始煤样，按照规定的程序与要求，对其反复进行筛分、破碎、掺和、缩分等操作，以逐步减小试样粒度与质量，使得最终缩制出来的试样能代表原始煤样的平均质量，这一过程称为制样。

（1）制样对象。是按标准采集的原始煤样。这就是说，所采集的样品是具有代表性的。只有对具有代表性的煤样进行制备、化验，才具有实际意义。对于缺少代表性的煤样进行制备、化验，其结果也就不具应有的价值，甚至可以说是徒劳的。在煤质检验中，采样是关键，这一点要有充分的认识。

（2）制样方法。必须遵循标准规定的程序与要求，反复使用筛分、破碎、掺和、缩分操作。反复破碎得以逐步减小试样粒度，反复缩分得以逐步减少试样质量。筛分用以判断粒度，掺和以保证样品均匀而减小缩分误差，实现制样操作标准化、规范化的要求，以确保制样质量。

（3）制样特点。GB 474—1996 规定，煤样制备是按粒度大小分级进行的，即将制样过程分为 25、13、6、3、1 及 0.2mm 六级分步进行；如自 13mm 起，使用槽式二分器缩分煤样，则可省去 1mm 这一步，但 3mm 煤样应由方孔筛改为圆孔筛筛分。

（4）制样目的。最终缩制出来的少量样品能够代表原始煤样的平均质量。表征煤质特性的指标很多，和采样一样，仍以干基灰分 A_d 来表示。例如对 100kg 原始煤样，最终缩制成 100g，其比例为 1/1000，由于制样历经多个环节因而要达到制样的目的，就必须掌握制样的相关技术。

2. 制样精密度

用以分析煤质特性的少量试样是由相对大量的原始煤样缩制而成。分析煤样与原始煤样的平均质量越接近，则制样的精密度越高，所制备的分析煤样也越具代表性。实际上，在煤样制备过程中，由于外部物质混入试样或损失一部分试样，缩分时保留的与舍弃部分的煤质有所差异，都将造成制样偏差。这样分析煤样与原始煤样的平均质量不可能完全一致，即制样产生偏差是不可避免的，但这种偏差不应超过一定的限度。缩制偏差的限度，就称为制样精密度。

为了减小制样偏差，即提高制样精密度，就必须认真学习、正确理解 GB 474—1996，遵循标准规定的制样程序与方法，选用合适的制样设备，仔细地进行各项操作。

GB 474—1996 对制样精密度提出了如下要求：煤样制备和分析的总精密度为 $0.05A^2$，并无系统偏差。A 为采样、制样和分析的总精密度。A 值的规定见 GB 474—1996 附录 A。而且规定在下列情况下需要检验煤样制备的精密度：

（1）采用新的缩分机和破碎缩分联合机械时。

（2）对煤样制备的精密度发生怀疑时。

（3）其他认为有必要检验煤样制备的精密度时。

对标准中所指煤样制备和分析总精密度为 $0.05A^2$，并无系统误差的规定，很多采制样人员一是不了解 $0.05A^2$ 是什么意思；二是不知道系统误差如何检验。实际上，这也正是采制样技术中的重点也是难点之一。

在本章第一节中就已指出，标准差是表示精密度的最好，也是应用最多的一种方法。通常它有两种表达形式，即式（3-1）及式（3-2）。

GB 474—1996 中采样精密度（实际上是指采样、制样与化验总精密度）用符号 A 表示；而本书中均用符号 P 表示。准确度的英文名称为 accuracy，故用符号 A 表示；精密度的英文名称为 precision，故用符号 P 表示。作者认为，精密度还是宜用符号 P 表示。

由于 GB 474—1996 中，煤样的制备与分析精密度为 $0.05P^2$，如灰分 A_d 大于 20％的原煤，标准规定 $P = \pm 2\%$，则因

$$P = \pm t_{\alpha \cdot f} S \tag{3-12}$$

当置信概率取 95％时，即显著性水平 α 取 0.05，测定次数 $n = 20$ 次，自由度 $f = 20 - 1 = 19$，查 t 值表，$t_{0.05,19} = 2.09 \approx 2$，故

$$P = \pm 2S = \pm 2\sqrt{S^2} \tag{3-13}$$

$$P^2 = 4S^2 \text{ 或 } S^2 = 0.25P^2 \tag{3-14}$$

由于制样与分析总精密度为 $0.05P^2$，即 $0.05 \times 2^2 = 0.20$，这说明制样与分析方差占总方差的 20％，而 80％为采样方差（标准差的平方 S^2，称为方差）。

将制样与分析方差 0.20 代入式（3-14），则

$$0.20 = 0.25P^2$$

$$P^2 = 0.20/0.25 = 0.80$$

$$P(\%) = \pm 0.89$$

在这里需要指出，制样精密度以标准差与方差表示时，其数值是不同的，见表 3-11。

表 3-11 　　　　　　　　　　　　不同品种煤制样与分析精密度 　　　　　　　　　　　　　％

煤的品种	采制化总精密度	制样分析方差	制样分析精密度
原煤 A_d 大于 2％	±2	0.20	0.89
洗　煤	±1.5	0.11	0.66
精　煤	±1.0	0.05	0.45

在制样标准的学习中，制样精密度是一个突出的技术难点。

如是洗煤，采样精密度 $P = \pm 1.5\%$，制样与分析精密度为 $0.05P^2 = 0.05 \times 1.5^2 \approx 0.11$

按上文，同理，$0.11 = 0.25P^2$，
$$P^2 = 0.11/0.25 = 0.44$$
$$P\,(\%) = \pm 0.66$$

如是精煤，则制样与分析精密度为 $0.05P^2 = 0.05$，则 $0.05 = 0.25P^2$，
$$P^2 = 0.20$$
$$P\,(\%) = \pm 0.45$$

故标准中规定的制样与分析精密度 $0.05P^2$，应认识到用方差与标准差表示精密度是不同的。原煤（$A_d > 20\%$）与精煤的制样与分析方差比为 $4:1$（$0.20:0.05$），而精密度的比例则为 $2:1$（$0.89:0.45$）。

制样符合要求，必须同时具备两个基本条件：在制样精密度合格的前提下，不允许存在系统误差。系统误差的检验方法将在机械采制样中加以说明。

采制样所依据的基本理论为方差理论，它涉及相当多的数理统计知识，而数理统计则又以概率论为基础，故煤的采制样理论性很强，涉及各专业知识较广、较深，且实际操作也相当复杂、要求很高，故任何轻视燃煤采制样的观点与做法都是有害的。在我国不少电厂中，这种情况是相当普遍存在的，最为明显的表现就是重化验、轻采制样。虽然近期情况有所好转，但各电厂在采制样人员的培训与考核，采制样设备的配套与更新，运行管理制度的建立与健全等方面，还有很多工作要做。可以说，采制样是电力用煤中最为重要、技术难度最高，但又是最为薄弱的一个环节。

二、制样室与制样设备的要求

煤的制样应在专用的制样室中进行。虽则本节讲人工制样方法，它是相对于机械制样而言的，即使人工制样，也要使用各种制样设备与器具，而且要尽量加大机械作业的比重，不应将人工制样理解成制样操作全靠人工进行。

1. 制样室要求

制样室是专门用以缩制煤样的生产场所。为了顺利完成制样操作、保证制样质量，制样室必须具备以下基本条件：

（1）制样室应不受风、雨侵袭及外界尘土的影响，并装有排气扇等除尘设施。制样室及样品贮藏室不应有热源，并避免阳光直射。

（2）制样室要有足够大的面积。大、中型电厂的制样室可设 1 个或多个，如入厂煤及入炉煤制样室，火车煤与汽车煤制样室等，每一制样室的面积不宜小于 60 或 40m²。

（3）制样室通常为水泥地面，上铺不小于制样室面积 $40\% \sim 50\%$ 的厚钢板，钢板厚度不小于 6mm。另一方面，制样室内应砌有一定面积与高度的水泥台，供安装制样设备之用。

（4）制样室附近，还应建有其他辅助设施与场所，主要包括煤样贮存室、值班室、加热室、工具室、更衣室、浴室及洗手池等卫生设备。加热室中可进行煤中全水分的测定及进行煤样的干燥等。

（5）在有条件的电厂，制样室除有完善的通风，除照明、排水、供暖等设施外，还应加装除尘设备。加装除尘设备如布袋除尘器，可以改善制样操作的环境条件，既有利于工作人员的健康，又能更好地保证制样质量。

2. 主要制样设备的配置

（1）筛分设备。筛分操作是制样过程中的基本操作，制样室必须配全各种制样筛，同时

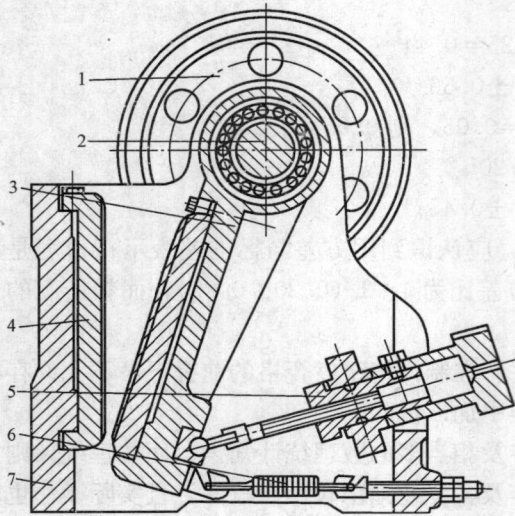

图 3-2　颚式碎煤机结构示意

1—大胶带轮；2—偏心轴；3—连杆机构；4—定颚板组合；5—调节机构；6—闭锁机构；7—机体

注意筛子有方孔与圆孔之分，相同孔径的筛子，方孔筛筛孔面积大于圆孔筛，例如圆孔筛筛孔半径为 r，则筛孔面积为 πr^2，相同孔径的方孔筛筛孔面积为 $2r \times 2r = 4r^2$，故方孔筛的筛孔面积为圆孔筛的 $4/3.14 = 1.27$ 倍。

制样室应配备的试验筛，主要为：

1）供测定煤的最大粒度用筛。孔径 150、100、50、25mm 方孔筛或圆孔筛。

2）制备试验室煤样用筛。孔径 25、13、6、3、1mm 方孔筛及 3mm 圆孔筛。

3）制取分析煤样、测定可磨性及煤粉细度用筛。孔径 0.20、0.09、0.071、1.25、0.03mm 的标准试验筛，并配筛盖及底盘。

（2）碎煤机。这是制样中的主要设备。根据制样粒度要求不同，可选用不同类型的碎煤机。最常用的碎煤机为：

1）颚式碎煤机。它是借助于固定颚板与振动颚板的挤压作用，破碎煤样的一种设备，如图 3-2 所示。

颚式碎煤机转速较低，一般出料粒度小于 13mm（大型机出料粒度可小于 25mm；小型机则可小于 6mm），属于粗、中碎设备。颚式碎煤机调节机构易锈蚀失灵，同时碎煤时煤尘飞扬较严重，不过这种碎煤机较耐用（颚板可更换），价格也较低。

2）密封锤式碎煤机。这是目前应用较多的一种碎煤机，转速高，破碎效果好。由于为密封式，煤尘飞扬程度较轻，碎煤机出口配有不同孔径的筛板，以控制出料粒度。通常它可以用来破碎不同粒度的煤样，其出料粒度可以是小于 13、小于 6 或小于 3mm，前者为大型机，后者为小型机，其破碎原理是相同的。又如出料粒度小于 6 或小于 3mm 的碎煤机，设备参数可以完全相同，只是配用的筛板孔径大小有所不同。密封锤式碎煤机结构见图 3-3。

锤式碎煤机是借助于铰接于转子上的锤头回转时的打击作用的一种碎煤机。

各种碎煤机对煤的黏性及水分均有一定的适用范围。锤式碎煤机较其他类型碎煤机还是适应性较好的一种，一般其对水分的适应性约为 10% 左右。水分过大，筛板孔易堵；如拆除筛板，能缓解受堵情况，但出料粒度就会变粗，达不到出料粒度的要求。

3）对辊式碎煤机。这是一种用相向转动的 2 个带齿的圆辊，借其劈裂作用的一种碎煤机。该类型碎煤

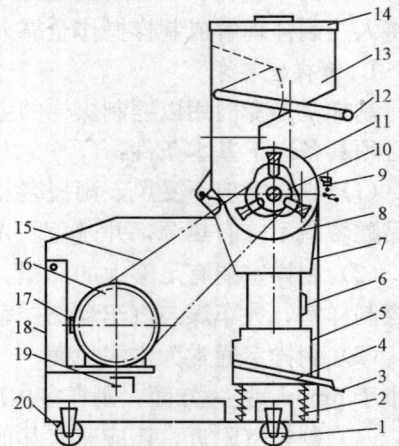

图 3-3　密封锤式碎煤机结构示意

1—脚轮；2—弹簧；3—踏脚板；4—接样器座；5—小接样器托架；6—小接样器；7—下壳体；8—筛板；9—锁紧手柄；10—转子；11—上壳体；12—闸门手柄；13—加料斗；14—加料斗盖；15—三角胶带；16—电动机；17—胶带轮；18—底座；19—调节螺杆；20—万向脚轮

机转速较低，破碎效果一般，特别是黏性及水分较大的煤，易堵，它基本上低水分、低黏性煤的破碎，其出料粒度多为小于 3mm。随使用时间的延长，双辊上的齿被磨平，出料粒度增大。现在应用此类碎煤机的电厂不多，故对其结构就不再加以介绍。

在制样室中，通常应配有出料粒度不同的几台碎煤机加以配套使用，尤其需要出料粒度小的碎煤机，因为人工制备细小粒度煤样特别费时、费力。

在制样中，破碎设备的选用最为关键。同时，一定要注意不同出料粒度的碎煤机应配套使用。现在不少电厂中碎煤机往往不配套，这给碎煤带来很大困难。

4）密封式制样粉碎机。煤样制备的最后一个环节，就是将小于 1mm 或小于 3mm（圆孔筛）煤样制备成粒度小于 0.2mm 的分析试样。现在普遍使用的为密封式制样粉碎机，见图 3-4。

该设备破碎煤样效率高，其粉碎装置可选用 1 个或多个，不过最多也只宜选 3 个，过多者并不好用，为获得小于 0.2mm 粒度的粉样，粉碎装置中加料量不应超过 100g，同时被破碎样品的粒度应小于 1mm 或小于 3mm（圆孔筛）。

（3）掺和工具。铁铲、铁锹是最常用的人工掺和煤样的工具。掺和煤样必须在钢板上进行。待缩分的煤样至少先掺和 3 遍。

二分器具有掺和缩分双重功能，但对大量煤样缩分前仍需人工掺和，对水分大的煤样缩分也是如此。

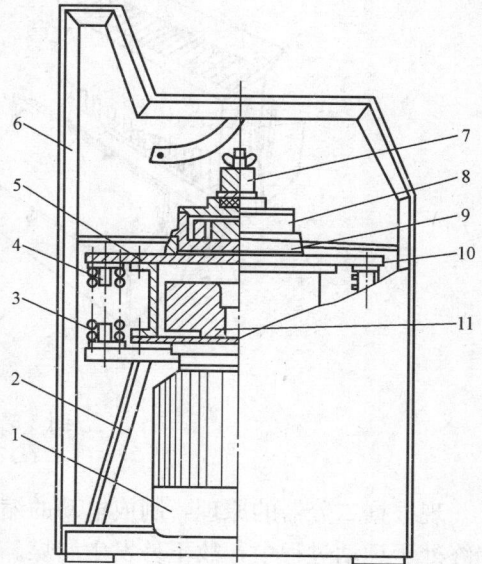

图 3-4 密封式制样粉碎机

1—电动机；2—机架；3—压缩弹簧；4—弹簧座；5—连接套；6—机壳；7—压紧装置；8—粉碎装置；9—座圈；10—振动面板；11—偏心锤

（4）缩分设备。在制样过程中，碎煤与缩分是最为关键的操作，只有前者才可减小试样粒度，后者才可减少试样质量。制样室中，应用最多的制样工具是十字分样板及各种规格的槽式二分器。

1）十字分样板。这是最简单，也是最实用的缩分工具。通常各制样室至少要配置不同规格的十字分样板 3~4 个，用以缩分大小不同粒度的样品。样品粒度越大，待缩分的样品量越多，故要选用大号的；反之，缩分小于 3mm 或小于 1mm 的细粒煤样时，可用小号十字分样板。

对于水分含量特别高的煤样，在使用槽式二分器易堵时，更要使用十字分样板来缩分煤样。

十字分样板结构极其简单，通常均由各电厂自己加工制作，市场上无现成产品销售。

使用十字分样板缩分样品的方法，称为堆锥四分法，即把煤样从顶端分布均匀，堆成一圆锥体，再压成厚度均匀的圆饼。用十字分样板将其分成 4 个相等的扇形，取其中相对的扇形部分作为煤样的缩分方法。

2）槽式二分器。槽式二分器简称二分器，是最常见的缩分工具，它实际上具有掺和与缩分的双重功能。二分器由一列平行而交错宽度相等的斜槽所组成。通常包括大小不同的规格，用以缩分小于 13、小于 6、小于 3 及小于 1mm 的煤样，故二分器应备有大小不同的规格，配套使用。

二分器开口宽度应为煤的最大粒度的 2.5～3 倍，但不应小于 5mm，也就是说最小规格的二分器，格槽开口不是 2.5～3mm，而是 5mm。二分器见图 3-5。

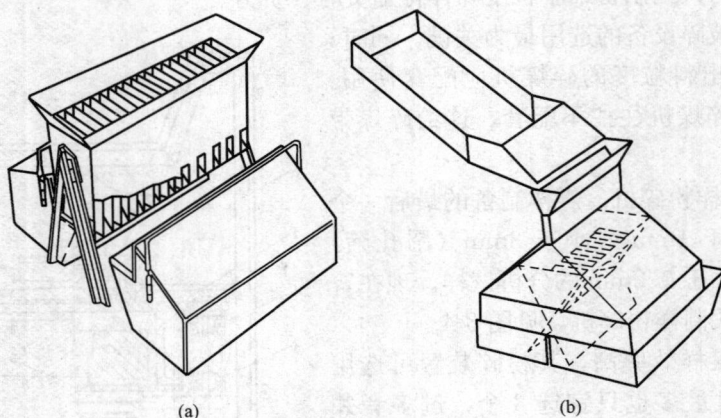

图 3-5　格槽二分器示意
(a) 开式；(b) 闭式

现根据二分器的原理，制成电动的缩分设备，凭借其往返运动而达到缩分的目的。煤样始终处于运动过程中，故不易发生堵煤。

应该指出，各种制样工具或机械，当煤的黏性及水分很大时（一般外在水分 M_f 大于 10%），将不可避免地产生不同程度的堵煤情况。制样筛筛孔堵塞、碎煤机、二分器局部堵煤，都是常见的，此时还需要人工疏通清理，以保证制样工作的顺利进行。煤样水分只要不是过大，应用上述各种制样设备及工具，还是能够满足电厂燃煤制样要求的。

三、联合制样设备

1. 联合制样设备的设计依据

ISO 1988—1975《硬煤采样》指出：机械采样，在原始煤样与最终样品之间只需一个或两个中间粒度，一般采用一个中间粒度即可。通常可取小于 10mm 或大于 3mm，其最小保留量对应为 10 或 2kg。这样制样，其流程较 GB 474—1996 的规定大为简化，从而使制样实现机械化成为可能。

GB 474—1996 规定，测定全水分煤样的粒度为小于 13mm 或小于 6mm，因而现时各类联合制样设备较多地采用小于 13mm 或小于 6mm 作为制样的中间粒度（二级制样流程）或最终粒度（一级制样流程）。

由于联合制样设备可大大提高制样效率、减轻工作人员劳动强度，将会越来越多的被电厂所采用。故在此对作者参与设计的一种联合制样设备加以简单介绍。

2. 小型联合制样设备

该小型联合制样设备的工作流程如图 3-6 所示。

由图 3-6 可以看出，该系统采取皮带给煤、二级碎煤、二级缩分流程。由本设备可直接取得测定全水分的煤样，用以制备分析试样及留作存查煤样的样品。

原始煤样(<240kg) → 皮带给煤机 → 一级碎煤机 出料粒度小于13mm → 一级缩分器 缩分比1/2、1/4或1/8可调 样品量>15~<30kg

测定全水分样品 不少于2kg

一级弃煤

二级碎煤机 出料粒度小于3mm (圆孔筛) → 二级缩分器 缩分比1/4 样品量>3.75~<7.5kg → 最终样品 (1)制备分析煤样 (2)存查煤样

二级弃煤

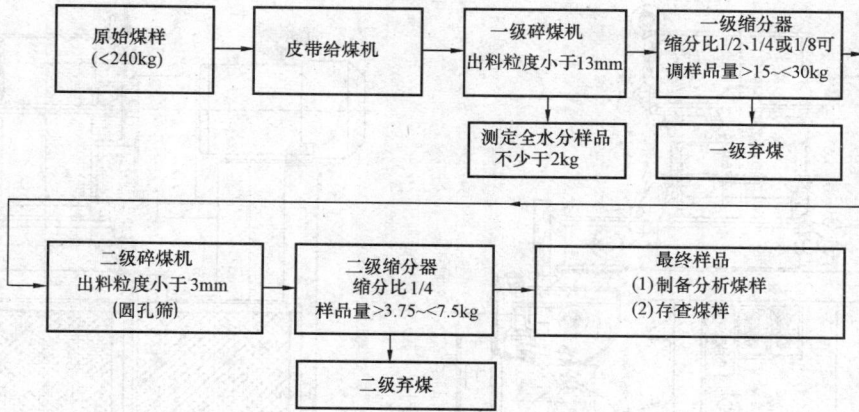

图 3-6　小型联合制样设备工作流程

该小型联合制样设备不仅可以取代制样的传统设备与方法，保证制样质量，大大提高制样效率（对100kg原煤完成制样，约需5min），而且可作为火车、汽车、皮带采煤样机配套制样系统。这也就是作者提出的分体式采煤样机的概念，将机械采样与机械制样作为两个独立系统，电厂入厂及入炉煤只要安装机械采样装置即可。这种联合制样设备可以共用，既提高了采煤样机运行可靠性，又能节约费用。

3. 国外联合制样设备

现介绍 ISO 1988—1975 中所示的一种联合制样设备，目前国内尚无此类产品，故作介绍。

该联合制样设备也是采用二级碎煤、二级缩分制样系统，它可从最大粒度小于150mm的煤样，直接制取小于0.2mm的样品，并可测定煤样中的全水分。因而，它比一般的联合制样设备具有更优越的功能。

该设备第一级破碎至粒度小于3mm，保留样品量为0.5～0.85kg，干燥粒度小于3mm的样品至空气干燥状态；第二级破碎将能使煤样粒度达到小于0.2mm。该设备还加装对磨细的样品用电加热法自动测定并记录水分含量的装量，参见图3-7。

该设备适用于煤的最大粒度小于150mm，其煤的水分含量可达15%，处理制备150kg样品约需25min。

以上情况是作者按英文资料摘译出来的，可为我们研究这一设备提供有利条件。这对国内生产厂来说，也具有一定的借鉴作用。

四、制样技术要点

GB 474—1996 规定了人工制样程序与方法，缩制程序见图3-8。

为了保证将原始煤样缩制成具有代表性的分析试样，就必须按照标准规定的方法与程序进行。制样时间不宜过长，一般不应超过2h。

图3-8给出了原始煤样的缩制流程，或者称为缩制系统。由该图可以看出，煤样的缩制实际上是分阶段或称为分级进行的，而各个阶段又是互相衔接的。不同阶段是以煤样粒度大小不同而划分的，通常分为25、13、6、3及1mm五个阶段，最后制成小于0.2mm的分析试样。在每一阶段，都必须进行筛分、破碎、掺和、缩分等相似的操作，只是各个阶段所保

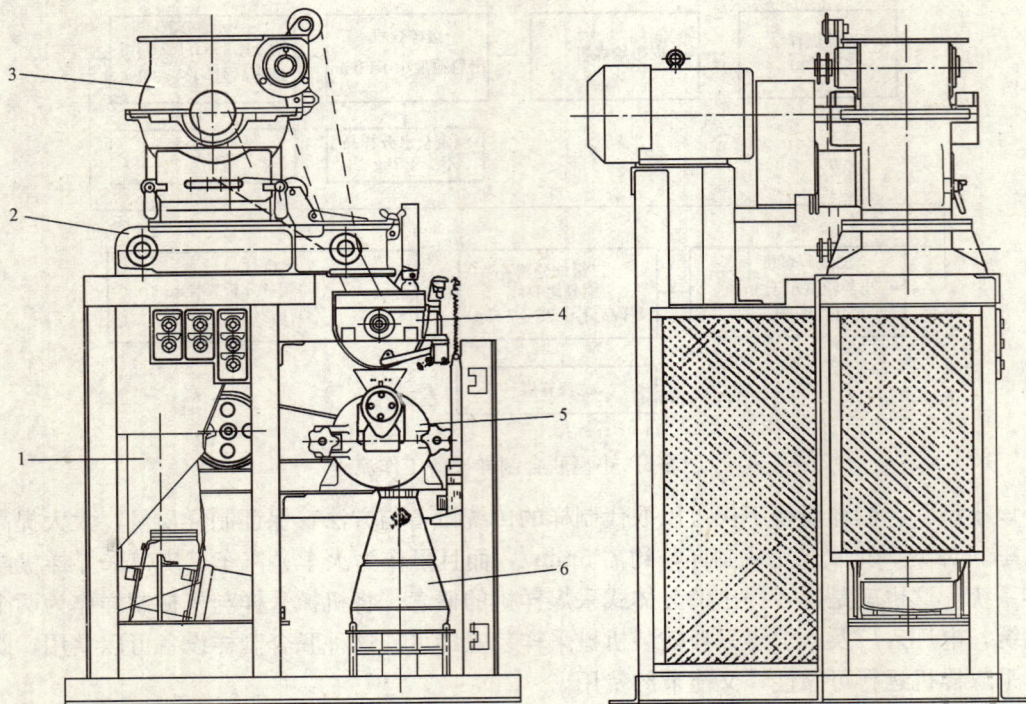

图 3-7　国外联合制样设备结构示意图
1—弃料斗；2—缩分机；3、5—锤击磨；4—干燥室；6—缩分机

留样品的数量不同，煤的粒度越大，所保留的样品数量越多。

制备煤样的技术要点是：对于原始煤样，必须全部通过 25mm 方孔筛后，才允许缩分。而每次缩分前，必须将煤样至少掺和三遍。

在煤样按图 3-7 缩制过程中，必须遵循煤样粒度与所保留样品的最小质量的关系。

煤是一种散粒的混合物料，它存在一个可以保持与原物料组成相一致的最小质量。此最小质量随煤的不均匀度随煤的粒度及灰分含量的增加而增大，同时还与制样精密度有关。显然，为保持与原煤样组成一致，对制样精密度要求就越高，必然所要求留样的最小质量也较大。故在实际制样时，是期望能够满足制样精密度要求而又不必保留过多的样品，见表 3-12。

表 3-12　　　　　　　　　煤样粒度与最小保留量之间的关系

煤样粒度（mm）	<25	<13	<6	<3	<1	<0.2
最小保留量（kg）	60	15	7.5	3.75	0.1	0.1

只要掌握上述制样技术要点，就可按标准规定完成煤样的制备。

五、煤样的制备

1. 分析煤样的制备

现举一实例说明制样方法。将 150kg 原煤样制成小于 0.2mm 分析煤样的程序是：

（1）将钢板清理干净，把 150kg 原煤样分几次用孔径 25mm 的方孔筛筛分，对未能通过筛的块煤破碎直至全部通过为止。

（2）按标准要求，粒度小于 25mm 的煤样，其最少保留量为 60kg，故可以缩分 1 次。

注意，每次缩分样品前，均应将煤样掺和均匀。一般情况下，至少掺和 3 遍，用堆锥四分法缩分，保留及舍弃各 1/2 样品。

（3）将所保留的样品用孔径 13mm 的方孔筛筛分，对未能通过筛的粗粒煤用碎煤机破碎，直至全部通过为止。

（4）对上述小于 13mm 的煤样掺和一遍（标准要求稍加掺和），压成煤饼，按九点法取出测定全水样的样品 2kg。

（5）按标准要求，粒度小于 13mm 的煤样，其最少保留量为 15kg，故可以缩分 2 次。掺和 3 遍后，缩分第 1 次，保留样品 36.5kg；再掺和 3 遍，再缩分 1 次，保留样品 18.2kg。

注意，采集测定全水分的样品，是当煤样破碎到小于 13mm 时，立即取样，而不是缩分后再取样。

从 13mm 起，用二分器或堆锥四分法

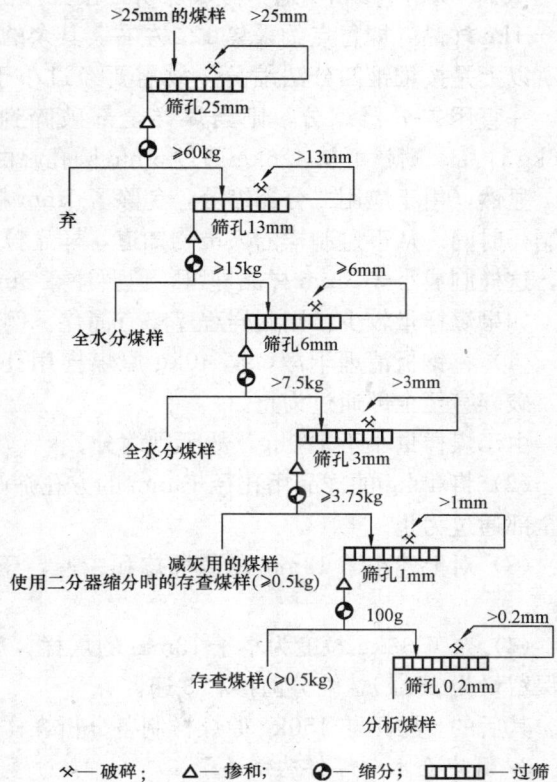

图 3-8　煤样制备程序图

缩分均可，如其后各粒度的煤样，均用相应的二分器缩分，则不必经过粒度小于 1mm 的阶段。

（6）对上述小于 13mm 的 18.2kg 煤样用 6mm 的方孔筛筛分，对未通过筛子的粗煤粒用碎煤机破碎直至全部通过为止。

（7）按标准要求，粒度小于 6mm 的煤样，其最少保留量为 7.5kg，故可以将 18.2kg 煤样，先掺和 3 遍后，缩分 1 次，这样留下 9.1kg 样品。

（8）对上述 9.1kg 小于 6mm 的样品用 3mm 的方孔筛筛分，筛上物继续用碎煤机破碎，直至全部通过为止。

（9）按标准要求，小于 3mm 的煤样，最少保留样品量为 3.75kg，故仍先掺和 3 遍，缩分 1 次，这样留下 4.6kg 的样品。

（10）对上述 4.6kg（小于 3mm）的煤样用 1mm 方孔筛筛分，筛上物再用碎煤机破碎，直至全部通过为止。

（11）按标准要求，小于 1mm 的煤样，最少保留量为 0.1kg。也就是说从 4.6kg 中取出 0.1kg，也就是说要掺和→缩分→再掺和→再缩分，反复进行 5 次才能完成。缩分 1 次，保留样品 2.30kg；缩分 2 次，保留样品 1.15kg；缩分 3 次，保留样品 0.58kg；缩分 4 次，保留样品 0.29kg；缩分 5 次，保留样品 0.14kg。

这种连续缩分方法也很麻烦。作者推荐的方法是，按上述方法缩分 2 次后，保留的样品为 1.15kg，然后掺和 3 遍，做成煤饼，按九点法（同测定原煤全水分样品的取样方法）采集 0.1kg 样品，即每点约采集 12g 左右。其余的样品全部留作存查样。

以上是按堆锥四分法缩分，故需要经过小于 1mm 粒级这一阶段，如从小于 13mm 以下，一直用二分器缩分，则当煤样全部破碎到通过 3mm 圆孔筛时，在上例中，同样是 4.6kg 样品，则就可从 4.6kg 通过 3mm 圆孔筛的样品中取出 0.1kg，从而完成制样程序。

显然，由于应用二分器缩分，免除了 1mm 粒级样品的制备，这将减小制样工作量，减少制样时间。从事过制样的人员均知道，样品粒度越小，制样越困难，故最好采用二分器缩分，这样制成小于 3mm 样品即可，但要注意 3mm 筛为圆孔筛而不是方孔筛。

如果煤样量较少，则制样程序略有简化。例如对 40kg 原煤样进行制备，其程序是：

（1）将钢板清理干净，把 40kg 原煤样用孔径 25mm 的方孔筛筛分。对未通过筛的块煤，破碎直至全部通过为止。

由于煤样量小于 120kg，故无须缩分。

（2）将 40kg 的样品用孔径 13mm 的方孔筛筛分，对未通过筛的粗粒用碎煤机破碎，直至全部通过为止。

（3）对上述小于 13mm 的煤样掺和一遍，压成煤饼，按九点法取出测定全水分的煤样 2kg。

（4）余下 38kg 粒度为小于 13mm 的煤样，后缩分一次（因为粒度小于 13mm，煤样至少保留量为 15kg），缩分前掺和 3 遍。

其后的步骤则与 150kg 原煤样制备分析煤样的程序相同。

2. 测定全水分煤样的制备

测定全水分对入厂煤量验收、入炉煤运行状态的监督以及收到基低位发热量的计算等方面，均有重要的应用。

测定全水分煤样的采集方法，GB 475—1996 中作出了规定。它可以单独采集，也可以在制备分析煤样过程中分取。

对于测定全水分的煤样，GB/T 211—1996《煤中全水分的测定方法》规定，其煤样粒度可以用粒度小于 6mm，也可以用小于 13mm 的样品。煤矿一般选用前者，电厂一般则选用后者。

不论采用何种方式采集测定全水分的煤样，都应按制样程序先将样品用孔径 25mm 的方孔筛筛分，未通过筛的块煤则破碎后，令其全部通过为止。

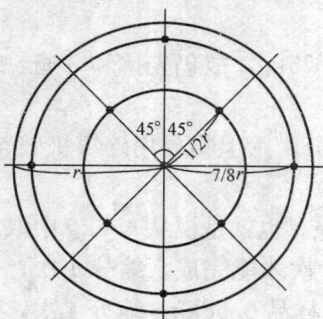

图 3-9　九点法取全水分
煤样布点图

按规定此时应保留样品量至少为 60kg。一般说来，测定水分的煤样数量较少，只要小于 120kg，就不必缩分；再用孔径 13mm 的方孔筛筛分，未通过筛子的粗粒煤样经破碎后，令其全部通过为止。

将上述全部通过 13mm 筛的煤样迅速掺和一遍，按图 3-9 所示的九点法取出测定全水分的煤样不少于 2kg。

取样前，将煤样堆锥，压平成扁圆形，煤层不宜太厚，这样可使煤饼面积较大一些，取样也就比较方便。压饼后，先可用十字分样板将煤饼分成如图 3-9 所示的 8 个相等的扇形。取样时，应采用专门的小工具在确定的 9 个点上分别采集约 230g 样品；取样后，将所取的约 2kg 煤样置于密封容器中，贴上标签，速送化验室测定全水分。

如是采集小于 6mm 的样品测定全水分，则在制取到粒度小于 6mm 时取样，其方法同上，只是数量为 500g，即每点至少采集 56g。

3. 测定空气干燥水分煤样的制备

测定空气干燥水分煤样实际上也就是整个制样过程中最后一个环节：小于 0.2mm 空气干燥煤样的制备。

测定空气干燥煤样的水分，其样品是由粒度小于 1mm 或小于 3mm（圆孔筛）的样品，应用密封或制粉机直接磨制而成。

制备空气干燥煤样的一个重要标志是：样品必须达到空气干燥状态。所谓空气干燥状态，是指试样在空气中连续干燥 1h，其质量变化应不大于 0.1%。

日常工作中，有一个定性检验煤样是否达到空气干燥状态的方法是：同一支擦干净的玻璃棒搅动煤样，如棒上沾附煤粉，则表示尚未达到空气干燥状态；如棒上不沾附煤粉，则表示已达到空气干燥状态。

如果空气湿度太大，比如阴雨天，煤样在自然干燥条件下不易达到恒重，则允许采用低温（50℃以下）干燥直至达到恒重。如果将煤样摊薄一点，将其置于通风处或湿热处，如窗台下或高温炉上方，并常常搅动，均有助于加速煤样自然干燥的进程。

由于煤样由原煤经分级制备，历经多个阶段，当达到了小于 1mm 粒度时，一般说来煤中绝大部分外在水分已经去除。要使粒度小于 1mm 的 100g 煤样达到空气干燥状态并不难，故通常情况下不必采用低温干燥法，特别是我国北方地区更是如此。

煤样在制备到粒度小于 0.2mm 前或后，达到空气干燥状态均可。

制备空气干燥煤样时，一个相当常见的问题是：制样人员为加速完成制样，不论煤的外在水分大小，都是将样品置于干燥箱中加热干燥。有的电厂控温温度为 50℃，时间为 1～3h；有的电厂甚至不控制温度，甚至温度高达 100～200℃ 条件下干燥 1h。这样，空气干燥水分已基本或完全丧失，从而实测的空气干燥基水分 M_{ad} 往往只有 0.1% 或 0.2%，甚至出现负值。

电厂制样人员说，这是标准的规定，但查阅 GB 474—1996 时，标准 6.11 条的两段文字如下：

在粉碎成 0.2mm 的煤样之前，应用磁铁将煤样中铁屑吸去，再粉碎到全部通过孔径为 0.2mm 的筛子。并使之达到空气干燥状态，然后装入煤样瓶中（装入煤样的量应不超过煤样瓶容积的 3/4，以便使用时混合），送交化验室化验。

空气干燥方法如下：将煤样放入盘中，摊成均匀的薄层，于温度不超过 50℃ 下干燥，如连续干燥 1h 后，煤样质量变化不超过 0.1%，即达到空气干燥状态。空气干燥也可在煤样破碎到 0.2mm 之前进行。

以上两段是标准 GB 474—1996 中 6.11 条的原文。在第一段中，要求将煤样粉碎到全部通过孔径为 0.2mm 的筛子。实际上采用密封式制粉机制粉，只要按要求操作，制出的煤粉一般粒度均小于 0.2mm，而不用筛分。煤粉越细，筛分操作也越难。所以实际工作中，要求放入制粉机中待粉碎煤样的粒度及数量要严格控制，粒度为小于 1mm 或小于 3mm（圆孔筛），数量不超过 100g，一般粉碎 1.5～2min，就完全可以达到小于 0.2mm 粒度的要求。

该条文还规定，先要用磁铁吸去煤样中的铁屑，煤样装瓶量不超过瓶容积的3/4，这都是必要的。

该条文第二段则规定了空气干燥方法，这就是电厂制样人员进行制样操作的依据。文中的"于温度不超过50℃下干燥"与GB/T 483—1998中的含义也是不一致的。

同样是国家标准，GB/T 483—1998《煤炭分析试验方法一般规定》中3.1条是这样规定的：分析试验煤样（以下简称煤样）一律按GB 474制备。在制煤样时，若在室温下连续干燥1h后煤样质量变化不超过0.1%，则为达到空气干燥状态。

电厂采制样人员在实际工作中，主要是依据GB 474—1996来制样的。显然，该标准中"于温度50℃下干燥"的规定是不妥的。

作者近年去了华中、内蒙及山东一些电厂，多次看到一些电厂入厂煤空气干燥基水分为0.1%～0.2%，这些与真实情况相距甚远。作者判断，造成这种情况的原因是在制备空气干燥煤样时，干燥温度过高或不必应用低温干燥的煤样又在50℃干燥数小时所致，既造成空气干燥基水分的损失，又延长了制样时间。

某电厂所测的两份煤样，一份空气干燥基水分 M_{ad} 为0.27%；另一份为0.14%。经检查发现，这是该电厂将煤样置于170℃下干燥所致。特别是煤样磨制成粉后，立即装入煤样瓶中，又装得比较满。在此情况下，立即称样并进行各项特性指标的测定，必然使空气干燥基水分测值严重偏低，而其他指标的测值则统统偏高。这是由于煤样实际上处于干燥或半干燥状态，任何一特性指标的干燥基值总是高于空气干燥基值，而检验结果却仍以空气干燥基表示。

为了用实验来验证这一推断，作者将上述两份煤样倒入浅盘中，置于空气中3h后，重新测定空气干燥基水分，结果原 M_{ad} 为0.14%的煤样变为1.19%；另一份原 M_{ad} 为0.27%的煤样变为1.66%。再重新测定灰分、挥发分、发热量等，其测值统统下降。如一份煤样灰分 A_{ad} 由28.62%降至26.02%；另一份由27.94%降至27.12%。

上述情况的产生，与标准中条文欠妥不能说没有关系。此事造成的影响很大，在一些电厂中，入厂、入炉煤空气干燥基水分 M_{ad} 常年为0.1%～0.3%，同时也影响其他指标测值的可靠性。各电厂应加以注意。

还有一点需注意，在制备空气干燥基煤样时，应采用粒度小于1mm或小于3mm（圆孔筛）的样品100g，置于制粉机的粉碎装置中，但有的制作人员不按此要求操作，而将较粗粒煤样放入其中粉碎。这不符合制样程序与要求，所制出的样品粒度较粗，样品不具代表性，各项指标测定精密度均很差，应力求避免。另一方面，即使制样符合规定的程序，制取的粉样粒度也符合要求，但将煤样瓶装得满满的送入化验室，化验人员立即称取尚未冷却的热粉样品，也将影响检测结果的可靠性。

因此，这里建议有关人员，为了确保分析样品真正达到空气干燥状态，化验人员收到分析样品后，不妨将样品倒入干净的浅盘中，摊平，置于空气中20～30min，再装入瓶中，供分析之用。

六、制样精密度的检验

GB 474—1996要求，在一定条件下应检验制样精密度，这在本节一开始也已说明。

检验方法如下：

将煤样混匀后缩分出2部分，将它们分别制样，分析 M_{ad}、A_{ad}，换算成 A_d 值，求出二

者 A_d 的差值 h。

制备 20 个同种煤的煤样。连续 10 个 h 值的绝对值为一组，不能选择分组，求出每组的平均值 $\bar{h}$。

如连续 2 组的平均值 $\bar{h}$ 均小于 $0.37P$，则认为煤样制备符合要求。如一组平均值 $\bar{h} > 0.37P$，则应查明原因，以提高制样精密度。P 为采样精密度，实际上它为采样、制样及化验的总精密度。

样品与余煤 A_d 值的对比见表 3-13。

表 3-13 样品与余煤 A_d 值的对比 %

组别	样品 A_d	余煤 A_d	样品—余煤 ΔA_d	组别	样品 A_d	余煤 A_d	样品—余煤 ΔA_d
1	27.69	28.29	−0.60	11	27.20	27.31	−0.11
2	24.61	25.76	−1.15	12	27.56	27.46	+0.10
3	26.71	26.66	+0.05	13	23.47	24.39	−0.92
4	26.54	26.07	+0.47	14	22.53	22.55	−0.02
5	26.13	26.50	−0.37	15	24.28	23.08	+1.20
6	29.90	29.16	+0.74	16	24.26	24.78	−0.52
7	22.95	23.57	−0.62	17	24.74	24.89	−0.15
8	30.95	30.43	+0.52	18	27.17	24.99	+2.18
9	23.97	24.13	−0.16	19	24.22	24.81	−0.59
10	21.67	22.68	−1.01	20	28.16	28.32	−0.16

将 1～10 号列为一组；11～20 号列为另一组，求得灰分 A_d 差值的平均值 $\bar{h}_1$ 及 $\bar{h}_2$。

$\bar{h}_1 = 0.57\%$

$\bar{h}_2 = 0.60\%$

$\bar{h}_1$ 及 $\bar{h}_2$ 均小于国标规定的 $0.37P$，即 0.74% 的要求，故制样精密度合格。

特别强调的是：1～10 号、11～20 号依次作为一组，不可选择配对；计算时一定是绝对值。有的单位按算术平均值计算，结果正负值在很大程度上相抵消，从而得出精密度良好的结论是不对的。

从定性的角度去考虑，制样精密度的检验是不难理解的。在制样时，保留的样品与舍弃的余煤 A_d 越接近，说明样品均匀性越好，缩分设备及缩分操作不存在什么问题，自然此时制样精密度就较高，反之，则较低。

电厂入厂及入炉煤的采、制样，是电力用煤技术的重要组成部分，故本章也是本书的重点内容。

要掌握燃煤的采制样技术，首先就得对采制样的重要性及其技术难度有一个正确的认识。我国一些电厂中对燃煤采制样不重视，甚至很不重视的情况应尽快得到改变。现在煤炭费用已占发电成本 70% 以上，加强燃煤监督，特别是采制样监督，显得尤为重要与迫切。另一方面，也只有掌握了燃煤的人工采制样技术，才能有助于加速实现采制样机械化进程，将电厂用煤技术提高到一个新水平。

第四节　煤流机械采制样技术

实现机械化采制样，既可避免人为的操作误差，保证采制样质量，又可大大减轻采制样人员的劳动强度，大大提高工作效率。在电厂中，加速实现入厂及入炉煤采制样的机械化，已成为必然的发展趋势。

DL/T 567.2—1995《入炉煤和入炉煤粉样品采取方法》中规定，电厂入炉煤，应从煤流中实施机械采制样，从而大大推动了煤流机械采制样技术的发展与应用。如今在多数大中型电厂中，输煤皮带上已普遍安装了各类煤流采样机，尽管数量不少，但真正能达到国家标准规定要求，即采制样精密度合格，不存在系统误差，且年投运率又能达到 95％ 的设备为数不多，估计不超过 30％，而能够达到电力行业标准要求的设备几乎没有一台。这说明我国煤流机械采制样技术的研究，应该从数量上扩大转到以质量提高为重点的轨道上来。

煤的人工采制样，只适用于较小生产规模及较低的技术要求。ISO 1988—1975《硬煤采样》指出，输煤皮带速度超过 1.5m/s，煤层厚度超过 0.3m，流量大于 200t/h，就不宜进行人工采样。当今电厂进入以 30 万及 60 万 kW 为主力机组的时代，所配用的输煤皮带带宽为 1000～1500mm，流量为 800～1500t/h，带速多在 2.5m/s 左右，高者则大于 3m/s，煤层厚度为 0.3～0.5m，故不宜再使用人工采样。

在讲述人工制样方法时，特别强调了制样时，煤样的粒度与最小保留量的关系要符合国标规定。制样过程中，按煤的粒度大小，逐级破碎与缩分。显然，按人工制样程序实施机械化采制样，将是极其困难的。对于机械化制样系统，国际标准为我们提供了设计依据，ISO 1988—1975 规定，制样过程中，煤样可选择一个中间粒度，10mm 或 3mm，其对应的样品保留量不少于 10kg 或 2kg。

机械采样与人工采样原理是相同的，而机械制样过程中只要选择一个中间粒度，从而大大简化了制样系统流程，使得实现机械化采制样成为可能。当今各类采煤样机的制样系统，多采用一级碎煤、一级缩分流程，正基于此。

一、对采煤样机的技术要求

煤是很不均匀的散装大宗固体物料，要从一采样单元煤中采集相对少量的煤样，然后再将它缩制成极少量的最终样品，要求它能保持该采样单元煤的平均质量与特性，也就是说具有代表性，有着很高的技术难度。

例如一采样单元煤量为 1000t，采集的煤样量为 100kg，其比例如 10^4∶1；而由 100kg 原煤样，最终缩制成 0.1kg 的分析试样，其比例为 10^3∶1。也就是说，0.1kg 的最终样品应能代表原 1000t 煤的平均质量，最终样品仅为原煤量的 $1/10^7$，即一千万分之一。

当然，采制样的技术难度还与煤的不均匀性及对采制样的精密度要求密切相关。煤的不均匀性越大，对采样精密度要求越高，对采煤样机的技术要求也越高，实现其目标的难度也越大。

当今国内外生产并使用的采煤样机均将采样与制样系统组合于一体中，边采样，边完成制样。故目前所用的机械采制样装置，实际上应称为采制煤样机，一般则简称为采煤样机。

无论是煤流还是静止煤采样机，其主要技术要求是相同的。

（1）采样应具有代表性，精密度应符合有关标准要求，且不允许存在系统误差。

（2）制样应具有代表性，煤的制样与分析方差应符合 $0.05P^2$ 的要求，P 为采制化总精密度，且不允许存在系统误差。

（3）采煤样机应具有运行可靠性，其年投运率达到 95％ 以上，检修周期要与输煤系统大致相同，一般为 1～2 年。

二、采煤样机的系统流程

无论是煤流采样机，还是静止煤（指火车、汽车煤）采样机，其采制样系统流程有其共同点。

1. 二级碎煤、二级缩分流程

采用一级采样器采样→一级给煤→一级碎煤→二级给煤→一级缩分（二级采样）→二级碎煤→二级缩分（三级采样）→最终样品。

上述系统中的主要设备为采样器（俗称采样头）、给煤机、碎煤机、缩分机。

一级采样器，又称初级采样器；二级采样器则相当于一级缩分机；三级采样器相当于二级缩分机。采样器与缩分机具有相似的功能，即从相对大量的煤中，缩分或取出一小部分煤样，它能代表原煤样的平均特性。国外产品多用二级采样器取代一级缩分机，三级采样器取代二级缩分机。采样器一般不会发生堵煤，而缩分器则是制样系统中最易发生堵煤的设备。

该系统一般适用于大型电厂的煤流采样机的设计。

一级缩分将产生较大量的弃煤，或称余煤。例如 1 个完整子样为 20kg，缩分比为 1：20，则样品量为 1kg，弃煤就达 19kg，因而必须要对弃煤进行适当处置。

弃煤尽可能实现自排，即排至下层皮带带走或排往其他合适去处。如不能实现自排，则多将弃煤通过提升装置——常用斗式提升机将弃煤提升至原皮带带走。

2. 一级碎煤、一级缩分流程

采用一级采样器采样→一级给煤→一级碎煤→二级给煤→一级缩分（二级采样）→最终样品。

一级缩分产生的弃煤，同样力求自排或做其他处理。

该系统一般适用于中小型电厂煤流采样机的设计，同时，静止煤采样机也多采用这种流程设计。如果子样量不是太大，二级给煤可省略，系统将进一步简化。

根据我国标准的规定，测定全水分的煤样粒度应该小于 13mm 或小于 6mm；制备分析试样的煤样粒度应该小于 1mm 或者小于 3mm（圆孔筛）。因而结合我国标准的相关规定，国产煤流采样机如采用二级碎煤、二级缩分流程，则一级碎煤出料粒度多为小于 13mm 或小于 6mm；二级碎煤出料粒度多为小于 3mm（圆孔筛）；如采取一级碎煤、一级缩分流程，最终样品粒度多为小于 13mm 或小于 6mm。也就是说，由采煤样机所制取的煤样，还要在制样室作进一步制备，以制取分析试样。

三、采煤样机的类型及主要部件

煤流采样机根据采样装置安装在输煤皮带上的部位不同分为皮带中部及皮带端部两种类型。它们的主要区别在于安装位置不同，从而致使采样装置结构有所差异，也显示它们各自优点与不足。

1. 采煤样机的类型

（1）皮带中部采煤样机。该类型采煤样机，采样装置安装位置有足够的选择余地；中部采样装置一般结构较简单，占据空间小，设备费用较低；该类型采煤样机较适合在已投产的电厂中加装，这些是其主要优点。不足之处在于，某些产品如刮板式所采子样量太少，代表性较差。

（2）皮带端部采煤样机。该类型采煤样机，采样装置安装位置没有更多选择余地；端部采样装置一般结构要复杂一些（也有结构十分简单的），占据空间大，设备费用较高；该型采煤样机主要适合于新建电厂中安装或者要在电厂中预留其安装位置。该类型采煤样机的主要优点在于可采集到煤流的一个完整子样，从而保证采样具有较高的代表性。

不过要指出的是，中部采样装置也可以采集到一个完整子样；而端部采样装置也不一定能采集到一个完整子样。例如某电厂输煤皮带带宽为 1200mm，额定流量为 1200t/h，带速为 2.5m/s。设采样器开口宽度为 150mm，它相当煤的最大粒度 50mm 的 3 倍，则

该输煤皮带的输煤量为

$$1200t/h = 333（kg/s）$$

由于带速为 2.5m/s，即在 2.5m 带长上的煤量应为 333kg，故采样器动作一次，所截取的煤量为

$$0.15/2.5 \times 333 = 20（kg）$$

也就是一个完整子样量为 20kg。本例是电厂中常见情况，并不特殊，然而每个子样要能达到 20kg 的采煤机为数甚少。我国各类采煤样机单个子样量多在 5~10kg 左右，有不少甚至不足 5kg。

要采到一个完整子样，不存在什么技术上的难度，如果将采样器开口宽度足够大或接料斗设计容量比较大即可。但是子样量越大，制样难度越大，制样系统的受堵可能性急剧增加，因而电厂并不期望要采集很大量的煤样。再说决定采样精密度的主要因素是子样数而不是子样量，因此我国电厂中的煤流采样机仍处于一个较低的水平，今后要走的路程还很长。

2. 采煤样机的主要部件

任何一种类型的采煤样机，包括煤流与静止煤采样机，其主要部件就是采样装置（采样头）、给煤机、碎煤机、缩分机、弃煤处理装置、设备电控装置、落煤管等，其中最为重要的为采样装置、碎煤机及缩分机。

至于煤流采样机，无论是中部还是端部采样，只是采样装置结构与安装位置不同，其他设备的要求都是一样的。

（1）采样装置。

1）中部采样装置。早期生产的皮带中部采煤样机，均配用刮板式采样头，如图 3-10 所示。

该类型的采样头结构简单，所采子样量少，无法采集到皮带全断面，更无法采集到皮带全厚度的煤，故采样代表性不高。如果煤质较均匀，采样头运行正常的话，用于某些低参数皮带上采样，也还是能够达到国标规定的采样精密度要求的。

近期皮带中部采煤样机，则多配用刮斗式采样头，见图 3-11。

刮斗式采样头有用液压，也有用电动机驱动的。

对电动机驱动的，实现 360° 单向旋转、单侧排样。对液压驱动的，有单向、升起返回，单侧排样，也有双向摆动，单、双侧排样之分。其中较多应用液压驱动、单侧排样。

作者于近年参与设计的一台皮带中部

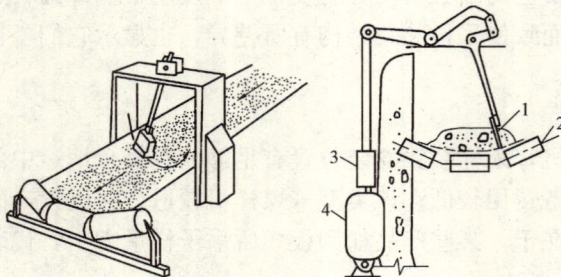

图 3-10　刮板式采样装置结构图
1—铰链；2—输煤皮带；3—液压推动器；4—变位重锤

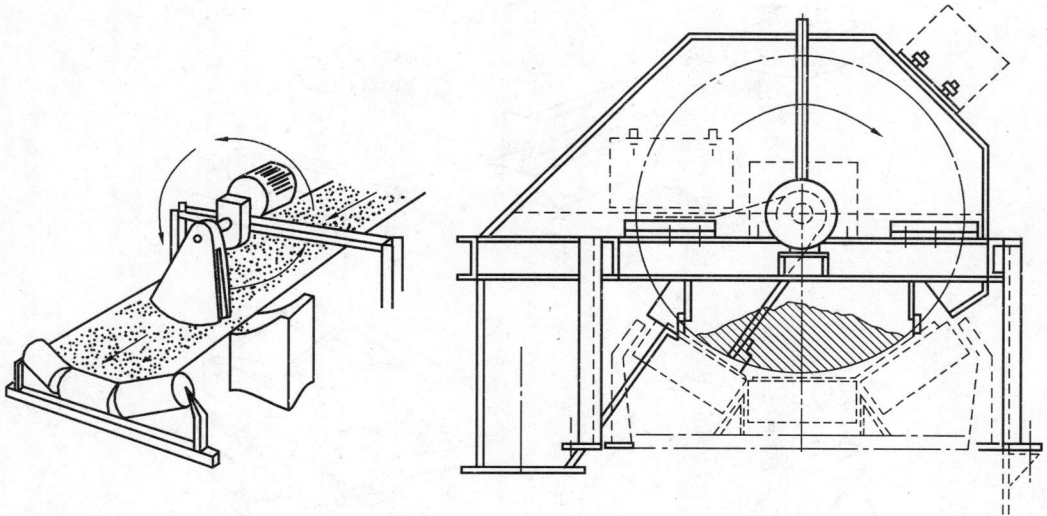

图 3-11　刮斗式单向摆动、单侧排样采样装置

采煤样机的采样头就是刮斗式。输煤皮带宽度为 1200mm，带速 2.5m/s，额定流量为 1000t/h，煤的最大粒度小于 30mm（该采样机装在电厂大碎煤的后方），采样器开口宽度为 140mm，相当于煤最大粒度的 4.7 倍，采样头以 10m/s 以上的速度切割皮带全断面，基本上实现了不留底煤，每个子样量为 14～20kg，确实采集到一个完整子样，对灰分 A_d 为 30％左右的入炉煤，其采样精密度达到±1.39％。

刮斗式采样头要显著地优于刮板式，当然要保证达到预期的采样效果，还有很多技术问题需要解决，如采样头的加工、控制系统的设计等，本书就不细述。

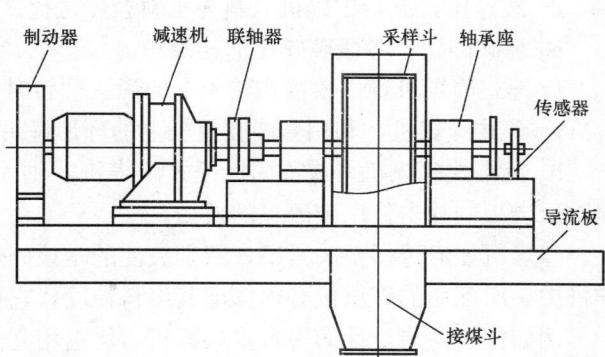

图 3-12　刮斗式采样装置示意图

2）端部采样装置。皮带端部采样类型很多，各有特点。相对于皮带中部的刮板式采样头来说，其采样代表性要高，但不一定比刮斗式好。常见的皮带端部采样装置如图 3-13 所示。

如果上述各种类型的采煤样机所配用的接料斗足够大，其长度大于输煤皮带宽度，其宽度大于煤最大粒度 3 倍，其容积足以容纳一个完整子样煤量，那么这样的采样，其代表性一定可以得到保证。然而我国一些皮带端部采煤样机接斗设计容量过小，以防制样产生更大困难，一般说来一个子样仅仅在 5kg 左右，能达到 10kg 就算很好了。

（2）碎煤设备。碎煤机也是采煤样机中的关键性设备。碎煤机的类型很多，为了正确选用碎煤机，应对碎煤方面的常识有所了解。

1）名词术语。

a. 开路破碎，破碎产品中超粒不再返回破碎的作业。所谓超粒，是指破碎产品中大于要求粒度的颗粒。

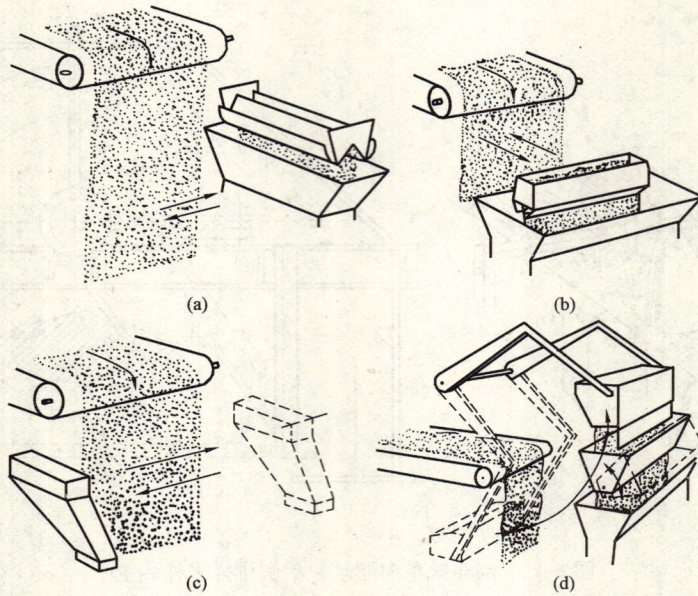

图 3-13　皮带端部各种采样装置示意

（a）切割料斗式（一）；（b）切割料斗式（二）；（c）切割槽式；（d）摇臂式

b. 闭路破碎，破碎产品中超粒返回破碎的作业。

c. 一（二）段破碎，只进行一次（二次）的破碎作业。

d. 破碎比，泛指破碎机入料与出料粒度之比。

e. 总破碎比，各段破碎比的连乘积。

f. 锤式碎煤机，供铰接在转子上的锤头回转时的打击作用，破碎煤的机械。

g. 环式碎煤机，利用套装在枢轴上的环形锤头与棒条之间的剪切作用，破碎煤的机械。

h. 反击式碎煤机，或称固定锤式碎煤机，供固定于转子上的锤头回转时的打击作用及煤对反击板的冲击作用破碎煤的机械。

碎煤机如何选择至关紧要，特别关注的是该碎煤机进料与出料粒度，即破碎比。在采煤样机中，所配用的碎煤机必须保证其出料粒度，它可以采取多种方法加以控制。

例如作者参与设计的多台采煤样机，均选用立式环锤碎煤机作为初级碎煤设备。加装减速机后，转速控制在 250～300r/min，出料粒度小于 13mm；转速控制在 500～600r/min，出料粒度小于 6mm；转速控制在 900～1000r/min 出料粒度则小于 3mm。

实施闭路破碎，可以保证出料粒度、控制筛网孔径，从而控制出料粒度。

2）各式碎煤机。对于人工制样的各种碎煤机已作了介绍。在采煤机中，配套使用的碎煤机类型很多，其中以环锤式碎煤机应用较多。现对各式碎煤机的结构作一简要介绍。

3）环锤碎煤机。它又分为立式及卧式环锤碎煤机两类，见图 3-14。

由于立式环锤碎煤机的样品破碎空间较大，又呈立式，有利于煤样的排出，不易发生堵煤，因而应用更多。

4）颚式碎煤机。这在人工制样中已作了介绍，见图 3-15。

5）异径对辊式碎煤机。该类型碎煤机，一般作二级碎煤机配套使用，见图 3-16。

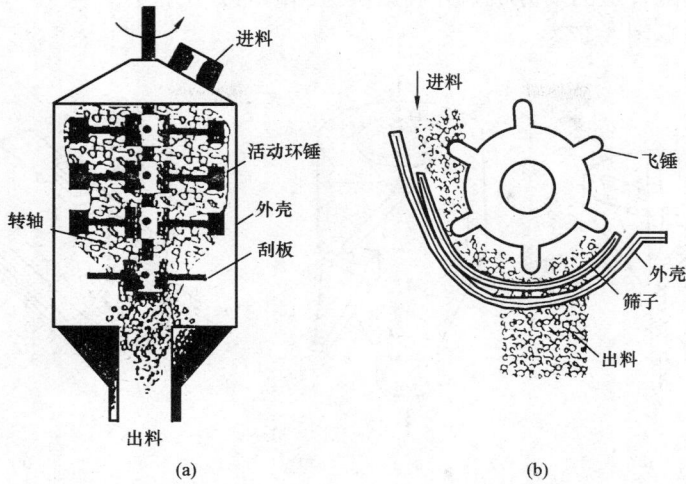

图 3-14　环锤式碎煤机

（a）立式环锤碎煤机；（b）卧式环锤碎煤机

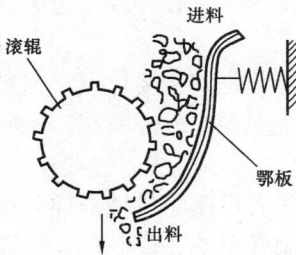

图 3-15　活动单颚式
碎煤机示意图

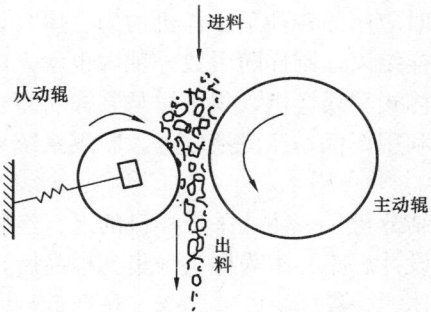

图 3-16　异径对辊式碎煤机示意图

对于其他类型的碎煤机，本书就不多加介绍。

（3）缩分设备。缩分机必须与碎煤机出力相匹配。缩分机的一个重要参数是缩分比。所谓缩分比，是指缩分出来的样品占总样的百分率。例如从 100kg 煤样中缩分出 2kg 样品，其缩分比为 2∶100 或 1∶50。

缩分机类型很多，一般转速均较低，约为 40r/min。在采煤样机中配用的缩分机，其缩分比不宜过大。例如 1∶180 或 1∶360，缩分比大，看上去缩分效率高，但缩分比大，则缩分口必然很小，那么粗粒煤样就进不了缩分机，致使缩分出来的样品粒度偏细、灰分偏小、热量偏高，易导致系统误差的产生；另一方面，缩分口越小，则越易堵煤。如果要加大缩分比，可采用 2 台低缩分比的缩分机相串联。例如缩分比均为 1∶18 的两台缩分机串联后，总缩分比则为 1/18×1/18＝1∶324。

缩分机有时也称为缩分器。前文已指出，国外设备多用二级、三级采样器来代替一级、二级缩分机。

缩分机是采煤样机制样部分最易产生堵煤的设备，而且往往又是产生系统误差的主要来源，因此，必须选配合适的缩分机，并确定其适当的缩分比。

常用的缩分机见图 3-17。

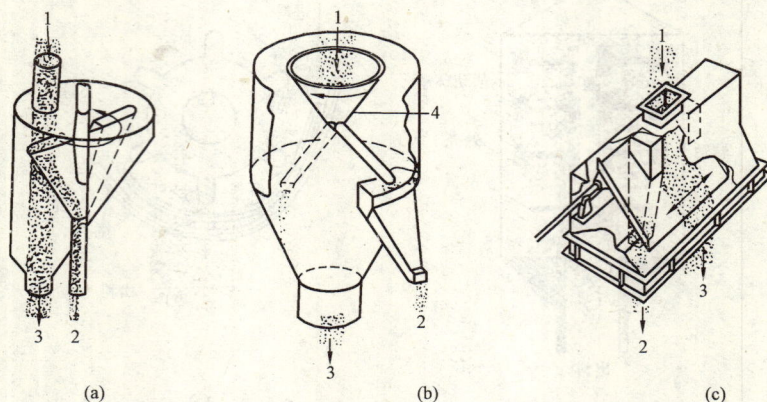

图 3-17　各类缩分机示意图
（a）旋槽式缩分机；（b）旋锥式缩分机；（c）切割槽式缩分机
1—进料；2—样品；3—弃煤；4—旋转锥体

四、分体式采煤样机

现时应用的各种采煤样机均为一体式，即将采样与制样系统组合在一起，边采样、边制样，采样结束，制样随后数分钟内也就完成。

一体式采煤样机，集采样与制样功能于一体，故结构紧凑，是其主要优点。但是这类采煤样机利用率低，经济性较差，制煤系统易堵，且易出现系统误差，故障率高，维修又不方便。

总结分析了一体式采煤样机的运行经验与存在问题后，作者提出将机械采样与机械制样分开的设计思路：由采样头采集到样品后，集中送至自动化制样系统完成制样，从而组成了一种分体式采煤样机。并经受了长期运行实践的检验，年投运率达到 100% 的水平。

（1）采、制样系统流程。

1）采样系统。采样流程如下：输煤皮带运行→刮斗式中部采样装置每隔 2.5min（时间间隔可调）自动动作→采样装置横截皮带全断面采样（随皮带流量不同，每个子样量为 14～20kg）→通过落煤管收集所采集的样品。

2）制样系统。分体式采样机的制样系统采用二级碎煤、二级缩分流程：原煤样置于料斗中→提升至贮煤仓→进入皮带给煤机→低速立式环锤碎煤机→初级缩分机→样品进入二级碎煤缩分机→获得粒度小于 3mm 的样品。

制样系统流程见图 3-17。当煤样经初级碎煤机破碎到粒度小于 13mm 时，可取出测定全水分的煤样。

（2）采、制样系统特点。要设计制造一台性能良好的采煤样机，仅仅确定了合理的系统流程，选择配套良好的碎煤机与缩分机，仍然是不够的。一台采煤样机涉及众多领域的技术。通过本书的简要介绍，或许会给读者一点启示。

1）采样系统。采样装置为刮斗式，用不锈钢加工制造其核心部件。刮斗式要优于传统的刮板式，一是它的采样量大，代表性好；二是本机设计的采样器开口宽度相当于煤最大粒度的 4.7 倍（通常为 2.5～3 倍），故所采样品不易产生系统误差；三是选用特殊的限位装置，以保证采样器不会停留在皮带中间；四是选用堵转电机为动力，以确保在湿煤及皮带流量较大时也能可靠运行；五是落煤管采用大口径、不锈钢管制造，采取垂直布置，既方便落煤管穿过楼层，又不易堵煤。

输煤皮带两侧采样装置采用两套控制系统，每一侧采样装置又有自动及手动两种控制方式，以防控制系统一旦出现故障而影响运行。自控系统采用逻辑程序控制器（PLC）对采样装置的运行予以控制，它比传统的控制方式具有更高的可靠性。

2) 制样系统。制样系统中主要设备见图 3-18，此外还有图中未显示的微电脑控制装置等。

上料装置装煤量为 120kg，其料口与地面齐平，便于将待制的小车中煤样倾入料斗中。采用卷扬机将料斗沿导轨提升至贮料仓的上方（4.5m）后，煤样自动倾卸于贮料仓中，然后料斗返回原位。贮料仓为一倒圆锥形的料斗，下部开口的开度由一电动门控制，以调节下落煤的流量。运行表明此电动门作用不大，后停用。

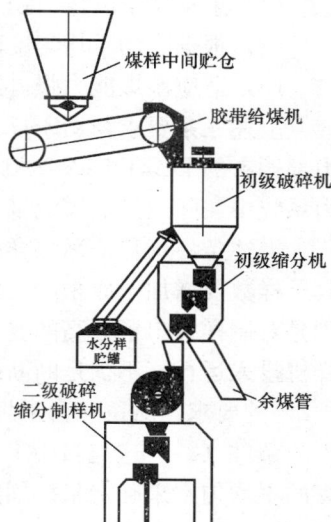

图 3-18 分体式采煤样机中的制样系统

皮带给煤机在整个制样系统中起了十分重要的作用，它既减轻了碎煤机与缩分机的压力，避免瞬间负荷过大；又使得煤样连续均匀地通过碎煤机与缩分机，使其得以平稳运行且提高制样精密度。皮带给煤机运行速度极低，仅为 0.025m/s。

初级碎煤机为自制的低速立式环锤碎煤机，实施开路碎煤作业。出料粒度完全由环锤的转速与层数来控制，不存在堵煤问题。从理论上讲，煤样在立式环锤碎煤机的内腔下落的过程，也就是煤样被破碎和被混匀的过程。故我们在其最下层的环锤的下面加装了一块伞形板，并在腔壁上开了一个缩分口，这样煤样下落时碰到伞形板就会飞向四周，进入缩分口的煤样就是测定全水分的煤样，其余的则落入下一个环节。

本机中所采用的缩分机，是一种往复式带格槽的新型缩分机，既能保证样品的代表性，又降低了堵煤的可能性。初级缩分比设计为 1∶16，二级为 1∶8，总缩分比为 1∶128。

二级碎煤缩分机由一小型卧式环锤碎煤机及一个往复格槽缩分机组合而成。

微电脑控制装置中的全部电控设备都安装在控制装置内，面板上有设备运行模拟图及各种指示灯。该装置操作简便、自动化程度高、制样量大（每小时可制样 1200kg）。一般情况下，制样系统采用微电脑程序控制方式运行，同时也可采用单机带闭锁运行方式手动操作。

有关煤流采样机的设计、制造、运行、安装、鉴定及维护管理等方面的问题很多，难以尽述。

DL/T 567.2—1995 规定，电厂入炉煤要实行机械化采制样。因此，各个电厂要重视煤流采样机的使用，积累经验，不断提高设备的运行水平。

五、电力系统对煤流采样机的要求

1993 年 11 月电力部颁布的《火力发电厂按正平衡计算发供电煤耗的方法》中指出，机械采样装置是目前惟一能够采到具有代表性样品的手段。入炉煤采样机的安装位置最好选在输煤皮带端部下流煤流处。

该方法明确指出，机械采样装置应符合下列条件：

（1）采样精密度按 A_d 计，要求在±1%以内。

（2）根据煤的不均匀度确定周期（或一定煤量截取整个煤流截面）。

（3）适应湿煤能力强。当煤的外在水分 $M_f<12\%$ 时，能正常运行。

上述三条要求与 GB 475—1996 与 GB 474—1996 相比，技术要求要高得多。1995 年电力部颁布的 DL/T 567.2—1996，再次对入炉煤采、制样机械化，重申了上述要求。现在电力系统中实际运行的煤流采样机相距甚远，这应该成为煤流采样机的研究与发展的方向。

上述条件（1），采煤样机的采样指密度要由±2%提高到±1%，就是说，相同量的煤，其子样数要增加至原来的 4 倍，或者说，采样间隔，缩短到原来的 1/4。这不仅对采样，特别是对制样提出了极高的要求。估计这也不是短期能够普遍实现的。第一步应使现有的采煤样机投入运行（不少是断断续续运行）；第二步达到正常运行后，根据国家标准采样精密度±2%的要求，对每一台采煤样机进行检测评定，以充分发挥采煤样机的作用。

条件（2），这与 GB/T 19494—2004 要求是一致的。煤的不均匀度是变化的，电厂要按煤的不均匀度来确定采样周期，也是难以做到的。电厂是一个生产单位，采样要天天进行，因此标准的规定力求具体，操作和计算都应该十分方便；另一方面，截取整个煤流截面并不难，但是通常并不能采集到一个完整子样（包括煤层全厚度煤样）。

目前煤流采样机存在的问题，较多的集中在制样系统方面：一是系统易堵，特别是缩分机及碎煤机；二是制样精密度合格率较低，易产生系统误差。

条件（3），要求采煤样机当煤的外在水分 $M_f<12\%$ 时，能正常运行。现在对多数煤流采样机来说，煤的外在水分通常在 7%以下，可以正常运行。当 M_f 在 8%～9%时，就会出现不同程度的堵煤；要在 12%的条件下能正常运行，是极其困难的。

虽然 1995 年就颁布了 DL/T 567.2—1996，2001 年颁布了 ISO 13909—2001，2004 年又颁布了 GB/T 19494—2004，机械采样标准是有了，但执行这些标准问题将会很多。故制定一个更为切实可行的电力行业标准《电力用煤机械采、制样方法》是一项必要而迫切的任务，期望有关主管部门能予以重视，各电厂应为此做出努力。

第五节　静止煤机械采制样技术

对电厂而言，静止煤主要指火车煤、汽车煤，对其采制样，也就是电厂入厂煤的采制样。

虽则电力系统尚未统一规定入厂煤必须采用机械采制样，但不少电厂中静止煤采样机已经投入运行。

我国静止煤机械采制样设备开发与技术研究起步较晚，技术的成熟度及实际运行经验均不及煤流采样机，GB/T 18666—2001《商品煤质量抽查和验收方法》对煤的采样机械作出如下规定：

（1）采样器开口尺寸应不小于被采煤最大粒度的 2.5 倍。

（2）移动煤流采样器应能截取一煤流全断面作为一个子样；静止煤采样器采取的子样质量应符合 GB 475—1996 的要求。

（3）经有资格部门鉴定，采样无系统误差，精密度达到 GB 475—1996 的要求。

上述规定说明，静止煤机械采制样还是执行 GB 475—1996 的技术要求。具体说，灰分

A_d 大于 20% 的原煤，采样精密度为 ±2%，所采样品应无系统误差，同时子样量符合煤的最大粒度与子样量的关系，如煤的最大粒度小于 50mm，每个子样应为 2kg。显然，这与煤流机械采样的子样量规定有很大差别。在电厂中，一般在输煤皮带上采集一个完整子样量都在 20kg 左右，甚至数量更大。

静止煤与移动煤机械采制样的主要区别在于采样装置及安装位置不同，煤的状态不同、结构有所差异，而制样系统基本一样。故本节中重点介绍静止煤采样装置及静止煤采样机使用中的若干问题。

一、静止煤采样机的要求

不论何种类型的采煤样机，均有着相同的技术要求。即采制样精密度应符合相关标准规定，且不存在系统误差。必须保证采制样具有代表性；采煤样机应具有良好的运行可靠性，年投运率应达到 95% 以上。

除上述基本要求外，静止煤采样机还必须适合我国国情，且有它自身的要求。

1. 火车煤采样机

我国火力发电厂中火车煤的卸煤方式多种多样，有的用翻车机卸煤，有的用螺旋卸煤机卸煤，也有自卸方式卸煤，还有一些电厂仍采用人工卸煤等。火车采煤样机必须与电厂的卸煤方式相配合；另一方面，运煤火车在电厂内停留时间很短，采样与卸煤作业几乎同时完成。

2. 汽车煤采样机

由于电厂容量不断扩大，耗煤量迅速增加，电厂煤源日趋多源化。我国有一些电厂每天的汽车进煤可来自十多个煤矿，甚至数十个煤矿。各矿发往电厂的煤量多少不等，装煤车载重量参差不齐，甚至相差很大，同时进入电厂的运煤车并无确定顺序，哪一辆车先到电厂，则先过磅、先采样、先卸煤，因而这给汽车煤采样带来很大难度，特别是存在的采样机混煤问题不好解决，在一定程度上影响了汽车煤采样机的应用。

二、静止煤采样装置

GB/T 19494—2004 规定，静止煤采样机械只要符合下述基本条件及要求者，均可使用。

1. 机械化采样器的基本条件与要求

(1) 基本条件。

1) 能无实质性偏倚地收集子样并被权威性的试验所证明。

2) 能在规定条件下保持工作能力。

(2) 为达到上述条件，采样器的设计和生产应满足下述五点要求：

1) 足够牢靠。能够在可预期的最坏条件下工作。

2) 有足够的容量以收集整个子样或让其全部通过，子样不损失、不溢出。

3) 能自我清洗，无障碍，运行时只需极少量的维修。

4) 能避免样品的污染，如停机时杂质进入，更换煤种时原先采样的煤滞留。

5) 被采样煤的物理化学特性变化，如水分和粉煤损失，粒度分析样的粒度离析降至最低程度。

上述基本条件及要求，既适用于煤流，也适用于静止煤采样装置。

2. 静止煤采样装置的类型

我国开发研制的静止煤采样机，其采样装置包括两种类型：一类是可用于煤层全深度采样的螺旋采样装置；另一类是可用于一定深度采样的其他采样装置，它又有振插式、抓斗式、螺旋切割式等多种形式。

（1）螺旋采样装置。目前国内外使用较多的是机械螺杆。机械螺杆［见图3-19（a）］为一钢筒，筒内有一轴，轴上或有一阿基米德螺旋［图3-19（a）］型或有一全螺旋［图3-19（b）］型。螺旋的螺距和环距（轴与筒壁的距离）一般为被采煤样标称最大粒度的3倍。a型螺杆采样后须提出煤表面卸样；b型螺杆一般可在采样过程中将煤样从其顶部排出。螺旋采样装置见图3-19。实际应用较多的为图3-19（b）所示的采样装置。

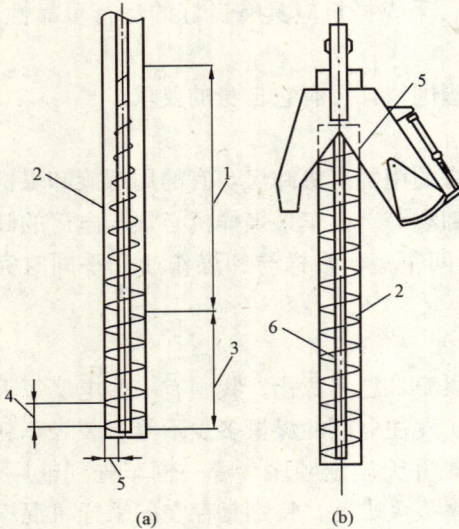

图3-19　螺旋采样装置示意图

1—锥形螺旋；2—钢筒；3—全螺旋；4—螺距；

5—出煤口；6—轴

螺旋采样装置的采样原理是：当螺旋转动时，靠自重或液压推杆、齿条转动等装置，使螺旋采样装置钻入煤中。在螺旋叶片和外壳的组合作用下，使煤在管中提升，当提升到弃煤孔时，弃煤门打开，使煤落回车厢；当提升煤样时，关闭弃煤门，开启煤样门，使煤样导入煤斗中完成采样。有的螺旋采样装样因采集的煤样量较多，顶部配置二级采样机或缩分机，以减少初级子样量，而有利于其后的制样。

由于螺旋采样装置能采集煤层全厚度的样品，因而具有较高的代表性，特别是在火车、汽车下部煤以次充好，以碎矸石代替商品煤这些违法情况得以及时发现，从而可有效保证入厂煤质。这是该采样装置的最主要优点，也正是国际标准所确认的惟一用于静止煤的采样方式。

2. 其他方式的采样装置

除用于煤层全深度的螺旋采样装置外，我国还生产其他若干种静止煤采样装置，如振插式、抓斗式、螺旋切割式等。

这些采样装置多按GB 475—1996的采样深度设计的，一般可采集0.4～0.8m深度的煤样，也有的采样装置可深入到煤层2m深处采样。

目前应用较多的是振插式采样装置。它是一个底部可以张合的方形容器，四角加工成尖角状以便于将容器插入煤中，借助液压力将其深入煤层约0.6m。采样时，底板闭合，提升至一定高度后，移至给煤机上方，自动打开底板，煤样则由皮带给煤机送进制样系统。该装置比较灵活，可实现前后、左右、上下移动。每个子样量约为7kg左右，样品不存在系统误差。

该采样装置的传动机构比较复杂，加上在半露天条件下使用，因而关键是看它的长期运行可靠性。采煤样机经常运行，天天使用更好，如长时间停运，将十分不利。

对振插、抓斗式等各型采样装置，作者均考察过。

由于这类采样装置不能采集煤层全厚度的煤样，因而碰到煤中掺杂使假的情况，仍然不能反映实际情况。如果仅仅是满足GB 475—1996对采样深度的要求，还是能够做到的。

应该注意，同是国家标准，但颁布的时间有先有后，起草单位、起草人不同，某些规定就有矛盾之处。这给标准的贯彻实施带来不便，令使用者无所适从。

GB/T 19494.1—2004 中的 5.2.3 条，采样精密度的确定：采样精密度根据采样目

表 3-14　煤的采、制、化总精密度
（GB/T 19494—2004）

煤炭品种	精密度　A_d（%）
精煤	±0.8
其他煤	±1/10A_d，但≤1.6%

的、试样类型和合同各方的要求确定，在没有协议精密度情况下可参考表 3-14。

鉴于各项国家标准规定的不一致，作者建议，近期电力系统中各类采煤样机还是执行 GB 475—1996 及 GB 474—1996 的规定为宜。GB/T 19494—2004 虽是机械采制样方面的专用标准，但毕竟颁布时间还较短，而且与现用的各种采煤样机的设计及实际使用条件又不一致。

三、静止煤采样机的应用

1. 螺旋采煤机的应用

使用螺旋采样装置可以采集到较深煤层甚至全煤层样品，这是其突出优点，也是其他采样装置所不具备的。

某电厂火车煤采样机所配用的螺旋采样装置，见图 3-20。

该装置在运行中，往往出现下述诸问题：

（1）当煤中水分含量较高时，在叶片、轴及其交界处黏煤严重，特别是无烟煤、瘦煤。

（2）煤中大块、矸石等与粒度较细的煤提升速度不同，因而在接近放样时，弃煤中的大块掺到煤样中的现象较严重。

（3）螺旋叶片与外壳之间的间隙存煤相当多，从而产生丢样现象而影响采样代表性。

（4）不论螺旋采样装置采用何种方式，其死角堵煤也是不可避免的。

另外，作者实地考察了另一台火车煤螺旋采样机。该机可适用于通用敞车，一节车皮内采集 3 个子样需 2.5min，轨距 6000mm，全部工作过程由单片机控制、超声波零定位。该机定位后，行走机构自行锁紧，采样装置旋转并由螺旋装置驱动进至煤层深处 400mm 以下采样。煤样集满料斗后，采样装置回到上部极限位置，料斗门自动开启，煤样进入制样系统，该机缩分比可调，能使样品量（不论车皮多少）保持在 3kg 左右。

在实地考察中，作者发现，该采样装置采样行程太短，对低煤位的煤车不适用；对深度超过 0.2m 的冻煤（该机装在东北地区一电厂中）及黏煤采样困难；大块煤不易采到。同时该机配用的制样系统易堵。

由此可以看出，原理上的可行性并不等于实际上就可行，理论上的推断与认识必须经过生产实践加以验证。在看到螺旋采样装置优点的同时，也必须对其可能产生的问题加以研究与改进。

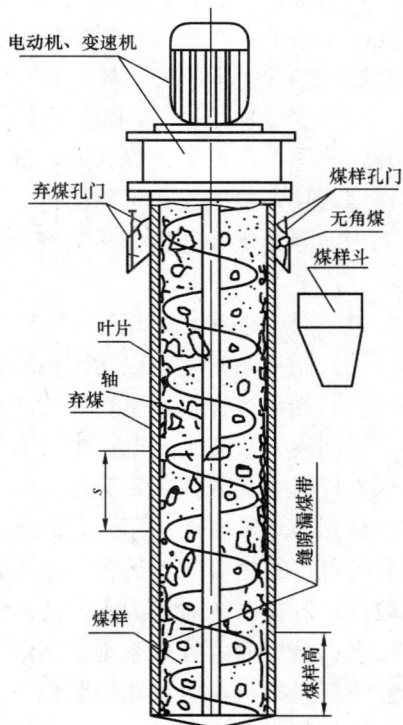

图 3-20　某火车煤螺旋采样装置示意图

2. 其他类型采煤样机的应用

除螺旋采样机外，振插式采煤样机在我国电厂中应用较多。由采样装置所采集的样品通过给煤皮带送至碎煤机，出料粒度控制为小于13mm。由于碎煤机转速较高，制样过程中水分损失较大，当煤的水分含量较高时，制样系统黏煤、堵煤也是不可避免的；另一方面，由于采用一级破碎，一级缩分制样流程，碎煤后出料粒度小于13mm，故电厂还需对所采样品在制样室予以进一步缩制成分析试样。

关于振插式采样装置的情况，前文中已作了介绍。由于采样装置只是采煤样机的一个重要组成部分，它并不能完全决定采煤样机的性能。

无论采取何种类型的采煤样机，制样系统存在的问题尤其显得突出。

对静止煤采样机来说，采制样系统中最常见的问题是：

（1）采样装置自动控制及机械故障率较高。

（2）制样系统对煤的水分适应性不高，系统易堵煤。

（3）制样精密度合格率相对较低，且较易产生系统误差。

（4）制样过程中，煤的水分损失较大。

（5）对不同煤源煤采样，混煤的现象相当普遍。

特别是汽车煤采样机，存在混煤现象，是一个普遍的而又突出的问题。煤的水分在7％以下，一般不产生混煤，当煤的水分达到8％～10％时，制样系统中不同程度地产生黏煤；水分更大时，一旦采集不同矿源的煤样，则其混煤是不可避免的。

为解决这一问题，有人认为采煤样机先用待采制的煤样"冲洗"一两遍即可，实际上这是无济于事的。对于汽车煤采样装置来说，螺旋式易黏煤、堵煤，而振插式、抓斗式一般不出现这种情况。但制样系统一旦出现黏煤、堵煤，就得靠人工在打开系统后进行疏通清理才行，仅靠少量样品去"冲洗"，不仅冲洗不了，而且可能将有更多的煤粘附于制样系统中。另外，我国电厂汽车进煤普遍矿源多，汽车排序不定，进厂时间集中，这也要求采煤样机采样速度要快，要能连续可靠运行。

当前静止煤采样机中比较突出的问题还在于制样系统，集中起来主要存在下述三大问题：

（1）煤中外在水分超过7％时，制样系统一般就会开始堵煤。

（2）制样精密度难以达到标准规定的要求，且易产生系统误差。

（3）当采煤样机发生黏煤时，连续采集不同矿源的煤样，系统中混煤将难以避免。

我国南方某省7座电厂中，安装了10台静止煤采样机。其中8台为汽车煤，2台为火车煤采样机，其采样装置有螺旋式、振插式、旋转式等。这些产品分别来自浙江、青岛、长沙、徐州等地的生产厂家。总体来说，有的运行基本正常，有的运行不稳定，投运率低，有的交付电厂很短时间，运行一直不正常，主要表现为：采样装置的控制系统时有失灵，故障率较高；制样系统对煤的水分适应性不高，堵煤严重；制样精密度合格率较低，煤样水分损失较大；余煤回收处理系统易堵煤等。该省对于煤流采样机也进行了统计，其运行情况要优于静止煤采样机，但存在问题也不少。

又如某省对11台运行正常的采煤样机，包括煤流与静止煤采样机进行了全面性能检验，以采制样精密度符合GB 475—1996的规定，而且不存在系统误差为合格标准。结果受检验的11台采煤样机，合格者为3台，合格率为27.3％。至于设备年投运率，当时并未予以统计，故不能做出结论。因为受检验的均为正常运行的设备，如将不能正常运行的设备也计算在内，其合格率估计也就在10%～20%范围内。

虽然以上只是两个省的采煤样机使用情况，但这也基本上反映了我国电力系统中采煤样机的实际使用状态，因而电力系统在机械化采制样方面，还有很多工作要做，很长的路程要走。

四、国外采煤样机应用与评价

1. 高可靠性小型煤流采样机

该采样机配有摇臂式采样装置，见图3-21。

该采煤样机的系统流程为：初级采样品→进入料斗通过闸门→初级给煤机→碎煤机→二级给煤机→二级采样器→最终样品。

该摇臂采样器是根据围绕装配的主轴中心线旋转运动的原理设计的。整个系统可装进5.3～8.6m的垂直空间内，运行可靠性很高。

该采煤样机中一架空的摇臂与切煤料斗是此摇臂式采样器的关键部件。该系统是依靠在非切煤位置牵引切煤料斗向下并通过煤流运行的。采样时，料斗实际转到平行于煤流的位置，摇臂当时是逆向运转，料斗向上并通过煤流得到无偏流煤样，由料斗进行旋转而完成循环，这样就将所采煤样倾斜倒入落煤管溜槽，再到初级给煤机与碎煤机。

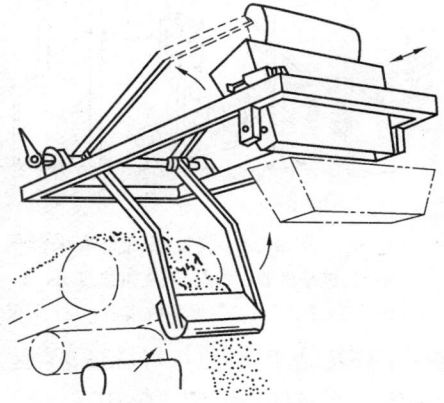

图3-21 摇臂式采样装置

该采煤样机设计是让初级采样器位于皮带端部的前上方，这样也就缩小了空间，并使它便于在已投产的电厂中安装。该机年投运率达到了99.4%的高水平。

对于该小型摇臂式采煤样机，值得借鉴的是：

(1) 该机设计科学、流程合理，碎煤机前后均加装给煤机，这在国内采煤样机中很少见到。在采煤样机中，给煤机是不可缺少的部件。我国早期生产的采煤样机，不用给煤机，即使现在生产的采煤样机，一般也只是在碎煤机前方配置一给煤机，其实碎煤机后方，即缩分机前方加装给煤设备对保证制样系统免受堵煤之害，至关重要。

(2) 该机用二级采样器取代初级缩分机，有助于保证制样系统的可靠运行，因为缩分机是采煤样机中最易产生堵煤的设备，国内产品至今仍普遍采用各类缩分机。当前国内产品设备故障率相对较高，因而年投运率较难达到95%的水平，如果设备不能正常运行，其性能如何将无从谈起。

(3) 任何一台采煤样机，首要条件就是能够正常运行。然而能够正常运行的采煤样机，也不一定是性能合格的产品；反之，合格的采煤样机，必然能保持正常运行。我国采煤样机运行可靠性总体水平不高，这应成为重点加以研究解决的课题。

2. 设计合理的静止煤采样机

图3-22所示的汽车采煤样机，设计合理，极具代表性与典型性，既可用于汽车煤，也可用于火车煤采样，颇具借鉴作用。

由图3-22可以看出，初级采样器为高度可调的螺旋采样装置，它并不需要作三维空间

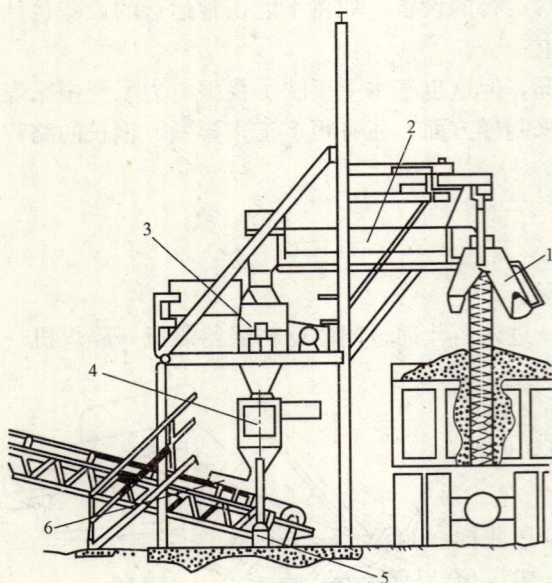

图 3-22　国外某汽车煤采样机

1—初级采样器；2—初级皮带给煤机；3—碎煤机；
4—二级采样器；5—样品收集器；6—余煤处理装置

移动，故要比振插式、抓斗式采样装置的传动机构及控制系统简单，因而运行可靠性较高，再由于此采样装置升降可调，因而可用于各种类型汽车煤采样。

由初级采样器所采样品通过初级皮带给煤机后送入碎煤机，以保证煤的流量均匀以防堵塞，并减少煤尘污染。

碎煤机将所采煤样破碎至所需粒度，对国外设备来说，其出料粒度多选为小于 10mm 或小于 3mm，其对应样品保留量为 10 或 2kg。

该机也采用二级采样器取代缩分机，有助于防止堵煤。

最后样品收集在一个防尘、防水的密封容器中；余煤处理应便于将它排至适当场所，图 3-22 为重力型余煤处理系统。

国外采煤样机在技术上虽有不少优点，但也存在不少问题。主要表现为：当煤的水分及黏度较大时，包括采样装置（因多用螺旋采样装置）在内，系统一些部位也会发生堵煤，而制样系统中堵煤相对较轻；国外产品约为国内同类产品价格的 3～5 倍，如果设备出现故障，国内用户较难处理，而维修费用（超过保修期）又很高，故电厂选用采煤样机，还是应立足于应用国内产品。

如何评价一台采煤样机，就必须对其性能进行检验，如采制样精密度是否合格，有无系统误差存在等，请读者参阅《电力用煤采制化技术及其应用》修订版（中国电力出版社，2003 年 5 月出版），本书不拟介绍。

煤的工业分析特性指标检测与应用技术

工业分析特性指标是包括煤的水分、灰分、挥发分及固定碳四项特性指标的总称。这些指标反映了煤的基本特性，也决定了它们的实际应用价值。工业分析特性指标对电力生产的很多方面均有广泛的影响。故本章是火力发电厂用煤技术的重要组成部分。

第一节　煤中全水分的检测与应用技术

水分在各种煤中是普遍存在的。通常煤中全水分随煤的变质程度加深而减少。在各种煤中，无烟煤、烟煤、褐煤中的全水分含量依次增高。

煤中水分为游离水及化合水两大类。游离水实际上就是煤中的全水，它由外在水分与内在水分构成。由于二者基准即所处的状态不完全相同，故全水分应按一定公式计算而得。

GB/T 211—1996《煤中全水分测定方法》，就是煤中全水分测定的标准方法。至于化合水，是指煤与矿物质结合，除去全水分后仍保留下来的水分，如黏土、高岭土、石膏中的结晶水，它们通常要在200℃以上才能分解逸出。

一、全水分测定方法及其特点

GB/T 211—1996规定全水分测定可由下述方法中选择采用：方法A、B、C采用粒度小于6mm的煤样，煤样量不少于500g，测定全水分时，称样量为10～12g；方法D采用粒度小于13mm的煤样，煤样量不少于2kg，测定全水分时，称样量为500g。

1. 方法A——通氮干燥法

该法适用于各种煤的全水分测定。称取一定量粒度小于6mm的煤样，在干燥氮气流中，于105～110℃下干燥到质量恒定，然后根据煤样的质量损失计算出全水含量。

该法适用于各种煤的全水分测定，是其最大的优点。由于该法使用通氮干燥箱，以防止煤样在加热过程中的氧化。通氮干燥箱必须箱体严密，有气体进出口，每小时能换气15次以上，能保持温度在105～110℃。

上述通氮干燥箱只是专门用来测定煤的水分之用，使用范围较小，加上该法还要使用纯度为99.9％以上的氮气，操作也较空气干燥法麻烦，故实际使用者并不是太多。

对于易氧化的煤样宜用本法测定，同时该法可作为仲裁方法使用。

2. 方法B——空气干燥法

该法适用于烟煤及无烟煤全水分的测定。称取一定量粒度小于6mm的煤样，在空气流中、于105～110℃下干燥到质量恒定，然后根据煤样质量损失计算出全水含量。

该法虽然方便，但它不及D法，故使用者不多。

3. 方法C——微波干燥法

该法适用于烟煤及褐煤全水分的测定。称取一定量粒度小于 6mm 的煤样，置于微波炉内，煤中水分子在微波发生器的交变电场作用下，高速振动产生摩擦热，水分迅速蒸发，根据煤样干燥后的质量损失计算全水含量。

标准规定微波水分测定仪应符合以下条件：

(1) 微波辐射时间可控。

(2) 煤样放置区微波辐射均匀。

(3) 经试验证明，测定结果与方法 A 的结果一致。

微波干燥法操作较简便，自动化程度相对较高。但仪器价格较高，而应用范围有限。

4. 方法 D——小于 13mm 煤样测定的空气干燥法

该法适用于外在水分高的烟煤和无烟煤全水分的测定。

该法又分为一步法及两步法：

(1) 一步法，称取一定量粒度小于 13mm 的煤样，在空气流中，于 105—110℃下干燥到质量恒定，然后根据煤样的质量损失计算出全水含量。

(2) 两步法，将粒度小于 13mm 的煤样，在温度不高于 50℃的环境下干燥，测定外在水分；再将煤样破碎到粒度小于 6mm，在 105～110℃下测定内在水分，然后按下式计算出煤中全水含量

$$M_t = M_f + \frac{100 - M_f}{100} M_{inh} \qquad (4\text{-}1)$$

式中　M_f——煤样的外在水分，%；

　　M_{inh}——煤样的内在水分，%。

所谓外在水分，是指在一定条件下煤样与周围空气湿度达到平衡时所失去的水分。所谓内在水分，是指在一定条件下煤样达到空气干燥状态时所保持的水分。

内在水分与分析水分的一致性在于，都是处于空气干燥状态；不同之处则在于，二者粒度不同，前者粒度小于 6mm，后者粒度小于 0.2mm。

该法是惟一采用粒度小于 13mm 的煤样来测定全水分，制备试样时减少一个破碎环节，煤中水分损失少，测定全水时，称样量大，故煤样代表性相对较高。加上该法仅使用常规仪器设备，故电厂中较多地采用该法中的一步法测定煤中全水分。如果要测定煤中外在水分，就采用该法中两步法的前一部分操作，故在各种测定全水分的方法中，该法应用最为广泛。

二、空气干燥一步法测定全水分的技术要点

鉴于空气干燥一步法测定全水分应用的广泛性，特将其测定技术要点加以说明。

1. 试样粒度与称样精度符合标准规定

测定全水分煤样的粒度必须小于 13mm（方孔筛），粒度过大或过小都是不适宜的；要采取感量为 0.1g 的工业天平称取 500g 试样。

所谓感量，是指天平能够称准的最小质量。如使用感量较低的电子台秤或托盘天平称量试样，都将影响全水分测定结果的可靠性。

2. 煤样干燥后必须趁热称重

煤样置于鼓风干燥箱中干燥完毕，将煤样盘从干燥箱中取出后必须趁热称重。这是测定操作的技术要点之一。如煤样置于空气中时间较长，就会吸收空气中的水分，煤的全水分含量测定结果将偏低。故为了尽可能缩短干燥煤样与空气的接触时间，要趁热称重，称准至

0.5g。

尽可能采用具有自动退皮功能的电子工业天平。称量时，可在天平盘上搁置一块绝热板，以防热煤样盘直接与天平盘相接触。

3. 正确地掌握煤样的干燥时间

煤样在 105～110℃下的干燥时间，随煤种、煤中水分含量及待测的煤样厚度等多种因素有关，采用较大的样品盘有助于缩短干燥时间。

注意必须使用鼓风干燥箱。鼓风有助于箱内温度均匀，同时有利于水分加速排出箱外。

煤样的干燥时间，实际上就是煤样达到恒重的最少时间。具体而言，每隔 30min 进行一次检查性干燥，当连续两次干燥煤样质量减少不超过 0.5g 或质量有所增加为止。在后一种情况下，应采用质量增加前一次质量作为计算依据。

由于电厂中所用煤源不同，各种煤在测定全水分时，其干燥时间不一定相同，故一般不宜作统一规定。

最后应该指出的是，由于水分的可变性，对全水分的测定只控制精密度，而无法检验准确度。

三、煤中全水分在电力生产中的应用

水分是煤的不可燃成分，水分含量对电力生产的多个方面有着巨大的影响。现选择其主要方面加以说明。

1. 煤中全水分与入厂煤验收

GB/T 18666—2002《商品煤质量抽查和验收方法》中规定，入厂煤质以干燥基高位发热量作为质量评定指标，而取代传统的以收到基低位发热量作为煤质计价的依据，但入厂煤量验收仍要应用全水分数据。

设某电厂在与供煤方签订的一份供煤 10 万 t 合同中，约定煤的全水分为 8.0%，而实际收到煤的平均全水分 9.5%，即电厂应收到干煤 9.2 万 t，水为 0.8 万 t。而电厂实际收到的干煤为 9.05 万 t，水为 0.95 万 t，也就是按合同电厂少收到干煤 9.2－9.05＝0.15 万 t，因而供煤方应补给电厂含全水分 9.5%的煤量为

$$0.15/(1-0.095) = 0.15/0.905 = 0.1657.5(万 t)$$

也就是说，供煤方应补给电厂全水分为 9.5%的原煤 1657.5t，或者从 10 万 t 煤的货款中扣去应补给煤量折算的价款。

注意，如合同签订的 8.0%全水分的煤为 260 元/t，那么 9.5%全水分的煤价就略低于260 元/t。

2. 煤的全水分与电厂的输煤与制粉

电力用煤的全水分随煤种、采煤方法、加工工艺及外界环境条件而异。

煤中全水分含量应符合电厂锅炉设计煤质中对全水分的要求，最大也不能超过校核煤质的全水分含量。

从电力生产上考虑，煤中全水分含量不宜太高，也不宜过低。一般说来，除褐煤外，煤的全水分含量宜控制在 10%以下，最好在 6%～8%范围内，煤中全水分含量波动幅度过大，对电厂也是不利的。

煤中全水分含量过高，就意味着将不可燃的水分运进电厂，徒然增加运输量及经济负担，同时增加电厂卸煤、储煤、输煤、破碎等一系列困难，降低卸煤、组堆速度，影响车船

周转，增加电厂经济负担。另一方面，输煤系统易发生堵煤，造成运行障碍。

煤中全水分含量过高，在制粉系统设计中，就要采取特殊的干燥措施，以保证制粉系统的正常运行。

煤中含有适量的全水分，对燃烧是有利的，同时也有助于防止煤尘的污染。

3. 煤中全水分与锅炉燃烧

煤在锅炉中燃烧，煤中水分及氢燃烧后生成的水均变成水汽随烟气排出炉外。如煤的水分含量增加，则收到基低位发热量降低，即煤的有效热量减小，从而影响锅炉燃烧稳定性与其燃烧效率。

煤中全水分对煤的收到基低位发热量有着很大的影响。现举一例来加以说明。

设煤的空气干燥基高位发热量 $Q_{gr,ad}$ 为 24000J/g，空气干燥基水分 $M_{ad}=1.20\%$，全水分为 8.0%，空气干燥基氢含量 H_{ad} 为 3.50%，则收到基低位发热量为

$$Q_{net,ar} = (Q_{gr,ad} - 206H_{ad}) \times \frac{100 - M_t}{100 - M_{ad}} - 23M_t$$

$$= (24000 - 206 \times 3.50) \times \frac{100 - 8.0}{100 - 1.20} - 23 \times 8.0$$

$$= 21676.8 - 184 = 21493(J/g)$$

如果煤的全水分 $M_t = 9.5\%$，而其他参数均不变，则收到基低位发热量为

$$Q_{net,ar} = (24000 - 206 \times 3.50) \times \frac{100 - 9.5}{100 - 1.20} - 23 \times 9.5$$

$$= 21323.4 - 218.5 = 21105(J/g)$$

由计算可知，上例中只是煤中全水分由 8.0% 增加至 9.5%，在其他参数均不变的情况下，收到基低位发热量由 21493J/g 降至 21105J/g，即降低了 388J/g，约相当于 93 卡/克。

4. 煤中全水分与标准煤耗的计算

所谓标准煤耗，是电厂发 1kW·h 的电所消耗的标准煤量。

【例】 某电厂日燃用天然煤为 15000t，如煤的收到基低位发热量 $Q_{net,ar}$ 按 21493J/g 计，则每天消耗的标准煤量应为

$$15000 \times \frac{21493}{29271} = 11014(t)$$

如收到基低位发热量按全水分 9.5% 时为 21105J/g 计算，则每天消耗的标准煤量为

$$15000 \times \frac{21105}{29271} = 10815(t)$$

这样按不同全水分的煤计算，标准煤耗值自然也就不同。该电厂如装机容量为 1500MW，则在额定负荷下，每天发电量为 3600 万 kW·h。

前者标准煤耗为 $11014 \times 10^6/36 \times 10^6 = 305.9$g/（kW·h），后者标准煤耗为 $10815 \times 10^6/36 \times 10^6 = 300.4$g/（kW·h），二者计算的标准煤耗相差 5.5g/（kW·h）。

由此也可看出煤中全水分含量对电力生产的重要性。

5. 掌握全水分含量计算的必要性

下述示例具有较大的实用性，同时对进一步掌握煤的专业知识及计算技能也是有益的。

【例】 设将小于 6mm 的测定全水分煤样装入密封容器中称量为 620.0g，容器质量为 240.0g，化验室收到煤样后，称量装有煤样的容器为 612.0g，测定煤样全水分时称取试样

10.2g，干燥后失重 1.2g，求原煤样装入容器时的全水分。

解 设运输过程中煤样损失为 M_1，则

$$M_1 = \frac{620.0 - 612.0}{620.0 - 240.0} \times 100\% = 2.1\%$$

$$M_t = 2.1\% + \frac{1.2}{10.2} \times 100\% \times \frac{100 - 2.1}{100} = 13.6\%$$

该题的另一种解法：根据途中的水分损失量及试验室收到煤样干燥后计算出的水分量占煤样的百分率，即为全水分 M_t。

途中水分损失量为 620.0－612.0＝8.0 （g）。

由于进试验室后测得的水分含量为 1.2/10.2×100％＝11.8％，试验室收到的煤样量为 612.0－240.0＝372.0 （g），故其中水分量为 372.0×11.8％＝43.9 （g）。由此求出煤中总的水分损失量为 8.0＋43.9＝51.9 （g），而原来的煤样量为 620.0－240.0＝380.0 （g）。

则煤中全水分 M_t＝51.9/380.0×100％＝13.7％

二者计算结果实际上是完全一致的，只是因为全水分测定结果仅取小数点后一位，因而出现了 13.6％及 13.7％。要特别注意的是，煤的全水分不是 2.1％＋11.8％＝13.9％，这是因为试验室收到的煤样已不是原始煤样，而是失去了部分水分的试样。故试验室收到煤样的水分要换算成真正含有全水分原始煤样的水分，就得将 1.2/10.2×100％再乘上一个系数 (100－2.1) /100。

煤的全水分的准确测定，是一个很重要的问题，如入厂煤按收到基低位发热量作为计价依据，供、需双方因发热量的差异而引起的争议或纠纷，在很大程度上是全水分测值不同所致。

第二节 煤中空气干燥基水分的检测与应用技术

煤的工业分析是指对煤中水分、灰分、挥发分及固定碳四个检测项目的总称。它们是反映煤质特性的基本指标，是电厂每天对入厂及入炉煤的必测项目。

对于煤的工业分析项目检测，要求试样必须达到空气干燥状态，对元素分析、发热量等项目的检测也是如此。所谓空气干燥煤样水分，是指在一定条件下，煤样与周围空气湿度达到平衡时所含的水分。

一、空气干燥基水分测定方法及其特点

GB/T 212—2001 对空气干燥基水分的测定规定了两种方法，即通氮干燥法及空气干燥法；而 GB/T 15334—1994 则规定了微波干燥法。它们所采取的试样均为粒度小于 0.2mm 的空气干燥煤样。

1. 方法 A——通氮干燥法

通氮干燥法适用于所有煤种空气干燥基水分的测定。该法系称取一定量的空气干燥煤样，置于 105～110℃ 干燥箱中，在干燥氮气流中干燥到质量恒定。然后根据煤样的质量损失计算出空气干燥基水分含量。

上述标准还规定，在仲裁分析中遇到有用空气干燥煤样进行水分校正以及基的换算时，应用方法 A 测定空气干燥煤样的水分。

采用通氮干燥法，必须配备通氮干燥箱及较高纯度的氮气，这在使用上受到一定的限制，操作也比较麻烦。至于通氮干燥问题在本章第一节煤中全水分通氮干燥法测定中已作了说明，实际上使用者不是太多。

煤中空气干燥基水分测定的一个基本目的，就是要用于基的换算，例如采制样中要用干燥基灰分。为了检验测定结果的准确度，采用标准煤样作参比，均是以干燥基表示等。在电厂中，应用空气干燥基水分进行基的换算是普遍的，但采用通氮干燥法测定空气干燥基水分还不普遍。

2. 方法 B——空气干燥法

空气干燥法适用于烟煤及无烟煤空气干燥基水分的测定。该法系称取一定量的空气干燥煤样，置于 105～110℃干燥箱内，于空气流中干燥至质量恒定。根据煤样的质量损失计算出空气干燥基水分含量。

由于该法使用的为常规而且是通用性的仪器设备，操作也简便。因而在电厂中较普遍地采用空气干燥法来测定煤的空气干燥基水分。

测定技术要点如下：

（1）煤样粒度小于 0.2mm，必须保持空气干燥状态。煤样在室温条件下，连续干燥 1h 后，其质量变化不超过 0.1%，则为达到空气干燥状态，否则其测定结果不是偏高，就是偏低。

（2）一定要采用鼓风干燥箱，温度控制为 105～110℃，干燥时间应是煤样达到恒重的最短时间。一般说来，烟煤干燥 1h，无烟煤干燥 1.5h。

（3）煤样必须置于已恒重的称量瓶中，干燥时瓶盖与瓶身呈垂直方向，干燥后取出称量瓶，立即将瓶盖盖严，放入干燥器中冷却至室温称重。

（4）进行检查性干燥，每次 30min，直到连续 2 次干燥煤样的质量减少不超过 0.0010g 或质量有所增加时为止。在后一种情况下，采用质量增加前一次的质量作为测定结果的计算依据。如空气干燥基水分小于 2% 时，可不必进行检查性干燥。

3. 方法 C——微波干燥法

微波干燥法是标准 GB/T 15334—1994 规定的一种空气干燥煤样水分的快速测定方法。该法适用于各种煤，但不得以此法作为仲裁方法。

该法是称取一定量的空气干燥煤样，置于微波测水仪内，炉内磁控管发射非电离微波，使水分子超高速振动，产生摩擦热，使煤中水分迅速蒸发，根据煤样的质量损失计算空气干燥基水分。

关于微波法测定煤样水分的问题，在本章第一节中煤中全水分微波法测定已作了说明。

4. 方法 D——蒸馏法

蒸馏法适用于所有煤种。特别是在没有通氮干燥箱的条件下，可采用此法，同时该法也较适合褐煤水分（包括空气干燥基水分及全水分）测定之用。

该法系称取一定量的空气干燥煤样于圆底烧瓶中，加入甲苯或二甲苯与煤样共沸，分馏出的液体在水分测定管中分层，量出水的体积（mL）。以水的质量占煤样的质量百分数作为空气干燥基水分。

关于应用蒸馏法测定煤的空气干燥基水分在《火力发电厂燃料试验方法及应用》（中国电力出版社，2004 年 9 月出版）有详细的说明，读者可参阅。

二、应用空气干燥法测定褐煤水分的修正方法

标准规定褐煤水分采用通氮干燥法测定，如不具备条件，则可采用上述方法 D 甲苯蒸馏法测定。毕竟蒸馏法测定比较麻烦，测试效率也低，故现在不少燃用褐煤的电厂仍采用空气干燥法测定褐煤水分。

如果采用空气干燥法测定水分，包括空气干燥水分及全水分，就需要将测定结果与标准规定的通氮干燥法或上述蒸馏法进行对照试验。在本厂褐煤水分含量范围内，找出两种不同测定方法之间的关系。通常可用一元一次方程来表示，对应用空气干燥法测定结果予以校正，从而获得准确的测定结果。

【例】 设空气干燥法测定水分（空气干燥基水分或全水分）含量为自变量 x，通氮干燥法或甲苯蒸馏法的测定值为因变量 y，则可通过回归分析导出一元线性方程 $y=bx+a$，其对应数据列于表 4-1 中。

表 4-1 x 与 y 的对应值

x（空气干燥法测定）（%）	15.6	18.3	20.0	21.9	23.2	24.9	26.1	27.7
y（蒸馏法测定）（%）	16.3	19.2	21.1	23.2	24.5	26.3	27.5	29.1

应用带统计功能的电子计算器可十分快捷地计算出 a、b 值

$$a=-0.17, b=1.06$$

故 $y=1.06x-0.17$

设空气干燥法测定值为 22.0%，则按上式修正后，$y=1.06×22.0-0.17=23.15$（%）。如为全水分，则测定结果保留到小数点后一位即可，即 23.2%。

关于回归方程的求算，请读者参阅本书作者编著的《电力用煤采制化技术及其应用》修订版一书（中国电力出版社，2003 年 5 月出版）。

应该注意，应用上述校正只是对同一煤源而言。如某电厂燃用不同煤源的褐煤，就应按上述方法求得不同煤源的校正方程或用此方程绘制校正曲线，以便对不同煤源的水分测值予以校正。

三、煤中空气干燥基水分在电力生产中的应用

1. 煤的空气干燥基水分与空气干燥基煤样的制备

在制备空气干燥基煤样时，煤样务必要达到空气干燥状态。由空气干燥基煤样测出的各特性指标值均以空气干燥基表示。根据基准的含义可知，当煤的某一特性指标用不同基准表示时，其数值是不同的，例如 $V_{ar}<V_{ad}<V_d<V_{daf}$。然而在我国电力系统中，有相当多的电厂煤的空气干燥基水分的测值经常在 0.5% 以下，有的甚至常年为 0.1%～0.2%，这一结果是不正常的，这肯定是因为在制备空气干燥基煤样时，不必要地加热了试样或加热试样温度过高，致使煤中空气干燥基水分已部分或基本损失。这样导致的直接结果是：一是空气干燥基水分测值严重偏低；另一方面，则是其他所有测定指标如灰分、挥发分、含硫量、发热量等测值全部偏高。由于此时煤样已处于干燥或半干燥状态，自然测值就会增大。关于这一问题的严重性、普遍性及解决这一问题的途径，可参考本书作者写的《空气干燥煤样制备中应注意的问题》一文《燃料纵横》，2005 年秋季版）。

我国火力发电厂煤样的制备是按 GB 474—1996《煤样的制备方法》规定进行的。该标准对空气干燥基煤样的制备作了如下表述：在粉碎成 0.2mm 的煤样之前，应用磁铁将煤样

中的铁屑吸去，再粉碎到全部通过孔径为 0.2mm 的筛子，并使之达到空气干燥状态，然后装入煤样瓶中（装入煤样的量应不超过煤样瓶容积的 3/4，以便使用时混合），送交化验室化验。

空气干燥方法如下：将煤样放入盘中，摊成均匀的薄层，于温度不超过 50℃ 下干燥。如连续干燥 1h 后，煤样质量变化不超过 0.1%，即达到空气干燥状态。空气干燥也可在煤样破碎到粒度 0.2mm 之前进行。

煤样究竟是通过空气干燥还是加热干燥，电厂采制样人员多有不同理解，各种标准也有不同的表述。GB 483—1987 中规定，制样时，若在室温下连续干燥 1h 后煤样质量变化不超过 0.1%，则为达到空气干燥状态；GB 474—1996 中则规定，煤样于 50℃ 下干燥，如连续干燥 1h 后，煤样的质量变化不超过 0.1%，即达到空气干燥状态。究竟是在室温下还是在 50℃ 下干燥，上述两项标准规定不同，而电厂采制样人员多接触 GB 474，而很少接触 GB 483，因而相当多的电厂均采用 50℃ 下干燥煤样。

空气干燥煤样，顾名思义，是经过空气干燥的煤样，即在室温条件下，连续干燥 1h 后，煤样质量变化不超过 0.1% 者，就认为达到空气干燥状态。如将该煤样破碎至 0.2mm 以下粒度，则可用于除全水分外的各项煤质特性指标的测定。

对于采用低温（50℃ 以下）加热干燥煤样，应是空气湿度较高时制备某些水分含量较高煤样的一种辅助措施。然而 GB 474—1996 中的规定使很多工作人员误认为，不论什么煤样，也不论空气湿度的高低及煤中水分含量的大小，在制备空气干燥煤样时，一律要在 50℃ 下干燥 1～3h，有的甚至干燥时间更长。

由煤样制备方法可知，当原煤样逐级制成粒度小于 1mm（方孔筛）或小于 3mm（圆孔筛）的煤样，已经过了多级破碎与多次筛分、掺和、缩分操作，此时大部分表面水分已经失去，加上制备空气干燥基的煤样仅 100g，故很容易达到空气干燥状态，并不需要加热干燥。

为了方便地检验煤样是否达到空气干燥状态，可以配备一台称量 3000g 或 5000g、感量为 0.1g 的电子工业天平，称量煤样质量；或者用一支洁净、干燥的玻璃棒搅拌一下煤样，观测棒上是否沾有煤粉，如不沾煤粉，一般就可判断已达到空气干燥状态。

某些电厂入厂及入炉煤水分确实很高，而空气湿度又比较大。例如南方的阴雨季节，为缩短制样时间，可以采用不超过 50℃ 的条件下加速煤样的干燥，而干燥的时间应为达到恒重的最少时间。应该注意，即使同一电厂，不同煤样在相同干燥温度下，达到恒重的时间也是各不相同的。具体干燥时间可通过实际试验来加以确定。

2. 空气干燥基水分对各指标测定结果的影响

当制备空气干燥基煤样时，由于采用加热干燥或干燥温度过高，此时煤样中的空气干燥基水分已经部分或基本失去。如此时立即进行测定，各项煤质指标中，必然空气干燥基水分 M_{ad} 测值严重偏低，而其他指标测值均会偏高。

如果能将制备好的试样置于盘中摊薄，令其与空气接触 10～20min，此时煤样就可恢复至空气干燥状态，不但 M_{ad}，而且其他指标的测值均会回复到正常状态。

例如某煤样空气干燥基高位发热量 $Q_{gr,ad} = 25000J/g$，$H_{ad} = 3.40\%$，$M_t = 10.0\%$，$M_{ad} = 1.00\%$，则收到基低位发热量 $Q_{net,ar}$ 为

$$Q_{net,ar} = (25000 - 206 \times 3.40) \times \frac{100 - 10.0}{100 - 1.00} - 23 \times 10.0$$

$$= 22091 - 230 = 21861(\text{J/g})$$

如果该煤样其他参数不变，而 M_{ad} 的测值严重偏低，仅为 0.20%，则 $Q_{net,ar}$ 为

$$Q_{net,ar} = (25000 - 206 \times 3.40) \times \frac{100 - 10.0}{100 - 0.20} - 23 \times 10.0$$

$$= 21914 - 230 = 21684(\text{J/g})$$

由于空气干燥基水分测值严重偏低，致使收到基低位发热量 $Q_{net,ar}$ 降低 $21861 - 21684 = 177$（J/g）。

由上例就可了解到空气干燥基水分正确测定的重要性。空气干燥基水分本身测定并不难，问题是制备空气干燥基煤样时往往造成空气干燥基水分损失，而对各项指标测值产生严重影响。

第三节　煤中灰分的检测与应用技术

灰分是煤中不可燃成分，灰分越高，则煤中可燃成分含量越低，燃煤所产生的热量越少。灰分含量的高低，是表征煤质特性的最重要指标之一。煤中灰分含量对电力生产中的多个环节均有重要的影响，故它被列为电厂入厂及入炉煤每批或每天的必测项目。

一、煤在灰化过程中的变化

所谓灰分，是指煤中所有可燃成分完全燃烧以及煤中矿物质在一定温度下产生一系列分解、化合等复杂反应后的残渣。

煤中矿物质含量越多，则灰分含量越高，发热量越低，燃烧稳定性越差，同时还将增加磨煤机的能耗、引发或加剧灰渣结渣、增大灰渣处理及利用的难度等。

煤中矿物质是指煤中除游离水以外所有的无机物质，它们是由各种硅酸盐、碳酸盐、硫酸盐、氧化亚铁等矿物质组成。煤中矿物质在 815℃ 的灰化温度下，其中许多组分发生变化，主要反应是：

(1) 黏土、石膏等水合物失去结晶水

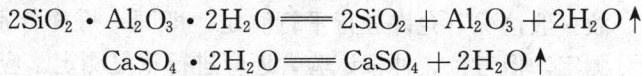

$$2SiO_2 \cdot Al_2O_3 \cdot 2H_2O = 2SiO_2 + Al_2O_3 + 2H_2O \uparrow$$

$$CaSO_4 \cdot 2H_2O = CaSO_4 + 2H_2O \uparrow$$

(2) 碳酸盐受热分解，放出二氧化碳

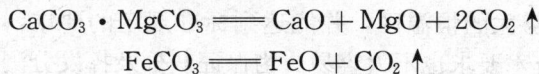

$$CaCO_3 \cdot MgCO_3 = CaO + MgO + 2CO_2 \uparrow$$

$$FeCO_3 = FeO + CO_2 \uparrow$$

(3) 氧化亚铁氧化成三氧化二铁

$$4FeO + O_2 = 2Fe_2O_3$$

(4) 硫化铁氧化成三氧化二铁，放出二氧化硫

$$4FeS_2 + 11O_2 = 2Fe_2O_3 + 8SO_2 \uparrow$$

(5) 硫酸钙的生成

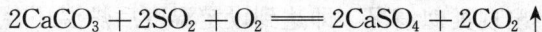

$$2CaCO_3 + 2SO_2 + O_2 = 2CaSO_4 + 2CO_2 \uparrow$$

煤在灰化过程中，即在灰分测定规定的 815±10℃ 所发生的主要变化是：各种矿物质先后失去结晶水；低于 500℃ 时，硫化物分解为二氧化硫；高于 500℃ 时，碳酸盐矿物分解。

标准中缓慢灰化法规定的灰化最终温度为 815±10℃，实际上是指碳酸盐完全分解，而硫酸盐尚未分解的温度。

二、灰分测定方法及其技术要点

1. 灰分标准测定方法

GB/T 212—2001 中规定，灰分测定方法有缓慢灰化法及快速灰化法两种。缓慢灰化法是仲裁方法，也是电厂中普通采用的方法。该法测定周期较长，但测定结果准确。

（1）缓慢灰化法。该法是称取一定量的空气干燥煤样，放入马弗炉中，以一定的速度加热到 815±10℃灰化并灼烧至质量恒定，以残留物的质量占煤样质量的百分数作为煤样的灰分。

该法的测定技术要点是：

1）该法测定灰分应用的主要仪器设备是分析天平、带有烟囱的马弗炉（高温电阻炉）及控温装置。炉膛要有足够的恒温区，能保持温度为 815±10℃，因而对马弗炉的恒温区应预先予以标定。对测温热电偶及显示仪表应由计量检定部门每年检定一次，合格者方可使用。

2）该法测定实施三步法流程，即：第一步，煤样由室温下推入高温炉中，在不少于 30min 的时间内升温至 500℃；第二步，试样在 500℃的炉内保持 30min，以便让炉内的 SO_2 尽量排至炉外；第三步，将炉温升至 815±10℃，维持 1h 后结束测定。

3）标准规定应进行检查性灼烧，每次 20min，直至连续两次灼烧后质量变化不超过 0.001g 为止，以最后一次灼烧后的质量作为计算依据，灰分小于 15.00％时，可免除检查性灼烧。

该法在应用中应注意的问题：

1）GB 483—87《煤质分析试验方法一般规定》中指出，除特别要求者外，每项分析试验应对同一煤样进行两次测定（通常称为重复测定）。两次测定值之差如不超过规定限度（同一试验室允许差 T），取其算术平均值作为测定结果，否则需进行第三次测定。如三次测定值的极差小于等于 1.2T，则取三次测值的算术平均值作为测定结果。工业分析、元素分析、发热量等各项指标的测定均须执行这一规定。

由于灰分测定一般约 4h，如要重复测定就意味着同一煤样要分 2 炉次测定，时间很长，影响数据的及时报出。故一般情况下允许进行平行测定，即同一煤样分别称于两个灰皿中，在一炉内灼烧完成灰分测定。但考核、仲裁试验，还应进行重复测定。应该认识到，平行测定与重复测定还是有一定区别的。

2）马弗炉必须有足够大的恒温区，并能达到标准规定的要求，即 815±10℃。实际上即使新马弗炉达到这一技术要求也不太容易。为保证灰分及挥发分测定结果准确，选用优质马弗炉是重要条件。对此，购买新炉后，首先应进行温度场测定，以确定炉内恒温区。如果马弗炉生产厂家能提供由计量检定部门出具的炉内温度场检定合格证书，这将会受到广大用户的欢迎。

3）马弗炉在升降温时普遍存在热惯性，这对炉温的严格控制是不利的。例如温控仪温度设定在 815℃时，当达到此温度时，温度还会继续上升，冲高至二三十摄氏度甚至更高才会停下来；在降温时也会出现类似情况，即达到设定温度后炉温还会继续下降若干摄氏度才会停降。

温度升降速度越快，其热惯性影响越大。目前市场上有快速升降温的新型高温炉供应，显然这种高温炉得配用技术性能更高的温控仪、炉膛、保温层及加工工艺也应具有更高的要求。否则，新型高温炉很难发挥它应有的作用。

（2）快速灰化法。快速灰化法又分方法 A 及方法 B。

1）方法 A。将装有煤样的灰皿放在预先加热至 815±10℃的灰分快速测定仪的传送带上，煤样自动送入仪器内完全灰化，然后送出。以残留物的质量占煤样质量分数作为煤样灰分。

该法要配备专用的快速灰分测定仪。另一方面，由于每次测定的煤样挥发分不同，灰分含量各异，即不同煤样达到完全燃烧的条件并不相同，因而传送带传送速度的调节不那么容易，有时对某些试样会出现燃烧不完全的情况。

2）方法 B。将装有煤样的灰皿由炉外逐渐送入预先加热至 815±10℃的高温炉中灰化，并灼烧至质量恒定，以残留物的质量占煤样质量分数作为煤样灰分。

该法不同于缓慢灰化法，煤样灰化过程中产生的 SO_2 不易排出炉外，而与灰中 CaO 反应形成硫酸钙，使灰分值增高，故该法测定结果也不及缓慢灰化法。

虽说方法 A 及方法 B 均为快速法，但提高速度有限，且测定结果的准确性及操作的方便性等方面都不理想，所以实际上使用上述快速测定法者并不多。

2. 灰分非标准快速测定方法

无论对入厂煤还是入炉煤来说，当前标准所规定的各种测定方法都不能完全满足生产的需要。也就是说，煤质试验结果大大滞后于入厂煤的验收与入炉煤的燃烧需要。例如从采制样到测出煤的灰分一般须要 6～8h，此时进厂煤早已卸下，入炉煤也已进炉燃烧。采用大大加快测灰速度，又能保持一定的准确性的测定方法，具有很大的实际意义。

现对放射性测灰法及氧弹测灰法作一简要介绍。前者具有较好的应用前景，而后者则是一种很方便的快速测定方法，也可与热量测定同时进行，且不需要增添任何仪器设备。

（1）双能测灰法。

1）测灰原理。

煤由可燃成分——挥发分及固定碳，不可燃成分——灰分及水分组成。其中可燃成分是由原子序数较小的氢、氧、碳元素组成，而灰分则由原子序数较大的硅、铝、钙、镁等元素组成。

当低能量 γ 射线穿过煤层时，可燃成分中各元素原子序数较小者吸收效应较弱，γ 射线衰减系数较小；反之，灰分中各元素原子序数较大者，吸收效应较强，γ 射线衰减系数则较大。

穿过煤层后的射线强弱，直接反映了灰分含量的高低，利用高、低能量的射线建立数学模型，最后由它测出灰分值。

根据上述原理制成的双能灰分测定仪所用的放射源：镅（Am）——241.60kev；铯（Cs）——137.660kev。双能测灰仪测灰原理如图 4-1 所示。

由图 4-1 可以看出，煤的有效原子序

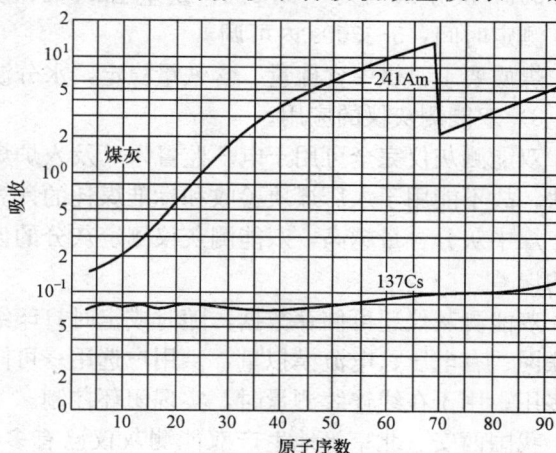

图 4-1 双能测灰仪测灰原理图

数为 5～7，对 Am^{241}γ 射线吸收率为 1.7%～1.9%；灰的有效原子序数为 10～14，对 Am^{241} γ 射线的吸收率增加到 2.3%～3.0%。

2）双能测灰仪。

根据不同用户的要求，双能测灰仪可以装在可移动小车上，实现灰分的离线检测；也可装在输煤皮带上，实现灰分的离线检测；还可安装在采样机上，将煤的机械采制样与在线灰分检测合在一起，更具发展前景。

在线测灰装置已在我国众多单位使用，特别是洗煤厂应用更多，在线检测灰分技术已经很成熟、稳定可靠，可在生产现场连续使用，且实行运行自动化。

离线及在线双能测灰示意图如图 4-2 及图 4-3 所示。

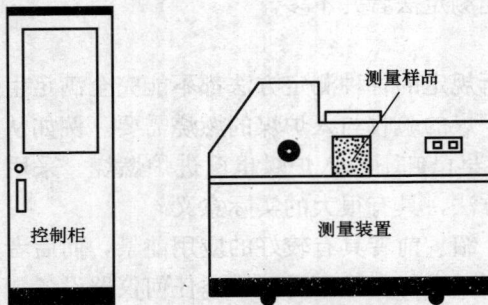

图 4-2　离线灰分检测示意图

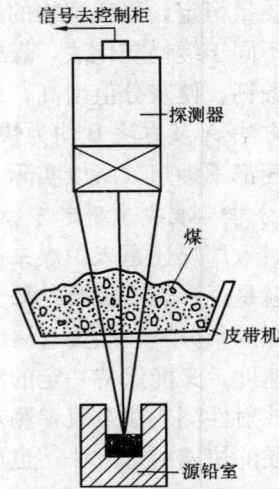

图 4-3　在线灰分检测示意图

国产双能测灰仪的主要技术参数如下：

放射源：镅 241.60kev；铯 137.660kev。

测灰范围与误差：灰分 8%～12.66%，误差±0.5%；灰分 12.66%～25.0%，误差±1.5%；灰分 25.0%～40.0%，误差±2.5%；灰分 40.0%～50.0%，误差±3.5%。

测定时间：5～300s 内可调。

煤质要求：煤中含硫量、含铁量稳定，水分波动<2%，不受粒度及疏松程度的影响。

3）双能测灰仪的应用。

双能测灰仪完全可用于电厂监督入厂及入炉煤的质量。其灰分测定的准确性尚不及标准方法，故不能用于入厂煤质验收和标准煤耗的计算。

煤中灰分含量越高，双能测灰仪测定灰分的误差也越大；离线检测的误差要大于在线检测的误差。

双能测灰仪还可储存数据，随时或定时打印结果、报表；有标准通信接口，可以与上位机联网；有电压、电流模拟量，供用户选用；可同时多点采样，集中一点快速测量，实现一机多用；用于在线连续测量时，实现闭环控制。

我国西安、北京等地生产双能测灰仪已有多年历史，国内也有少数电厂应用。作者认为，装在机械采样装置上的双能测灰仪，具有更大的优点。当然这应保证采煤样机能处于稳定的运行状态，并实现与输煤皮带联动。

从目前条件来看，电厂可配一台离线双能测灰仪用于入厂煤质的监督。取数公斤入厂煤样将粒度破碎至 3mm 以下，将试样桶置于图 4-2 右方所示的测量装置上，一般 120s 内即可测出灰分，并打印出结果。

快速测量灰分应在运煤车船到电厂后立即进行。根据灰分测定结果，以决定是否接受该批煤。对灰分值过大而不符合合同要求者，随即予以返回，以防劣质煤进入电厂。

对于入炉煤来说，则宜在输煤皮带上装在线双能测灰仪，它随时显示皮带上煤中灰分的变化情况，而且在控制室仪器终点可随时或定时显示灰分的平均结果。这有助于为锅炉配煤及燃烧调整及时提供依据。

4）由灰分计算发热量。

现在双能测灰仪不仅可直接测出灰分值，而且提供相对应的发热量数据。

灰分随发热量的增高而降低，二者呈负相关性，为此举实例说明如何通过一元线性回归方程由灰分值求算发热量。这具有较大的实用价值，只要两个变量之间存在相关性，均可采用这种方法由一参数值推算出另一参数值。

设灰分为自变量 x，发热量为因变量 y，一元线性方程可用下式表示。

$$y = bx + a \tag{4-2}$$

式中　a——直线的截距；

　　　b——直线的斜率。

根据上述方程，就可根据自变量 x（灰分）去求得因变量 y（发热量）。

$$a = \frac{\sum x^2 \sum y - \sum x \sum xy}{n \sum x^2 - (\sum x)^2} \tag{4-3}$$

$$b = \frac{n \sum xy - \sum x \sum y}{n \sum x^2 - (\sum x)^2} \tag{4-4}$$

设某煤样灰分 A_d 与发热量 $Q_{gr,d}$ 之间存在下述对应的关系。它们按标准方法的测定结果列于表 4-2 中。

表 4-2　　　　　　　　　　　灰分与发热量之间的对应关系

灰分 A_d 的测值（%）	20.15	22.84	25.22	27.96	29.14	31.20	33.14	34.65
发热量 $Q_{gr,d}$ 测值（MJ/kg）	25.17	24.17	22.98	21.96	20.23	19.05	18.01	17.34

求得 $a = 37.09$

　　　$b = -0.57$

故　$y = 37.09 - 0.57x$

设灰分 $x = 25.00\%$，则发热量 $y = 22.84\text{MJ/kg}$；$x = 30.00\%$，则 $y = 19.99\text{MJ/kg}$。

现时测灰仪直接测出的只是灰分值，发热量是通过一定的办法计算出来的。上述计算方法具有普遍性，但应注意，不同煤源灰分与发热量的对应关系不尽相同，故由灰分计算发热量的回归方程只适用于特定煤源。如任意扩大延伸使用范围，将使发热量计算误差大大增加。

5）对仪器的评价中注意的问题。

某电厂购买一台离线双能测灰仪，对同一煤样测定 9 个点。九点平均灰分 $\overline{A}_{ad}$ 为 28.80%，平均高位发热量 $\overline{Q}_{gr,ad}$ 为 23.61MJ/kg。

而九点灰分最大差值 $\Delta A_{ad} = (35.65 - 26.65)\% = 9.00\%$；发热量最大差值 $\Delta Q_{gr,ad} = (24.60 - 20.48)$ MJ/kg = 4.12MJ/kg。

同一煤样桶中上、下 9 点灰分与发热量差值如此之大，是不是该仪器测试精密度太差？作者通过试验证明，这是由于检测人员并未按仪器说明书的要求操作所致。

仪器说明书规定，要将原煤样破碎到粒度小于 3mm 混合均匀后测定。而该厂人员测灰时，样品取来（原煤样）既不破碎，也不混匀，故可信度太差。

由于 9 个测点位置是固定的，因而重复性极高，检测人员就误认为测定结果准确。该电厂检测人员测得另一煤样灰分为 24.04%，发热量为 25.79MJ/kg，作者将此样倒入另一样品桶中（煤样量规定为 3.75~4.0kg），然后再倒回原样品桶中，再次在双能测灰仪上测出灰分为 22.68%，发热量为 26.42MJ/kg。二者灰分差值为 1.36%，发热量差值为 0.63MJ/kg，显然这是由于煤样没有混匀所致。

通过这一事例可以看出，任何先进仪器设备都离不开人员操作，不按规定要求操作，再好的仪器设备也将丧失应有的作用。

（2）氧弹测灰法。

GB 212—2001 规定采用燃烧法测定煤的灰分。现介绍一种灰分—发热量一次测定的简便方法（也可单独测定灰分）。该法是基于煤在热量计氧弹中完全燃烧后的残渣与国标中燃烧法测定时其灰分含量极为相近这一原理提出来的。

该法系称取一定量的空气干燥煤样，置于已称重的燃烧皿中，在发热量测定的同时完成灰分的测定。为此，当发热量测定完毕，打开氧弹后，将留有燃烧残渣的燃烧皿干燥至恒重，并称取燃烧皿中的质量，以残留灰量占煤样质量百分数作为煤的灰分。

为确保测定结果具有良好的重现性与准确性，应掌握好以下测定条件：

1）煤样务必燃烧完全。煤样粒度应小于 0.2mm，对不易燃烧完全的煤样，宜进一步用玛瑙研钵研细或压饼燃烧。

2）选用优质不锈钢燃烧皿，尽可能减少它受氧化及燃烧产物的侵蚀作用。如果能用铂燃烧皿则更好。

3）热量测定结束后，留有残渣的燃烧皿应置于 105~110℃ 的干燥箱中干燥至恒重（一般约为 5min），然后转入干燥器中冷至室温后称重。

经与国标规定的缓慢灰化法的测灰结果对比，两种测灰方法精密度一致，其大量测试结果的平均值也具有一致性。这是该法可以作为一种测灰方法的主要依据。同时试验研究还表明，氧弹法测灰较燃烧法的结果略低，一般说来，其差值（绝对值）不超过 1%，这是由于煤样在不同条件下燃烧所致。

发热量与灰分同时测定，省时、省力，提高了测试效率。这是一种在试验室中快速测灰方法，在电厂例行的煤质分析中，可提供灰分含量的参考值。

三、煤中灰分对电力生产的影响

灰分是煤中不可燃成分，它与发热量紧密关联，故往往将灰分与发热量结合在一起，论述它们对电力生产的影响。

1. 灰分与入厂煤质计价

我国电力用煤较多地是采用按发热量计价。以往用收到基低位发热量 $Q_{net,ar}$，而 GB/T 18666—2002 中则规定，以干燥基高位发热量 $Q_{gr,d}$ 或干燥基灰分 A_d 作为煤质验收评价指标。

特别是对一些地方小煤矿及检验条件较差的用户仍然采用灰分计价。故煤中灰分含量的高低，历来为煤炭供需双方所重视，它直接关系到供需双方的经济收益及实际应用价值。

2. 灰分与发电成本

灰分含量的高低，对电力生产各个环节均产生重要影响。

煤中灰分增加，就意味着要将更多的不可燃成分运进电厂，一是增加运力负担及运费；二是增加磨煤机能耗；三是增加除尘、除渣压力；四是缩短灰场的存灰时间，从而对电厂发电成本产生明显影响。

3. 灰分与锅炉燃烧

灰分含量的增强，由于热量降低，使燃烧稳定性减弱。由灰渣从炉内带走的热量增加，从而降低锅炉效率；煤中灰分含量过大，则煤的发热量大为降低，就有可能导致锅炉灭火，故灰分大于 40％的低质煤，电厂不能单独燃用；煤中灰分含量增加，还将导致锅炉结渣的加重，同时受热面的沾污与磨损加剧，而影响锅炉安全经济运行。

4. 灰分与综合利用

煤中灰分含量的增加，也就对除尘提出了更高的要求，同时还必须解决大量灰渣的输送、贮存及利用问题。由此还得解决冲灰管道的结垢及磨损，冲灰水排放可能污染物超标等一系列问题。

在人口日益增多、土地资源日见短缺的情况下，各电厂的贮灰场地也越来越不好解决。例如 1200MW 的火力发电厂，煤的灰分 26.5％，容积达 2000 万 m^3 的贮灰场地也只够 10 年的存灰之用。至于说电厂粉煤灰的应用，在我国也很不平衡。就全国范围而言，利用率约为 50％，有的电厂粉煤灰利用率很低，而有的电厂甚至就没有得到合理利用，这与除灰方式（干灰较湿灰易于利用）、灰的质量、运输条件、当地需求等多种因素有关，不少电厂贮灰场灰满为患，因而必须控制入炉煤中灰分含量。

5. 灰分应符合锅炉设计煤质要求

电厂锅炉不宜燃用高灰煤，也不宜燃用低灰分的精煤。对于灰分含量较高的煤，对电力生产的负面影响正如前所述。电厂锅炉不会按燃用精煤设计的。燃用精煤，标煤单价就会很高，增加发电成本，同时炉膛温度过高，容易导致锅炉结渣或加剧结渣的严重程度。

归根结底，电煤特性必须与锅炉设计煤质相适应，不仅对灰分、发热量的要求是这样，而且电煤的其他各项特性指标如挥发分、可磨性、灰熔融性等也都是如此。烟煤构成电煤的主体，通常电煤灰分宜控制在 20％～30％范围内。

四、煤中矸石对电力生产的危害

应特别警惕煤中矸石经破碎后混入煤中对电力生产的危害，这是一个很突出的问题。例如煤中掺入 1％～5％的矸石，对煤的灰分及发热量的影响并不太明显，但对电厂的锅炉安全经济运行带来严重威胁。

1. 煤矸石的定义及测定方法

GB/T 3715—1996《煤质及煤质分析有关术语》中，对矸石作出了如下定义：矸石是指采、掘煤炭过程中从顶、底板或煤层夹矸混入煤中的岩石。所谓夹矸，则是夹在煤层中的矿物质层。含矸率理应是指矸石在煤中的质量百分数。而 GB/T 3715—1996 对含矸率的定义为：煤中粒度大于 50mm 矸石的质量百分数。与此相应，煤炭系统负责起草了 MT/T1—1996《商品煤含矸率和限下率的测定方法》。

MT/T1—1996 中对含矸率测定及其结果计算作出如下规定：煤样用孔径 50mm 圆孔筛，按 GB 477—1998《煤炭筛分试验方法》有关规定进行筛分，拣出筛上物的全部矸石（包括黄铁矿）。用 5.3 条所述的相应秤称重矸石，筛上块煤和筛下物，称准至 1/1000，按下式计算含矸率

$$含矸率 = \frac{m_1}{m_1 + m_2 + m_3} \times 100\% \tag{4-5}$$

式中　　m_1——矸石质量，kg；

　　　　m_2——筛上块煤质量，kg；

　　　　m_3——筛下物质量，kg。

由上述计算公式可以看出：

(1) MT/T1—1996 所规定的含矸率测定方法与 GB/T 3715—1996 对含矸率的定义是一致的，即含矸率指粒度大于 50mm 矸石（m_1）占全部检验煤量（$m_1 + m_2 + m_3$）的百分率。

(2) 上述测定方法与含矸率的定义是完全对应的，即粒度小于 50mm 的矸石不计入 m_1 中，如果将粒度大于 50mm 的矸石块统统破碎到 50mm 粒度以下，掺入商品煤中，那么含矸率的测定结果自然就会为零。

2. 对含矸率定义与测定方法的分析讨论

作者在多处亲眼所见，有的煤炭销售或转运单位将矸石破碎后大量掺入商品煤中，以非法牟利。这种现象的存在与标准中对矸石的定义及含矸率的测定方法，不能说是没有关系，故此问题很值得分析讨论。

众所周知，在一定范围内，粒度的大小是矸石的一项物理性质，而丝毫不影响其化学性质，也就是说，矸石的本质不会因为粒度大小而改变。粒度大于 50mm 的矸石，计入含矸率；而小于 50mm 的矸石粒，则不计入含矸率而作为商品煤。这样的定义似乎太缺少科学性，现时含矸率的定义及其测定方法，实际上是粒度大于 50mm 矸石占煤中的百分率及其测定方法。

3. 煤中矸石对电力生产的危害

电厂锅炉绝大部分采用煤粉悬浮燃烧方式，故电厂不使用块煤，多使用粒度较小、价格较低的原煤，粒度大都在 50mm 以下，尽管有些煤的灰分含量可高达 30% 以上，但含矸率很低，甚至为零。实际上并非煤中没有矸石，而是因为矸石均经人工破碎至粒度到 50mm 以下，故从含矸率上无法得到真实的反映。加上细小的矸石粒与煤掺混在一起，难以分辨，故它具有很大的隐蔽性与极大的危害性。

山东某电厂锅炉为 300MW 发电机组的配套锅炉，燃用山西晋中贫煤。有一段时间，由于原煤中混入大量的小颗粒矸石，致使各台中速磨煤机频频损坏，出力下降，锅炉燃烧不良而带不上额定负荷，甚至多次出现锅炉灭火情况，不时投油助燃，锅炉也只能带上 220～230MW 的负荷。

为查明原因，由作者所在单位连续多天对该炉的入炉煤、煤粉、炉渣及各台中速磨排出的矸石粒子（电厂中俗称为石子煤）进行了跟踪采样与分析。该电厂锅炉各台中速磨煤机排出的矸石粒子，其灰分 A_d 在 76.52%～77.75% 范围内，平均为 76.94%；空气干燥基高位发热量 $Q_{gr,ad}$ 在 3.8～5.1MJ/kg 范围内，平均为 4.4MJ/kg，其发热量不足入炉煤发热量（平均为 23.48MJ/kg）的 20%。

在正常煤质条件下，各台中速磨煤机排出的矸石粒子占入炉煤总量的 0.5% 以下，而当时矸石粒子却占到入炉煤总量的 3%～4%。该锅炉日燃用天然煤约 3000t，而经磨煤机排出的矸石量就达 100t 左右，混入煤中的矸石，其中相对易磨的部分则已制粉进入锅炉。

从采样分析结果来看，该厂 7 号炉入炉平均灰分 A_{ad} 为 28.89%，平均挥发分 V_{ad} 为 12.16%，平均空气干燥基高位发热量 $Q_{gr,ad}$ 为 23.48MJ/kg，其质量符合锅炉设计煤质，并不算差，应不至于出现降负荷甚至锅炉灭火情况。锅炉入炉煤，经磨煤机已预先剔除了大量高灰分、低发热量的矸石，按理不应该出现上述情况。

由于煤粉中混入的矸石细粉，分布也不可能是均匀的，在短时间内如矸石粉浓度过大，就可能导致锅炉燃烧状况的严重恶化，甚至出现灭火情况。而且，电厂磨煤机仅供磨煤之用，大量矸石进入磨煤机，势必造成磨煤出力下降及设备的损坏，它将直接影响磨煤机的制粉量及煤粉细度，并有可能给锅炉安全经济运行带来严重影响。

上述实例说明，评定电力用煤质量，仅从煤的灰分、发热量等常规指标来看是不够的，它们不能充分反映电力用煤的实际质量。例如煤中混入 1% 的小粒矸石，对煤的灰分及发热量指标值影响并不大，但对电力生产危害却不小，这要引起足够的重视。

总之，煤中矸石的存在，不论粒度的大小，均对电力生产产生危害。GB/T 3715—1996 及煤炭行业标准 MT/T1—1996 对含矸率的定义及其测定方法不能反映煤中全部矸石的存在与分布情况。这不仅无助于煤炭用户的生产及对煤炭质量的监督，而且易给不法分子以可乘之机，人为地将大量矸石破碎到粒度至 50mm 以下，充当商品煤，干扰煤炭市场，损害国家及用户利益。

鉴于煤中矸石对各行各业生产的影响，制定一个能真实反映煤中矸石情况的全矸率测定方法的国家标准，不仅具有必要性，而且具有迫切性。作者为此发表了《煤炭含矸率及其测定方法国家标准的制定》一文（《中国标准导报》，2003 年 10 月刊），提出了煤炭全矸率的概念及其测定方法的设想，供大家讨论，并加以完善。

第四节　煤中挥发分的检测与应用技术

挥发分的高低是煤的变质程度的标志，是煤炭分类的主要依据。

在电厂中，挥发分是影响锅炉稳定燃烧的首要因素，而且也对煤场贮煤、制粉系统安全运行有着重要影响。在煤的工业分析指标中，挥发分是测定技术难度最大的一个项目。掌握煤的挥发分检测与应用技术，是对每一位煤质检测及管理人员的基本要求。

一、挥发分的组成与特性

所谓挥发分，是指煤在规定条件下隔绝空气加热，并进行水分校正后的质量损失。

由于在加热过程中，煤中碳酸盐会发生分解而析出二氧化碳，它并不是煤中的挥发分，故对碳酸盐二氧化碳含量较高的煤测定挥发分时，还应将碳酸盐二氧化碳或焦渣中二氧化碳在计算结果时予以扣除。

如空气干燥基煤样中碳酸盐二氧化碳含量小于 2% 时，碳酸盐二氧化碳就可不计，挥发分按下式计算

$$V_{ad} = m_1/m \times 100 - M_{ad} \qquad (4\text{-}6)$$

式中　V_{ad}——空气干燥煤样挥发分，%；

　　　　m_1——煤样加热后减少的质量，g；

　　　　m——空气干燥煤样质量，g；

　　　　M_{ad}——空气干燥煤样水分，%。

当空气干燥基煤样中的碳酸盐二氧化碳含量为 2%～12% 时，则

$$V_{ad} = m_1/m \times 100 - M_{ad} - (CO_2)_{ad} \tag{4-7}$$

式中　$(CO_2)_{ad}$——空气干燥煤样中碳酸盐二氧化碳含量，%（碳酸盐二氧化碳含量按 GB/
　　　　　　　　　T 218—1996《煤中碳酸盐二氧化碳含量的测定方法》测定）。

当空气干燥煤样中的碳酸盐二氧化碳含量大于 12% 时，则

$$V_{ad} = m_1/m \times 100 - M_{ad} - (CO_2)_{ad} - (CO_2)_{ad,焦渣} \tag{4-8}$$

式中　$(CO_2)_{ad,焦渣}$——焦渣中二氧化碳对煤样量的质量分数，%。

通常褐煤及油母页岩中碳酸盐二氧化碳含量较高。

煤的挥发分是由各种烃类构成的有机可燃成分。不同煤源的挥发分组成不同，因而挥发分含量相同的两种煤，其燃烧特性仍然可能出现明显差异。煤的挥发分含量基本上随煤的变质程度加深而减少，而挥发分开始逸出的温度则随煤的变质程度的加深而增高。

烟煤构成电煤的主体，其挥发分的组成见表 4-3。

表 4-3　　　　　　　　　　　　　　烟煤挥发分的组成　　　　　　　　　　　　　　%

挥发分的组成	CH₄	H₂	CO	CO₂	C₂H₄	H₂S	C₂H₄O₂
各成分的含量	28～32	42～51	7～10	2～4.5	2～3	0.75	少量

由表 4-3 可以看出，挥发分主要是碳、氢二元素所组成，其中 CH_4 及 H_2 为其主要成分，它们占挥发分总量的 70%～80% 以上，是煤炭燃烧产生热量的主要来源之一。

无烟煤开始逸出挥发分的温度约为 400℃，其发热量约为 69MJ/kg；而褐煤开始逸出挥发分的温度约为 130～170℃，其发热量约为 26MJ/kg；烟煤挥发分的逸出温度及其发热量则介于无烟煤与褐煤之间。

由此可知，挥发分的发热量比煤的发热量高得多，它不仅是煤中的可燃组分，而且是最易燃烧的成分。

二、挥发分测定技术要点

挥发分测定是一项规范性很强的试验，其测定结果完全取决于所规定的测试条件。

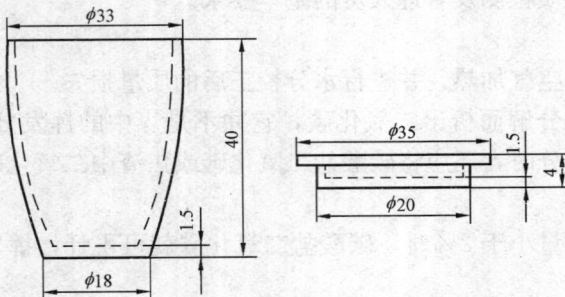

图 4-4　挥发分坩埚图

为了保证挥发分测定结果准确可靠，必须切实掌握测定挥发分的技术要点。

（1）选用符合标准规定的挥发分坩埚及坩埚架，如图 4-4 所示。

要使用完全符合图 4-4 要求的优质坩埚，坩埚盖要严、口要圆、底要平、厚薄均匀、通常不超过 20g。

挥发分坩埚必须置于坩埚架上，而坩埚架应置于高温炉恒温区内，每次测

定放置 4 个坩埚（同一煤样的两个坩埚宜交叉放置）。这样坩埚可免于与炉底直接接触，又使得各个坩埚所处温度尽可能一致。

（2）加热温度与加热时间的控制是测定操作的关键。严格控制加热温度 900±10℃ 及加热时间 7min 是极其重要的。其操作应是：当炉温达到 920℃ 时（宜略高于 900℃，当坩埚放入炉中，炉温下降，标准规定要求在 3min 内必须恢复到 900±10℃，否则试验作废），打开炉门，将称好试样的坩埚预先置于坩埚架上送入高温

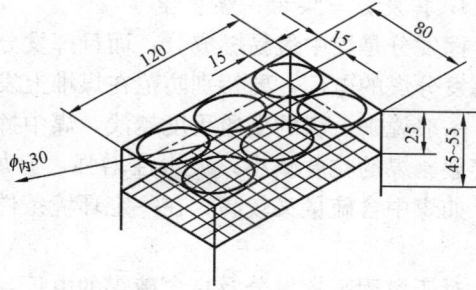

图 4-5　挥发分坩埚架示意图

炉恒温区内，计时开始，立即关好炉门，当加热时间快到 7min 时（计时准确至秒），一般提前 2～3s 打开炉门。正好 7min，将坩埚移出炉外。注意：加热时间为正好 7min，而加热温度则为 900±10℃，二者规定是有区别的。

如果测定挥发分时，先计时再打开炉门，将坩埚送入高温炉恒温区，这样的操作是不对的。如果这样操作，煤样的实际加热时间会超过 7min，会使挥发分测定结果偏高。

（3）在挥发分测定中，应同时注意下述各点：一是如何测定挥发分后发现坩埚及盖的外侧面有黑烟（内侧有黑烟是正常的），这多因煤中挥发分含量过高所致，此时可将煤样压成试饼并破成几小块后重新测定；二是从炉内取出的坩埚应置于空气中冷却 10min 左右，再转入干燥器中冷至室温后称量；三是由于煤样加热过程中，煤的空气干燥基水分 M_{ad} 也随之逸出，因而在计算挥发分时要进行水分校正，在挥发分测定的同时还应测定空气干燥基水分。如煤中碳酸盐二氧化碳含量大于 2% 时，则挥发分测定结果计算时，还应扣除碳酸盐二氧化碳含量；在煤中碳酸盐二氧化碳含量大于 12% 时，还应扣除焦渣中二氧化碳含量。

（4）应正确理解挥发分与焦渣（坩埚内残留物称为焦渣）及固定碳的关系。当挥发分测定后，标准规定可根据焦渣的特性分为 8 种，即 8 个序号，也就是各种焦渣特征的代号。焦渣特征用作煤炭分类的一项参考指标，焦渣特征与固定碳的含量决定二次风量，故它对燃烧工况有一定的影响。焦渣的不同特征反映了它的黏结性、膨胀性及熔融性。当焦渣在高温炉的余热中燃烧后的残留物即为灰分，因而焦渣实际上是煤中的固定碳与灰分。

在工业分析中，水分、灰分、挥发分三项特性指标均为实测，它们与固定碳之和就构成了煤的全部组成，故固定碳 $FC = 100 - M - A - V$。煤中挥发分与固定碳都是煤中的可燃组分，它们同样可以表征煤的变质程度，煤中固定碳随煤的变质程度加深而增大，一般褐煤 $FC_{daf} \leqslant 60\%$，烟煤为 50%～90%，而无烟煤可高达 90% 以上。煤中固定碳与挥发分的比值，称为煤的燃料比，它同样可以表征煤的变质程度。一般褐煤的燃料比为 0.6～1.5，烟煤为 1.1～9，无烟煤为 9～49。

三、煤中挥发分在电力生产中的应用

煤中挥发分含量是了解煤质及其用途的最基本、最重要的特性指标，它对电厂煤场贮煤、磨煤制粉、锅炉安全经济运行的诸多方面均有重要影响。然而由于挥发分与煤炭计价并不直接相联系，不少人对挥发分的重要性缺少认识，且有的人对 V_{daf} 值的作用产生错误的评价，因此引起严重后果。

1. 挥发分与煤场存煤管理

挥发分是煤中最易燃成分，而且挥发分含量越高，挥发分开始逸出的温度越低，故燃用高挥发分煤的电厂，要特别防范在煤堆上发生煤的自燃。

一般说来，煤的变质程度越浅，煤中挥发分含量越高，机械强度越小，在空气中越易风化碎裂。煤的粒度减小，吸水性增强，会加速煤的氧化进程，增加煤在存放期间的自然损耗。如煤中含硫量又较高，在一定环境条件下，煤场存煤更易发生自燃，故必须加强存煤管理。

对于燃用高挥发分及高含硫煤的电厂，应从电厂入厂煤组堆时就注意防范。煤堆尽可能压实一些，煤堆高度一般宜控制在 5m 以下，缩短煤场存煤的周期，加强煤堆的测温监督等，都是行之有效的措施。特别是雨季前，当煤堆内部温度接近 60℃时，更应加强对自燃的防范。因为煤中可燃硫在煤堆深部因温度较高可能释放出二氧化硫，一旦与水接触，水能溶解 40 倍体积的二氧化硫而形成亚硫酸，同时伴随放热，致使周围温度进一步上升，释放出更多的二氧化硫，放出更多的热量，最终导致自燃。

2. 挥发分与煤粉着火、存放及制粉系统安全

电厂锅炉一般采用煤粉锅炉。煤的挥发分与着火温度之间有一定关系。通常煤的着火性能随煤的挥发分含量的增加而增强。煤粉的着火性能不仅取决于煤的挥发分及灰分含量，而且还与煤粉细度、气粉混合物的初始浓度有关。

空气煤粉混合物的气粉比即通常所说的一次风率对于气粉流的着火速度有很大的影响。对一定挥发分和灰分含量的煤种来说，有一个最佳气粉比值，也就是说，可能达到最佳着火稳定性。最佳气粉比值随挥发分含量的增加及灰分含量的减少而有所增大。

煤的挥发分对煤粉存放及制粉系统安全运行也有密切关系。堆积煤粉开始阴燃及明显产生热量的温度随煤的挥发分含量的增加而降低。V_{daf} 为 15%～30% 的煤种，阴燃温度约为 270～300℃；而 V_{daf}＞40% 的高挥发分烟煤，其阴燃温度约为 210℃。

制粉系统中局部位置上存在积粉，会使温度升高，甚至达到自燃。煤粉的着火燃烧，可使压力普遍升高，从而有可能导致制粉系统的破坏；在开敞的空间，煤粉与空气混合物引起的尘粉爆炸，也常使人员及设备受到伤害。因此，在电厂中如何预防煤粉的自燃爆炸具有重要的意义。

3. 挥发分与锅炉的安全经济运行

及时提供煤中挥发分的测定结果，并加以调整，是保证锅炉稳定燃烧的必要条件。

锅炉用煤的挥发分必须与设计煤质要求相适应，挥发分过高或过低都是不利的。电厂一般不选用无烟煤，其主要原因就是因为它的挥发分含量太低，锅炉燃烧不稳定，易灭火；而对于高挥发分的烟煤、褐煤等，则需要采取切实防范措施，以确保电厂的安全生产，故电厂多选用挥发分含量中等的各类烟煤作为发电用煤。

煤中挥发分含量高低，不仅对锅炉运行的安全性，而且对其经济性也有影响。挥发分含量越高，一般灰渣未完全燃烧热损失越小，飞灰可燃物通常随煤的挥发分增大而降低，这有助于提高锅炉的燃烧效率。

当燃用挥发分含量较低的煤，为使其灰渣不完全燃烧热损失不致太高，则要求锅炉具有较高的炉膛热强度，增加煤粉细度，提高热风温度，以尽可能提高燃烧温度。

挥发分是评定燃烧性能的首要指标，考虑到煤中水分及灰分等不可燃成分的影响，使用

干燥无灰基挥发分V_{daf}来判断煤的可燃性较为接近锅炉实际，故在提供锅炉设计煤质时，挥发分用干燥无灰基表示，而其他指标均用收到基表示。

4.V_{ad}与V_{daf}之间的关系分析

试验室所提供的挥发分测定结果以V_{ad}表示，而实际使用中又多用V_{daf}值。搞清两者的关系是十分重要的。有关锅炉燃烧方面的生产事故多与这方面的问题有关。

干燥无灰基挥发分V_{daf}可由下式计算而得

$$V_{daf} = V_{ad} \times \frac{1}{1 - M_{ad} - A_{ad}} \tag{4-9}$$

由式（4-9）可以看出，V_{daf}值的高低取决于两方面因素：一是V_{ad}值；另一是$M_{ad} + A_{ad}$值，主要是A_{ad}。

对同一煤源来说（同一煤源指某一矿井生产的煤，而不是同一矿区的煤），其挥发分V_{ad}波动是不大的，而灰分含量波动往往较大。在这种情况下，V_{daf}值主要取决于灰分A_{ad}值的高低。

例如，设某贫煤的$V_{ad} = 12.00\%$，灰分A_{ad}分别是20.00%及30.00%，M_{ad}均为1.20%，则

当$A_{ad} = 20.00\%$时，$V_{daf} = 15.23\%$；

当$A_{ad} = 30.00\%$时，$V_{daf} = 17.44\%$。

上例中，V_{ad}与M_{ad}值均相同，故A_{ad}值大者，则V_{daf}值也大，则在这种情况下，意味着煤质越差，锅炉燃烧越不稳定。

在另一种情况下，即$M_{ad} + A_{ad}$保持恒定，则V_{daf}值随V_{ad}值增大而增大。

例如，设某一无烟煤与烟煤的$M_{ad} + A_{ad}$相等，均为30%。无烟煤$V_{ad} = 6.5\%$，而烟煤挥发分为16.5%，则

无烟煤$V_{daf} = 6.5 \times 100 / (100 - 30) = 9.29\%$

烟煤$V_{daf} = 16.5 \times 100 / (100 - 30) = 23.57\%$

上例中，M_{ad}与A_{ad}值之和相同，V_{daf}值的大小则完全由V_{ad}所决定。如果要获得较高的V_{daf}值，就得选用挥发分较大的煤种或较高挥发分类别的烟煤而弃用无烟煤。

有人误认为煤的挥发分V_{daf}值越高越好，这是不对的。V_{daf}值的增高，不一定会燃烧更稳定，说不定适得其反，故对此问题要加以具体分析。

四、固定碳的特性与应用

挥发分与固定碳同是煤中可燃组分，但前者比后者更易燃烧。

前已指出，固定碳是指测定挥发分的残渣中减去灰分的残留物。测定挥发分时，坩埚内的残渣为焦渣，将焦渣燃尽（即其中固定碳燃尽），残留下来的就是灰分。

固定碳与挥发分同是煤中发热量的主要来源。

当用不同基准表示时

$$FC_{ar} = FC_{ad} \times \frac{100 - M_t}{100 - M_{ad}} \tag{4-10}$$

$$FC_d = 100 - A_d - V_d \tag{4-11}$$

$$FC_{daf} = 100 - V_{daf} \tag{4-12}$$

$$FC_{ad} = 100 - M_{ad} - A_{ad} - V_{ad} \tag{4-13}$$

挥发分与固定碳的含量均与煤的变质程度相关。挥发分随煤的变质程度加深而减小，而固定碳含量则随之增加。故无烟煤挥发分含量最低，固定碳含量最高；褐煤则是挥发分含量最高，固定碳含量最低的煤种；烟煤介于无烟煤及褐煤二者之间。

对任何煤种来说，同一煤样中的固定碳含量必然小于元素碳（即煤中总碳含量）含量。如煤的挥发分越大，则二者差值越大，故无烟煤中固定碳比较接近元素碳含量；而褐煤中固定碳含量则比元素碳含量低得多。这是前者挥发分含量远比后者低得多所造成的。

固定碳并不是纯碳，在无烟煤及烟煤中，固定碳中的碳含量约占 95％左右，其余的为少量硫、氧、氮等元素。

由于煤中挥发分比固定碳更易着火燃烧，故煤粉进入锅炉，首先是挥发分燃烧，然后才是固定碳燃烧。如果燃烧不完全，使得未燃尽的碳粒进入飞灰及炉渣，这样也就降低了燃烧效率。

在各种煤中，以无烟煤挥发分含量最低，而固定碳含量最高。由于固定碳的着火温度远高于挥发分，故燃用无烟煤，易出现燃烧不完全，甚至锅炉灭火情况，这正是电厂锅炉通常均不采用无烟煤作为设计煤质的重要原因。另一方面，挥发分含量过高的煤，其固定碳含量必然很低，虽然不会出现锅炉灭火，但由于燃烧速度很快，因而燃烧稳定性不易控制，而且还有上述所说的其他不利因素，故电力用煤多选用挥发分及固定碳含量均为中等的一些煤种，如贫煤、贫瘦煤、瘦煤、弱粘煤、不粘煤等类别的烟煤。

GB/T 7562—1998《发电煤粉锅炉用煤技术条件》中，也将挥发分列入最为重要的七项特性指标之一，可见其重要性。但是有些电厂中的煤质检验与管理人员对挥发分的重要性缺乏认识。一是挥发分与计价并不直接相联系；二是 GB/T 18666—2002 中并没有把挥发分列为质量评价指标。挥发分对电力生产的更主要的影响在安全性方面，没有安全性，就没有经济性。电力生产必须贯彻"预防为主，安全第一"的方针，任何电厂切不可忽视生产安全问题；另一方面，由于现在所掌握的试验数据尚不足以制定挥发分、灰熔融性、可磨性等指标质量评定允许差，故目前尚未列入 GB/T 18666—2002 中。各个电厂的煤质检验人员都应该很好掌握挥发分的检测技术，了解它对电力生产的作用，防止各类事故的发生，把本职工作做得更好。

关于煤的工业分析特性指标，还可采用热重分析法测定。同时国内也有这类仪器生产，有的电厂也已使用。有关这方面情况，读者可参阅《电力用煤采制化技术及其应用》修订版（中国电力出版社，2003 年 5 月出版），本书就不加以介绍与说明。

煤的元素分析特性指标检测与应用技术

煤由可燃与不可燃组分所组成，其中可燃组分为挥发分与固定碳；如按其化学组成来说，则它们是由碳、氢、氧、氮、硫五种元素组成。所谓元素分析，就是指对上述五种元素分析的总称。

不同煤种由于成煤的原始植物及其变质程度的不同，其元素组成及其特性也就有所差异。碳、氢两元素燃烧时释放大量的热量，是煤的发热量的主要来源。硫燃烧时也能释放少量的热量，但它对电力生产的危害性很大。在上述五种元素中，碳、氢、氮、硫均为实测，而氧含量则通过计算而得。

应该指出，GB/T 476—2001《煤的元素分析方法》中所指的仅为碳、氢、氮、氧四种元素，而煤中硫的测定单独列为一项标准，即 GB/T 214—1996《煤中全硫测定方法》。元素分析，特别是碳、氢的测定，被认为是煤质分析中技术难度最大的项目。

在电厂锅炉设计、燃烧调整中都需要提供元素分析数据，再由于煤中硫是电厂造成大气污染的主要来源，同时又给电力生产带来诸多不利影响，在 GB/T 18666—2002 中将煤中全硫及发热量（或灰分）同列为商品煤质量验收中的评价指标，这在一定程度上也反映了监控煤中含硫量的重要性。因而煤中元素分析特性指标的检测与应用也就构成了本书的重要组成部分。

第一节　煤中碳、氢的检测与应用技术

碳是煤中含量最多的一个元素。碳含量随煤的变质程度加深而增高，无烟煤中含碳量有时可高达 90％以上，但含氢量相对较低，最低者可低于 1％；而对变质程度最浅的褐煤来说，含碳量有时不足 50％，而氢含量可高达 5％左右。

碳、氢均易燃烧，同时释放出热量

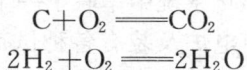

$$C+O_2 \Longrightarrow CO_2$$
$$2H_2+O_2 \Longrightarrow 2H_2O$$

1g 碳完全燃烧时产生 34040J 的热量，而 1g 氢完全燃烧时产生 143000J 的热量，约为碳燃烧时产生热量的 4.2 倍。

由于煤中碳的含量往往占 50％～70％，甚至更高，而氢含量通常在 2.0％～4.5％，故煤中发热量的主要来源是碳而不是氢。

GB/T 476—2001 中规定，煤中碳、氢采用三节炉法或二节炉法测定，而 GB/T 15460—1995《煤中碳和氢的测定方法　电量—重量法》中规定，碳采用重量法，氢采用库仑法测定。在各种测定方法中，碳、氢的三节炉法为经典方法，是各个国家标准规定中的首

位方法，测定结果最为准确，也最具实用价值。故本节只讲三节炉法测定碳与氢的技术要点及其应用中的问题，至于其他碳、氢测定方法，读者可参阅作者编著的《火力发电厂燃料试验方法及应用》一书（中国电力出版社，2004年9月出版），本书将不作介绍。

一、碳、氢测定基本原理与测定装置

1. 基本原理

煤样置于氧气流中，于850℃下使其完全燃烧，碳与氢定量地转为二氧化碳和水。当它们分别用不同的吸收剂吸收时，根据吸收剂的增重，就可计算出煤中的碳、氢含量。

2. 测定装置

碳、氢测定，原理简单，但测定装置相当复杂，而且要靠检测人员自己组装，故认为碳、氢测定是煤质检测中技术难度最大的一个项目。

三节电炉是碳、氢测定装置的核心，整套装置可由氧气净化、试样燃烧及燃烧产物吸收三个系统所组成，如图5-1所示。

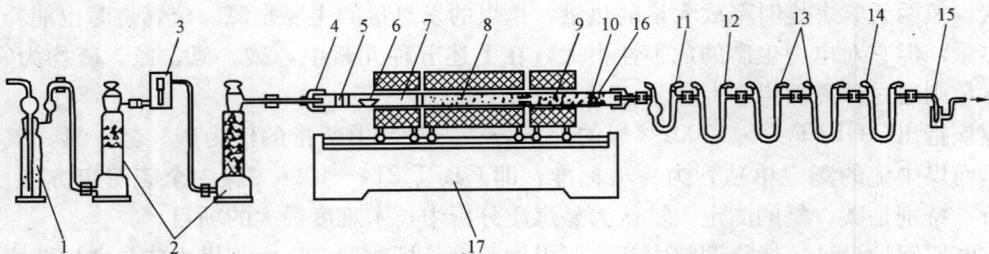

图 5-1　碳与氢的测定装置（三节炉法）

1—鹅头洗气瓶；2—气体干燥塔；3—流量计；4—橡皮帽；5—铜丝卷；6—燃烧舟；7—燃烧管；8—氧化铜；9—铬酸铅；10—银丝卷；11—吸水U形管；12—除氮U形管；13—吸二氧化碳U形管；14—保护用U形管；15—气泡计；16—保温套管；17—三节电炉

（1）氧气净化系统。碳、氢测定所用氧气，由氧气瓶直接供给。由于市售的氧气是由液化空气制取的，其生产的氧气中必然含有一部分水及二氧化碳。为保证碳、氢测定结果的可靠性，必须将氧气中携带的水分及二氧化碳加以清除，故碳、氢测定装置设置了氧气净化系统。

氧气中的水分，通常用过氯酸镁或浓硫酸加以去除；而二氧化碳则多用粒状碱石棉加以吸收，从而以净化的氧气进入燃烧系统。

为了指示并控制氧气流速，在净化系统中串联了一个微型浮子流量计。

（2）燃烧系统。燃烧系统由三节电炉及装有各种试剂的燃烧管组成。对三节电炉来说，第一节炉控温为850℃，第二节炉为800℃，第三节炉为600℃。用镍铬—镍硅热电偶测温，数字显示温度，通常应用可控硅控温仪来控制炉温。

燃烧管多采用不锈钢管或致密刚玉管。

第一节炉对应的管段中将在测定时放置试样舟；在第二节炉对应管段中放置针状氧化铜，其作用是如果碳燃烧不完全时会产生一氧化碳，通过氧化铜管段时转为二氧化碳。

$$CO+CuO \xrightarrow{\quad 800℃ \quad} Cu+CO_2$$

针状氧化铜由于空隙率较大，便于氧气通过；第三节炉对应管段中填装粒状铬酸铅及银

146

丝卷，以去除煤的燃烧产物中的硫氧化物及氯。

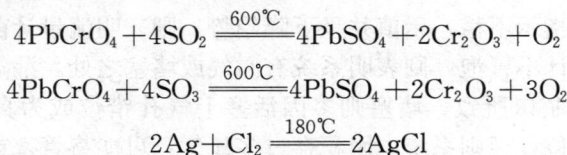

$$4PbCrO_4+4SO_2\xrightarrow{600℃}4PbSO_4+2Cr_2O_3+O_2$$

$$4PbCrO_4+4SO_3\xrightarrow{600℃}4PbSO_4+2Cr_2O_3+3O_2$$

$$2Ag+Cl_2\xrightarrow{180℃}2AgCl$$

第二节炉与第三节炉之间以及各试剂段前后均用银丝卷隔开，同时它又起到分散气流的作用，以保证燃烧过程中生成的一氧化硫与二氧化硫能与燃烧管内所填装的化学试剂充分反应而被有效地加以转化及去除。

银丝卷装于燃烧管出口端（第三节炉外）温度在 180℃ 左右处，以去除煤中氯的影响。

（3）吸收系统。为了定量地吸收水分及二氧化碳，可采用多种吸收剂作为水分吸收剂，可选用过氯酸镁或浓硫酸；作为二氧化碳吸收剂，可选用粒状碱石棉或浓氢氧化钾等。为了称量安全、方便，又减少气流阻力，一般多选用颗粒状的高效固体吸收剂。现在普遍采用无水过氯酸镁作为水分吸收剂，采用粒状碱石棉作为二氧化碳吸收剂。

煤中除碳、氢、硫、氯外，还有少量氮，因为煤中氮多为有机氮，在 850℃ 下，或多或少地会生成一些二氧化氮，如不加以去除，会使碳的测定结果偏高。因而在吸收系统中，位于二氧化碳吸收管前，还应加装装有二氧化锰的除氮管。

$$2NO_2+MnO_2=\!=\!=Mn（NO_3）_2$$

在吸收系统末端，连接了一个装有浓硫酸的气泡计。它一方面可以大体显示氧气流速，反映氧气是否通畅（如系统泄漏，则无气流通过气泡计）；同时它又可防止空气中的水分进入吸收系统。

由此可知，碳、氢测定装置还是相当复杂的，而且必须保证整套装置严密，不能存在气体泄漏情况，否则将使测定结果大大偏低。故在碳、氢测定中，对选用的玻璃吸收瓶、燃烧管、橡胶塞及各仪器间连接用乳胶管均有严格的要求，以防系统漏气。

二、碳、氢测定的技术要点

1. 空白试验

在碳、氢测定装置中，只要残存一些有机物及水分，就会影响碳、氢的测定结果。然而氧气在进入燃烧系统前已经净化，去除了水分及二氧化碳，故系统中残存的水分及二氧化碳主要来自燃烧管及所装试剂。

所谓空白试验，就是指不装试样而又在和试样测定完全相同的条件下，测出系统内残存的有机物及水分作为空白值。空白试验是否符合要求，是以水分及二氧化碳吸收瓶的质量变化来衡量的。每次通氧 25min，当水分吸收管前后两次质量差值不超过 0.0010g，二氧化碳吸收瓶不超过 0.0005g，则认为达到恒重，也就是完成了空白试验，就可正式测定煤样。否则，要继续通氧，直至达到恒重为止。

空白试验是碳、氢测定中的关键步骤，既是技术要点也是技术难点。在碳、氢测定中，空白试验往往问题较多且不易解决，为了保证以较短的时间完成空白试验，应该注意下述各点。

（1）碳、氢测定的整套装置必须严密不漏气，否则会长时间不能达到恒重要求。如果连续 3 次称重，不能达到恒重，则应逐段检查系统是否存在漏气之处并加以消除，同时也应检查一下氧气净化系统中的水分及二氧化碳吸收剂是否失效。如已失效，应立即更换。装吸收剂的干燥塔应采用玻璃磨口塞的，而不能用塑料盖的。

如发现浮子流量计指示不稳，示值并呈下降趋势，则表明流量计前方有漏气之处；如发现测定装置末端的气泡计不冒泡，则表明系统有漏气或堵塞之处。漏气多因橡胶塞或玻璃磨口瓶塞未能塞紧管口或瓶口所致；堵塞则多因活塞上气孔错位或为真空脂所堵。在此情况下，应尽快找出受堵部位，否则系统中因积存过多氧气，可能将管塞或瓶塞冲开而影响测定的正常进行。

（2）由于碳、氢含量并不是经常测定的项目，如三节电炉停用时间较长，可在停用期间，将各吸收瓶、管的活塞关严，乳胶管不应与空气接触，总之，尽可能减少空气进入测定装置；另一方面，可提前 1～2d，将三节电炉升温通氧，以驱除测定装置中的水分及有机物，然后再按规定的时间间隔对吸收管、瓶进行称重。估计整套装置中的水分及有机物尚未清除完毕，不要急于一次次称重吸收管、瓶。在这种情况下，频繁地进行称重操作，也只能是徒劳。

为了缩短达到恒重的时间，可适当地提高氧气流速。但在测定煤样时，还应按规定要求控制氧气流速为 120mL/min。

（3）在进行空白试验时，如因天气潮湿，虽经长时间通氧、多次称重，仍无法达到恒重，此时可作如下处理：如第一次水分吸收管增重 0.0018g；通氧 25min 后，第二次继续增重 0.0016g；再通氧 25min，第三次称重，又增重 0.0020g。也就是每次增重基本上呈有规律性的变化。则可取上述三次增重的平均值 0.0018g 作为空白值。在测定煤样时，可将水分吸收管的增重减去此空白值 0.0018g 作为计算煤中氢含量的依据。但应注意，采用此法时，前后 2 次吸水管增重值应该较为接近，且其最大差值不得超过 0.0030g。

（4）空白试验需每天进行，当更换吸收剂时，则要重新进行空白试验。

2. 煤样测定

煤样测定时，应注意如下各点：

（1）当完成空白试验后，即可进行煤样测定。最好连续进行煤样测定，以提高测试效率。煤样测定的操作与空白试验的操作完全一样，碳、氢测定必须注意每一个操作细节，否则是难以测准结果的。

（2）测定过程中，必须严格控制氧气流速，且氧气流不能中断。氧气具有一定的流速，是保证煤样燃烧完全的必要条件，同时它还起到载气的作用，将煤的燃烧产物——二氧化碳及水汽携带进入吸收系统。试验表明，氧气流速控制为 120mL/min 是适宜的。

（3）测定煤样时，在其上方要覆盖一层催化剂——三氧化钨或三氧化二铬，一是它们起催化作用，有助于试样燃烧完全；二是也有助于防止煤样爆燃。待用的催化剂可一直置于三节炉旁，使其一直处于干燥状态。

（4）水分吸收剂无水过氯酸镁，必须是粒状的，当管中约有 1/3 以上吸水结块，受潮的无水过氯酸镁无法再生复用；在应用二氧化碳吸收瓶时，当有 1/2 的碱石棉失效（呈白色结块）时，则应更换。

（5）碳、氢测定结果分别按下式计算

$$C_{ad} = \frac{0.2729 \times m_1}{m} \times 100\% \tag{5-1}$$

$$H_{ad} = \frac{0.1119(m_2 - m_3)}{m} \times 100\% - 0.1119 M_{ad} \tag{5-2}$$

式中　　　m——试样质量，g；

　　　　　m_1——CO_2 吸收剂增重，g；

　　　　　m_2——H_2O 吸收剂增重，g；

　　　　　m_3——水分空白值，g；

　　　　　M_{ad}——空气干燥基水分，%；

　0.2729——CO_2 换算成 C 的系数，12.01/44.01；

　0.1119——H_2O 换算成 H 的系数，2.016/18.016。

　　在计算煤中含碳量时，如煤中碳酸盐二氧化碳含量大于 2%，则碳含量按下式计算

$$C_{ad}(\%) = \frac{0.2729 \times m_1}{m} \times 100\% - 0.2729(CO_2)_{ad} \tag{5-3}$$

式中　　　$(CO_2)_{ad}$——煤中碳酸盐二氧化碳含量，%（按 GB/T 218—1996 测定）。

　　在计算煤中氢含量时，注意一是要扣除水分的空白值，二是煤样燃烧时，煤中水分蒸发后同时为水分吸收剂所吸收，故在计算中也要将它折算成氢加以扣除。

　　（6）为了检验碳、氢测定结果的可靠性，通常可采用测定基准有机试剂的办法。常被选用的基准试剂有 EDTA、苯甲酸、蔗糖等，它们均是由碳、氢、氧组成的有机化合物，它们易于提纯、性能稳定，其碳、氢含量又与煤中碳、氢含量较为接近。如苯甲酸 C_6H_5COOH，其式量为 122.12，其中含碳 $7 \times 12.01/122.12 = 68.84\%$，含氢 $1.008 \times 6/122.12 = 4.95\%$，如对上述基准试剂中的碳、氢含量进行测定，其实测值与上述理论计算值相比，碳含量相差不超过 $\pm 0.30\%$，氢含量相差不超过 $\pm 0.10\%$，且不存在系统误差，则表明碳、氢测定结果是可靠的。

　　除应用基准有机试剂来检验碳、氢测定结果准确性外，同样也可应用标准煤样来加以检验。

　　总之，煤中碳、氢测定技术难度较大，在操作中应注意的细节问题很多，本书不拟细述。如要进行碳、氢测定，读者还可参阅作者编著的《火力发电厂燃料试验方法及应用》一书（中国电力出版社，2004 年 9 月出版）。

三、煤中碳、氢的经验计算方法及其应用

　　煤中碳、氢测定相当麻烦，然而煤中氢含量又是计算收到基低位发热量的必备参数，不少单位长期将煤的氢含量视为定值，或者不论什么煤样，采用统一的含氢量来计算收到基低位发热量，这就可能给测定结果带来很大的误差。

　　作者分析研究了煤中挥发分与氢含量的关系，它们均随煤的变质程度加深而减小，故煤中含碳量与氢含量之间必然存在某种相关性。作者由此推导出由空气干燥基挥发分计算空气干燥基氢的一元线性方程，即

$$H_{ad} = 0.0605 V_{ad} + 2.217 \tag{5-4}$$

　　设 $V_{ad} = 15.32\%$，则

$$H_{ad} = 0.0605 \times 15.32\% + 2.217\% = 3.14\%$$

　　计算结果取小数点后 2 位。又如 $V_{ad} = 26.49\%$，则

$$H_{ad} = 0.0605 \times 26.49\% + 2.217\% = 3.82\%$$

　　应该指出，该公式的应用有一定的范围，即 V_{ad} 值很小的老年无烟煤不能应用式（5-4）来计算 H_{ad}。而其他各种煤均可应用此式。当空气干燥基挥发分 V_{ad} 在 $10\% \sim 32\%$ 范围内，

按式（5-4）计算的氢值与三节电炉实测的氢值平均相差 0.12％（30 个煤样统计），最大差值为 0.25％，这说明该公式具有足够的准确性。

GB/T 476—2001 规定，碳、氢测定的精密度规定见表 5-1。

表 5-1 标准规定的碳、氢测定精密度

项 目	重复性限（％）	项 目	再现性临界差（％）
C_{ad}	0.50	C_d	1.00
H_{ad}	0.15	H_d	0.25

关于此式的应用，还需注意：

（1）应用回归方程计算的氢值不能代替实测。

（2）计算的氢值可用来估算煤中的氢含量，例如有的电厂计算煤的收到低位发热量时采用固定的氢值或采用很久以前的一次测定值，这样还不如应用式（5-4）计算的氢值来估算更为准确。

（3）空气干燥基挥发分 V_{ad} 值按 GB/T 212—2001 测定。

电厂中每天都要计算收到基低位发热量，用以计算标准煤耗，H_{ad} 对收到基低位发热量的影响很大。例如：$Q_{gr.ad}=24000T/g$，$M_t=10.0％$，$M_{ad}=1.40％$，而 H_{ad} 分别按 4.00％ 及 3.50％ 计算，则收到基低位发热量分别是

$$Q_{net,ar} = (24000 - 206 \times 4.00) \times \frac{100 - 10.0}{100 - 1.40} - 23 \times 10.0$$

$$= (24000 - 824) \times 90.0/98.00 - 230 = 20925(J/g)$$

当 $H_{ad}=3.50％$ 时，则

$$Q_{net,ar} = (24000 - 206 \times 3.50) \times \frac{100 - 10.0}{100 - 1.40} - 23 \times 10.0$$

$$= 21019(J/g)$$

二者相差 $21019 - 20925 = 94$ （J/g）

H_{ad} 含量仅仅相差 0.5％，则收到基低位发热量相差近 100J/g，故对正确使用 H_{ad} 值不可忽视。

四、煤中元素组成与煤的燃烧

煤的元素组成数据是锅炉设计、燃烧调整、燃烧特性计算的基本参数。

1. 煤的组成表示方法

煤炭组成通常有两种表示方法，即工业分析及元素分析表示方法。

煤用工业分析指标表示，则

$$M + A + V + FC = 100％ \tag{5-5}$$

煤用元素分析指标表示，则

$$M + A + C + H + O + N + S_c = 100％ \tag{5-6}$$

式中　S_c——可燃硫。

由于煤中可燃硫常可占全硫含量的 90％ 以上，故可燃硫 S_c 有时用全硫 S_t 来代替，则

$$M + A + C + H + O + N + S_t = 100 \tag{5-7}$$

当比较式（5-5）及式（5-7）时，就可得知

$$V + FC = C + H + O + N + S_t \tag{5-8}$$

式（5-8）表明，元素组成即相当于煤中可燃组分，也就是工业分析中的挥发分 V 及固

定碳。

煤中各元素含量随煤种不同而异，见表 5-2。

表 5-2   煤中各元素的含量   %

煤　种	碳	氢	氧	氮	有机物热量（J/g）
褐　煤	68.8	5.5	24	1.7	23840
烟　煤	82.2	4.3	12	1.5	35125
无烟煤	95.0	2.2	2.0	0.8	33870

2. 碳、氢与煤的燃烧

所谓燃烧，就是物质与氧进行反应而产生光和热的现象，一般是利用其热能。

煤中碳、氢、氧、氮、硫中，燃烧能产生热量的实际上仅为碳、氢、硫三种元素。前文已指出，碳与氢是产生热量的主要来源，而硫燃烧产生的热量很少。

这三种元素燃烧的反应式如下

$$C + O_2 \longrightarrow CO_2$$
$$2C + O_2 \longrightarrow 2CO$$
$$2H_2 + O_2 \longrightarrow 2H_2O$$
$$S + O_2 \longrightarrow SO_2$$

上述元素燃烧，必须提供所需氧量（空气量），氧量不足，燃烧就不能完全。

为了计算某一定量的煤完全燃烧必需的最小氧量（空气量），就要对煤进行元素分析。根据元素分析结果，计算出所需的空气量，称为理论空气量，用 A_0 表示。

煤的燃烧不仅需要一定量的氧，而且要求氧气要与煤粉能充分接触、混合，要保持在一定温度以上。由于空气中氧含量为 21％（体积比），而残存的氮约为 79％，它不仅无助于燃烧，还要从炉膛内夺走热量自烟囱排出。

不同种煤完全燃烧的理论空气量是不同的，见表 2-16。

煤的燃烧产物与过剩空气系数的关系见图 2-15。由于煤中主要可燃元素为碳与氢、故烟气的主要成分应为氮、二氧化碳、氧、水汽等；当燃烧不完全时，还产生少量一氧化碳和氢气等。

$CO + H_2$ 为燃料的不完全燃烧产物，由图 2-15 可知，当过剩空气系数达到 1.2 时，它们的含量甚微或趋近于零；当处于理论空气量时，煤不能完全燃烧，$CO + H_2$ 随空气量的减少而迅速增大。

煤的元素分析指标，反映了煤的重要特性，特别是燃烧特性，在有条件的电厂应开展元素分析指标的检测，大力提高煤质监督与检测水平。

第二节　煤中氮的检测与应用技术

煤中氮含量不高，但存在形态复杂，一般认为是有机氮。氮在煤中，既不能产生热量，也不能助燃，而且燃烧后还有少量氮氧化物生成，随锅炉烟气外排，它也是对大气产生污染的有害物。GB/T 13223—2003《火力发电厂大气污染物排放标准》对火力发电厂排放的二氧化硫及氮氧化物的排放均作出了严格的限制。

煤中氮的测定，多采用传统的开氏法或改进的开氏法。

一、测定原理与测定装置

1. 测定原理

煤样在浓硫酸及催化剂的作用下加热分解，煤中有机组分氧化成二氧化碳和水，绝大部分氮转化为氨，它与硫酸作用生成硫酸氢铵。在过量的氢氧化钠作用下，氨被蒸馏出来并由硼酸溶液吸收，最后用标准硫酸溶液来滴定，根据硫酸的消耗量，即可计算出煤中的含氮量。

2. 测定装置

煤中氮的测定为典型的化学分析方法，主要使用各类玻璃仪器，且要自行组装，同时还要进行标准溶液的配制与标定等，故要掌握煤中氮的检测技术，还是有一定难度的。

氮的测定包括煤样消化、消化液的蒸馏与吸收、吸收液的滴定等环节，其中所用仪器最复杂的为消化液的蒸馏与吸收装置，如图 5-2 所示。

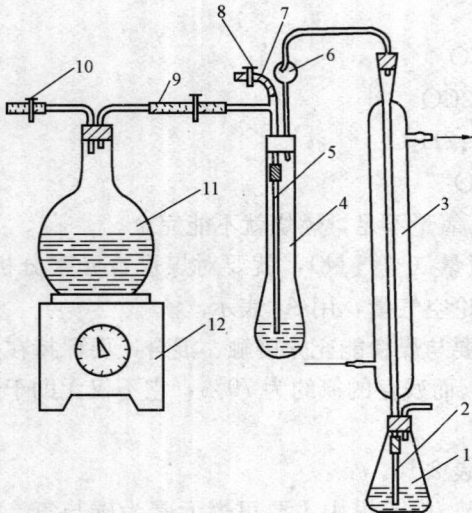

图 5-2　煤中氮测定时消化液蒸馏与吸收装置
1—锥形瓶；2—玻璃管；3—直形冷凝器；4—开氏瓶；
5—玻璃管；6—开氏球；7—橡皮管；8—夹子；9—
橡皮管和夹子；10—橡皮管和夹子；11—圆底烧瓶；12—万能电炉

二、煤中氮测定的技术要点

1. 煤样的消化

煤样在浓硫酸及催化剂作用下加热分解，煤中氮转化成硫酸氢铵的反应，称为消化反应。

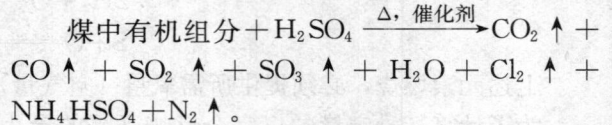

$$煤中有机组分 + H_2SO_4 \xrightarrow{\Delta,\ 催化剂} CO_2 \uparrow + CO \uparrow + SO_2 \uparrow + SO_3 \uparrow + H_2O + Cl_2 \uparrow + NH_4HSO_4 + N_2 \uparrow_\circ$$

目前所采用的催化剂是由无水硫酸钾、硫酸汞及硒粉研细混合而成。

煤样消化是氮的测定中关键性操作，且费时较多。一般说，随煤的变质程度加深则消化时间得以延长。无烟煤的消化往往需要 4h 或更长时间，其他煤种消化时间相对较短，一般在 2h 左右。

为了确保消化完全，就必须选用高效催化剂及保持煤样的消化温度，此外，样品量适当减小，并进一步将煤样磨细，有助于缩短消化时间。对于特别难消化的煤样，还可以加入适量的氧化铬溶液。

根据作者的经验，煤样可直接置于 500mL 开氏瓶中，并将其置于万能电炉上。开氏瓶的球形部分用保温材料包住，以维持消化温度，这样煤样消化完毕，可将开氏瓶直接移至图 5-3 所示的蒸馏与吸收装置中，而不是采用 GB/T 476—2001 中规定采用的 50mL 小开氏瓶及铝加热体加热。因为按国标操作，消化液还需转入 500mL 大开氏瓶中进行蒸馏，操作更为麻烦。

2. 消化液的蒸馏与吸收

消化反应生成的硫酸氢铵在过量碱的作用下析出氨，它通过水汽蒸馏法来加以收集，蒸出的氨由硼酸溶液吸收。

消化液蒸馏与吸收反应如下：

$$NH_4HSO_4 + 2NaOH =\!\!=\!\!= Na_2SO_4 + 2H_2O + NH_3 \uparrow$$

$$xNH_3 + H_3BO_3 = H_3BO_3 \cdot xNH_3$$

在蒸馏与吸收操作中，应注意：

（1）通过螺旋夹，适当控制蒸汽产生的速度，不要太慢但也不要过快。

（2）氢氧化钠溶液的加入速度开始时要慢，以免反应过于激烈而冲开瓶塞。

（3）通入开氏瓶中的玻璃管应接近瓶底约 2mm，也就是要将它插入反应液中，这样可使水汽直接通入开氏瓶底部，又起到搅拌作用，加速氨的蒸出。

（4）图 5-3 中的开氏球不可缺少，蒸出的氨与水汽经开氏球可获得大体上分离，分离后的水又回到开氏瓶中，蒸出的氨仍然通过水的携带进入吸收液。

（5）蒸馏液要直接通入硼酸吸收液中，以防氨的逸出使测定结果偏低。蒸出液应适当过量，以保证氨全部被蒸出并为吸收液所吸收。

3. 硫酸滴定

采用标准硫酸溶液来滴定上述吸收液。试验表明，硫酸浓度较高，滴定终点易判断，但硫酸用量少，滴定误差大；硫酸浓度较低，则出现相反的情况。综合考虑上述因素，一般硫酸标准溶液的浓度以 0.05mol/L 或 0.025mol/L 为宜，采用甲基红—亚甲基蓝混合指示剂来判断终点。

4. 空白试验

由于测定氮时所用各种化学试剂，难免不含有少量氮，故在测定氮的结果计算时要扣除空白值。

空白试验采用 0.2g 纯蔗糖来代替煤样，测定步骤与测定煤样完全相同，每更换一批试剂，就得重新进行空白试验，以确定所用试剂中的含氮量。只要不更换试剂，均可应用同一空白值，而不必每次测氮时均要测定空白值。

5. 结果计算

煤中空气干燥基氮含量按下式计算

$$N_{ad} = \frac{C(V_1 - V_2) \times 0.014}{m} \times 100\% \tag{5-9}$$

式中　　C——标准硫酸溶液浓度，mol/L；

　　　　V_1——标准硫酸溶液用量，mL；

　　　　V_2——空白试验所用标准硫酸用量，mL；

　0.014——氮（$1/2N_2$）的毫摩尔质量，g/mmol；

　　　　m——煤样质量，g。

例如煤样量为 0.1982g，滴定用 0.025mol/L 标准硫酸溶液 8.40mL，空白试验用上述浓度的标准溶液 0.15mL，则

$$N_{ad} = \frac{0.025(8.40 - 0.15) \times 0.014}{0.1982} \times 100\% = 1.46\%$$

三、煤中氮与电力生产

1. 控制 NO_x 的排放浓度

煤中氮在一定燃烧条件下，会形成 NO_x 而污染环境。

电厂中如何控制 NO_x 的排放，GB/T 13223—2003《火力发电厂大气污染物的排放标准》对此作出了规定。

火力发电锅炉氮氧化物最高允许排放浓度执行表 5-3 规定的限值。第三时段火力发电锅炉须预留烟气脱除氮氧化物装置空间。液态排渣煤粉炉执行 $V_{daf}<10\%$ 的氮氧化物排放浓度限值。

表 5-3 　　　　　　　　　　火力发电锅炉氮氧化物最高允许排放浓度　　　　　　　　　　mg/m³

时　　　　段		第一时段	第二时段	第三时段
实施时间（年．月．日）		2005.1.1	2005.1.1	2004.1.1
燃煤锅炉	$V_{daf}<10\%$	1500	1300	1100
	$10\%\leqslant V_{daf}\leqslant 20\%$	1100	650	650
	$V_{daf}>20\%$			450
燃　油　锅　炉		650	400	200

我国标准规定污染物排放控制要求是按时段划分的。

（1）1996 年 12 月 31 日前建成投产或通过建设项目环境影响报告书审批的新建、扩建、改建火力发电厂建设项目，执行第一时段排放控制要求。

（2）1997 年 1 月 1 日起至该标准实施前通过建设项目环境影响报告书审批的新建、扩建、改建火力发电厂建设项目，执行第二时段排放控制要求。

（3）自 2004 年 1 月 1 日起，通过建设项目环境影响报告书审批的新建、扩建、改建火力发电厂建设项目（含在第二时段中通过环境影响报告书审批的新建、扩建、改建火力发电厂建设项目，自批准之日起满 5 年，在本标准实施前尚未开工建设的火力发电厂建设项目），执行第三时段排放控制要求。

除氮氧化物外，该标准还规定了各时段火力发电厂烟尘及二氧化硫的最高允许排放浓度限值。

为了控制火力发电厂大气污染物的排放，对二氧化硫排放收取费由 0.2、0.4 元/污染当量增加到 0.6 元/污染当量，而且从 2005 年开始，增加对 NO_x 污染排放物的收费，标准为 0.6 元/污染当量。

2. 控制 NO_x 的生成

锅炉烟气中的 NO_x 含量与煤的燃烧火焰温度直接相关。由于大型锅炉中非常强烈的炉内过程，促成了氧与煤中氮的化合条件。

研究表明，影响 NO_x 生成最为重要的条件是炉膛中心温度水平及煤在高温下的停留时间，同时还与过剩空气系数有关。

为了控制 NO_x 的生成，可采取下述措施：

（1）在锅炉设计中，增加炉膛容积、降低炉膛容积热负荷，扩大燃烧器的间距，以加强燃烧器周围的冷却能力，降低燃烧温度；配合制造厂，设计低氮燃烧器，以降低 NO_x 的生成量。

（2）抽取部分烟气送入炉膛或掺进热空气中，以降低燃烧温度；降低 NO_x 的生成量，更多的是采用二段燃烧法。

所谓二段燃烧，是指采取主燃烧器送入所需空气量的 $90\%\sim95\%$，使煤粉不完全燃烧；再将不足的空气从锅炉燃烧器上方送进炉膛，延长完全燃烧的时间，即二次燃烧以降低燃烧温度。

二段燃烧法的原理是:

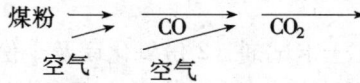

$$煤粉 \searrow \quad \xrightarrow{CO} \quad \xrightarrow{CO_2}$$
$$空气 \quad\quad 空气$$

为了控制 NO_x 浓度,当前主要还是实施高烟囱排放。采用高烟囱扩散,只能降低污染物浓度,却不能降低污染物的排放量,故它不是一种根本治理方法。

现在也有多种烟气脱氮方法。在我国烟气脱硫置于更为重要的位置,烟气脱氮尚处于试验研究阶段。关于这方面的问题,属于电厂环境保护的范畴,本书将不予多述。

四、煤中氧与电力生产

氧也是煤的元素组成项目,煤中氧含量随煤的变质程度加深而减小,故褐煤含氧量最高,无烟煤含氧量最低。

煤中碳、氢、氮、硫均为实测值。氧含量则可按下式计算

$$O_{ad} = 100 - M_{ad} - A_{ad} - C_{ad} - H_{ad} - N_{ad} - S_{t,ad} - (CO_2)_{ad} \tag{5-10}$$

煤中氧含量参与锅炉设计与燃烧计算。如煤中氧含量越高,则煤燃烧时所需空气量就可减少,故氧与电力生产还是有着一定关系的。

第三节 煤中全硫的检测与应用技术

任何一种煤中均含有硫,只是含量高低不同而已。煤中全硫含量是评价煤质特性的重要指标之一,虽然煤中硫燃烧时也能产生少许热量,但从环境保护与锅炉运行的角度考虑,硫都是十分有害的,因而必须严格控制电煤中的全硫含量,并要加强对煤中硫的检测。

国标 GB/T 214—1996《煤中全硫的测定方法》中规定,可采用艾士卡法、库仑法及燃烧中和法进行煤中全硫测定。本节将对上述各种方法的测定技术要点加以阐述,同时说明煤中硫对电力生产的影响。

一、煤中硫的存在形态

煤中硫按其存在形态,可分为有机硫和无机硫两大类;按其燃烧特性划分,则可分为可燃硫及不可燃硫。

一切有机硫化物、无机硫化物及元素硫均属于可燃硫;煤燃烧后残留于灰中的硫以硫酸盐形式存在,为不可燃硫,这其中大部分为有机及无机硫化物硫燃烧后被煤吸收和固定下来新生成的硫酸盐,另有少量天然硫酸盐。

煤中全硫含量为煤中有机硫 S_o、硫铁矿硫 S_p 及硫酸盐硫 S_s 含量之和(煤中元素硫通常很少见)或者为煤中可燃硫 S_c 及不可燃硫 S_{IC} 之和。

$$S_t = S_o + S_p + S_s \tag{5-11}$$
$$S_t = S_c + S_{IC} \tag{5-12}$$
$$S_c = S_o + S_p \tag{5-13}$$
$$S_{Ic} = S_s \tag{5-14}$$

二、煤中全硫测定技术要点

1. 艾士卡法

艾士卡法是测定煤中全硫的经典方法,为各个国家标准中的首位方法。该法采用质量分

析法测定，操作虽然复杂，测试周期也长，但它以测定结果准确著称，常用作仲裁方法及研制标准煤样中的定值方法。

(1) 基本原理。将煤样与艾士卡试剂（2 份氧化镁及 1 份无水碳酸钠组成）混合均匀灼烧，煤中硫生成可溶性硫酸盐进入溶液。在一定酸度下，向过滤后的滤液中加入氯化钡而生成硫酸钡沉淀。根据硫酸钡的量，即可计算出煤中全硫含量。

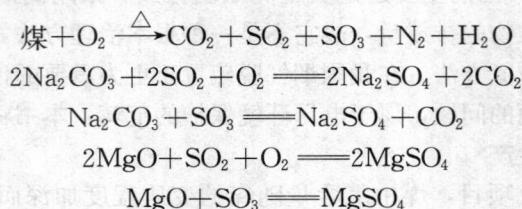

$$煤 + O_2 \xrightarrow{\triangle} CO_2 + SO_2 + SO_3 + N_2 + H_2O$$

$$2Na_2CO_3 + 2SO_2 + O_2 \xlongequal{} 2Na_2SO_4 + 2CO_2$$

$$Na_2CO_3 + SO_3 \xlongequal{} Na_2SO_4 + CO_2$$

$$2MgO + SO_2 + O_2 \xlongequal{} 2MgSO_4$$

$$MgO + SO_3 \xlongequal{} MgSO_4$$

煤中不可燃硫，如 $CaSO_4$ 在受热条件下，则与艾士卡试剂中的 Na_2CO_3 发生复分解反应，也转为硫酸钠。

$$CaSO_4 + Na_2CO_3 \xlongequal{\triangle} CaCO_3 + Na_2SO_4$$

由此可知，艾士卡试剂可使煤中可燃及不可燃硫均转为可溶性的 Na_2SO_4 及 $MgSO_4$ 而进入溶液。

$$Na_2SO_4 + MgSO_4 + 2BaCl_2 \xlongequal{一定酸度} BaSO_4 \downarrow + 2NaCl + MgCl_2$$

(2) 技术要点。

1）熔样。熔样操作是整个测定的关键。为保证熔样完好，应该将艾士卡试剂与煤样充分混合均匀；为防止挥发物过快逸出，试样应从低温放入炉中熔化，掌握好熔样温度与时间；在煤样与艾士卡试剂混合物上方再覆盖 1g 艾士卡试剂，以确保硫氧化物与 Na_2CO_3 及 MgO 反应完全。

艾士卡试剂，有市售现成产品，也可用一级（GR）氧化镁及无水碳酸钠自配，但务必混匀。无水碳酸钠暴露在空气中易吸潮而结块，吸潮后的碳酸钠就不能使用。

如更换一批艾士卡试剂，就应该重新测定空白值。

2）硫酸盐溶解。煤与艾士卡试剂在氧溶入的条件下反应，生成的 Na_2SO_4 及 $MgSO_4$ 均为易溶于水的盐类。用热水浸取熔融物，煮沸数分钟后，就可使上述硫酸盐完全转入溶液中。再用定性滤纸过滤，把滤液收集起来进行下一步操作。

为防止可溶性硫酸盐附着于滤纸上，要用热水充分洗涤滤纸上的沉淀物约十余遍，控制总滤液量为 250～300mL。

3）硫酸钡沉淀。这一操作环节主要是控制好沉淀条件，一是控制好溶液酸度；二是控制好沉淀生成速度及适当保温。

溶液酸度必须严格控制，否则有可能沉淀不完全，甚至产生不了沉淀。为此，溶液体积控制为 250～300mL，否则可适当稀释或浓缩，然后滴加 1＋1 盐酸，当溶液呈中性后再加入 2mL。在这种微酸性条件下，缓慢地加入 $BaCl_2$ 溶液（边加边搅拌）以产生 $BaSO_4$ 沉淀。

由于 $BaSO_4$ 沉淀颗粒很细，最好将其置于温热处静置过夜，至少也要在近沸条件下保持 2h 以上，然后用致密定量滤纸，并用热水对沉淀吹洗直至无 Cl^- 为止（用硝酸盐溶液检验）。

4）沉淀灼烧与结果计算。将带有沉淀的滤纸转至已恒重的坩锅中，先在低温下令滤纸碳化（在通风橱中进行），应防止滤纸起火燃烧，而后转入高温炉内于 $800\sim850℃$ 灼烧 $40\sim60min$。

（3）煤中全硫含量计算。

$$S_{t,ad}(\%) = \frac{(G_1 - G_2) \times 0.1374}{G} \times 100 \tag{5-15}$$

式中　G_1——$BaSO_4$ 重，g；

　　　G_2——空白试验 $BaSO_4$ 重，g；

　　　G_3——煤样质量，g；

　0.1374——由 $BaSO_4$ 折算成 S 的系数，即 $S/BaSO_4 = 32.06/137.06 + 32.066 + 64 = 0.1374$。

（4）艾士卡法测定煤中全硫特点。

1）该法测定煤中全硫，适用于各种煤，具有准确可靠的优点。

2）测定一个煤样约需 $12\sim16h$，如批量测定，可降低单样的测试周期，有助于提高测试效率。

3）该法不用专门仪器设备，一般试验室均具备测试条件。

4）由于该法为化学分析法，要求检测人员能熟练地掌握相关的操作技术。

2. 库仑滴定法

库仑滴定法是目前电厂中较普遍使用的一种煤中全硫测定方法。

（1）基本原理。煤样在催化剂作用下，于空气流中燃烧分解，煤中硫生成二氧化硫并被碘化钾溶液吸收，以电解碘化钾溶液所产生的碘进行滴定，根据电解所消耗的电量计算煤中全硫含量。

当电解液在电解过程中，通入 96500 库仑（C）电量，则在电极上析出 1mol 的物质。

$$m = \frac{M_m}{nF}It \tag{5-16}$$

式中　m——电极上析出物质的量，g；

　　　M_m——物质的摩尔质量，g/mol；

　　　F——法拉弟常数，96500C；

　　　I——通入电解液的电流，A；

　　　t——通入电流的时间，s；

　　　n——转移的电子数。

煤中硫燃烧后生成的 SO_2 被空气流带到电解池中与水反应生成 H_2SO_3 及少量 H_2SO_4。

以电解碘化钾和溴化钾所生成的碘和溴与 H_2SO_3 反应

阳极：$2I^- - 2e \Longrightarrow I_2$

　　　$2Br^- - 2e \Longrightarrow Br_2$

碘（溴）氧化 H_2SO_3，进行下述反应

$$I_2 + H_2SO_3 + H_2O \Longrightarrow H_2SO_4 + 2H^+ + 2I^-$$

$$Br_2 + H_2SO_3 + H_2O \Longrightarrow H_2SO_4 + 2H^+ + 2Br^-$$

电解生成的碘和溴所消耗的电量（毫库仑）由库仑积分仪显示，然后根据电解定律计算

出煤中全硫含量。

（2）测定装置。库仑测硫仪由下述部件组成：

1）管式高温炉及控温装置。炉子能控温 $1150 \pm 5℃$，用铂铑—铂热电偶测温，炉内配用石英或刚玉燃烧管。

2）电解池及电磁搅拌器，电解池内有铂电解电极及铂指示电极各 1 对，前者面积较大，后者面积较小。电磁搅拌器转速约为 $500r/min$，且连续可调。

3）库仑积分仪。电解电流 $0 \sim 350mA$ 范围内，线性误差小于 $\pm 0.1\%$。配数字显示器及打印机。

4）送样程序控制器，可按确定程序推进或退出试样舟。

5）空气供应及净化装置，由电磁泵及净化管所组成，泵的供气量约 $1500mL/min$，抽气量为 $1000mL/min$，净化管装氢氧化钠及变色硅胶，作为二氧化硫及水分吸收剂，见图 5-3。

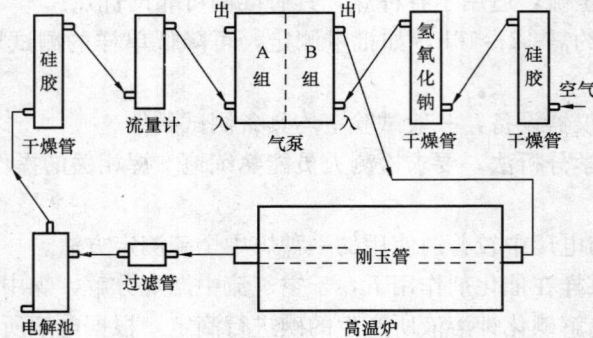

图 5-3　库仑测硫仪气路图

现在市售的库仑测硫仪，既有分体式，又有一体式的；既有单片机，又有微机控制的。分体式测硫仪所占空间位置较大，但便于观测各部件的运行状况，易于发现并处理故障；一体式测硫仪结构紧凑、操作更方便一些。采用单片机或微机控制均可。单片机不会死机，而微机功能更多一些，如果一台微机只是单独控制一台测硫仪，也就太不划算了。现在各种煤质仪器多配用微机，故现在微机不是太少而是太多。以致占据试验室相当一部分空间，而实际上也只是相当于单片机的功能。

作者认为，煤质试验室最好配 $1 \sim 2$ 台专用于生产管理用微机，至于各台仪器上，如非必要，配用单片机控制即可。

（3）技术要点。

1）煤样称样量少，每次仅 $50mg$，故样品一定要在瓶内搅和均匀后称量。煤样进一步磨细，一方面有助于它的完全燃烧，同时也可提高测定精密度。

2）测定过程中，务必保持系统气路通畅、严密，防止气流中断。对燃烧管出口应使用耐温硅橡胶管，其他连接部位也要使用优质乳胶管。

3）新配制的电解液呈淡黄色，pH 值为 $1 \sim 2$。当电解次数增多，电解液酸度增加，促使非电解质的 I_2 和 Br_2 生成，而影响测定结果，故电解液应及时更换。

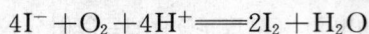

$$4I^- + O_2 + 4H^+ \Longrightarrow 2I_2 + H_2O$$

$$4Br^- + O_2 + 4H^+ \Longrightarrow 2Br_2 + H_2O$$

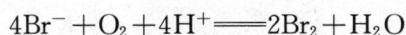

4）电解池内的铂电极及玻璃熔板要保持洁净。在测定煤样时，要求电解池完全封密，防止电解液倒吸。

5）每天测定煤样时，应对一个含硫较高的炭样进行测定，不计结果，目的是消除电解液在放置过程中析出溴和碘。

6）为了保证测硫结果准确可靠，每天均应采用与待测煤样煤种相同且含硫量相近的标准煤样来加以检验。

（4）库仑滴定法测定煤中全硫特点：

1）库仑滴定法测定煤中全硫，其测定结果偏低，且准确性不及艾士卡法，因而其测定结果总得乘上一个大于1的系数（仪器厂已进行校正）。如能实施多点校正，测定结果的可靠性较高。

2）库仑测硫法较艾士卡法测硫要快得多，不计炉子升温时间，测定一个煤样仅5～6min而已，且可实现自动操作，故在电厂中使用较普遍。不过近年迅速发展的红外测硫法，测硫精密度更好、测试速度更快、自动化程度更高，因而受到各方的关注，为越来越多的单位所选用。本章下一节将对此作简要介绍。

3）库仑测硫仪由于结构相对比较复杂，某些部位要耐高温，系统要严密，故对其所用材质及加工要求较高。虽然近年来我国生产的库仑测硫仪质量已有较大提高，但仪器仍需继续加以完善，进一步降低故障率，提高其使用的可靠性。

3. 高温燃烧法

（1）基本原理。该法是将煤样在催化剂作用下，于氧气流中燃烧，煤中硫的燃烧产物被捕集在过氧化氢溶液中形成硫酸，再用氢氧化钠标准溶液滴定，根据其耗量计算出煤中全硫含量。

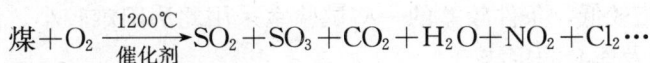

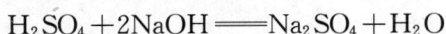

$$煤 + O_2 \xrightarrow[\text{催化剂}]{1200℃} SO_2 + SO_3 + CO_2 + H_2O + NO_2 + Cl_2 \cdots$$

$$SO_2 + H_2O_2 \Longrightarrow H_2SO_4$$

$$H_2SO_4 + 2NaOH \Longrightarrow Na_2SO_4 + H_2O$$

（2）测定装置。整个测定装置由氧气及净化系统、燃烧系统及燃烧产物吸收系统三部分组成，如图5-4所示。

（3）技术要点。

1）对于测定装置的要求，由于煤样燃烧后所产生硫的氧化物与煤中水分及氢燃烧后生成的水分作用形成酸，易附着于燃烧管出口端管壁上，从而使测定结果偏低。作者多次试验证实了这一点。煤中含硫量越高，则其测值偏低程度也越明显。

为了克服这一弊病，参照国外有关标准，在燃烧管出口端加装喇叭状的中性硬质玻璃或石英玻璃接受器（见图5-4），喇叭口的口径略小于燃烧管内径。由于硫酸的沸点为336℃，故接受器固定在400℃左右的位置上为宜。煤样燃烧完毕，将此接受器用水冲洗，其洗液并入H_2O_2吸收液中，最后用NaOH标准溶液滴定。

应予指出，GB/T 214—1996中对燃烧中和法所用仪器设备中并没有接受器的要求。作者建议在对该标准修订时应考虑上述情况，增加安装和使用接受器的要求。

2）氧气流速可根据煤样及其含硫量的大小予以适当控制，一般控制流速为350mL/

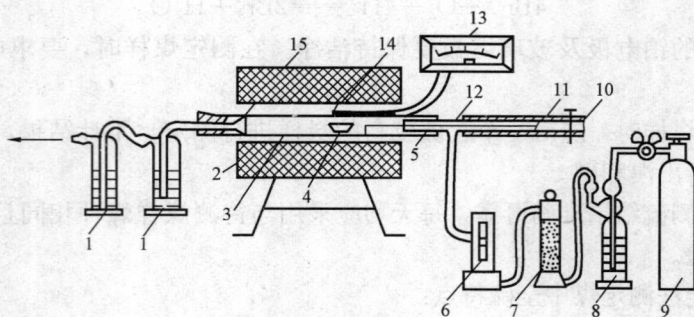

图 5-4　燃烧中和法测定全硫装置

1—吸收瓶；2—高温炉；3—燃烧管；4—燃烧舟；5—橡胶塞；6—浮子
流量计；7—干燥塔；8—洗气瓶；9—氧气瓶；10—乳胶管；11—样品
推棒；12—T形玻璃管；13—高温计；14—热电偶；15—接受器

min；为保证燃烧产物为 H_2O_2 溶液完全吸收，宜采用具有微孔玻璃熔板的气体吸收瓶进行二次吸收。吸收完毕，可将吸收液合并在一起，并用水将吸收瓶洗净，冲洗液一并加入吸收液中，用标准 NaOH 溶液滴定。

应用该法测硫，还应进行空白试验。

（4）燃烧中和法测定煤中全硫具有如下特点：

1）该法测定煤中全硫采用高温燃烧法，其测定结果偏低是不可避免的，故与库仑滴定法一样，需要对测定结果进行校正，最好能实施多点校正，以提高校正后结果的准确性。

2）该标准未规定使用接受器，其测定结果偏低程度更大。作者认为，该标准的某些方面尚有待完善。

3）该标准测定用仪器设备价格较低，条件较差的一些试验室采用此法困难较小。该法测硫速度比艾士卡法快得多，但不及库仑滴定法。

4）该法测硫准确度相对较差，操作也比较麻烦，国内电力系统中使用者很少，然而对中小企业及对测硫准确度要求不特别高的单位仍可使用。

三、煤中可燃硫的计算

煤中硫按燃烧特性划分，可分为可燃硫及不可燃硫，我国生产的各种煤中，可燃硫普遍较高，不少省区所产煤中，可燃硫可达 90% 以上。

煤中不可燃硫主要是赋存于灰渣中，煤中不可燃硫 S_{IC} 按下式计算

$$S_{IC,ad} = S_{a,ad} A_{ad} \tag{5-17}$$

式中　$S_{IC,ad}$——空气干燥基煤中不可燃硫含量，%；

　　　$S_{a,ad}$——空气干燥基灰中含硫量，%；

　　　A_{ad}——空气干燥基煤中灰分含量，%。

设煤样中的全硫含量 $S_{t,ad}$ 为 1.25%，空气干燥基灰分 A_{ad} 为 22.36%，煤灰中 SO_3 为 1.50%，求煤中可燃硫 S_C。

解：煤灰中 SO_3 为 1.50%，它相当于煤灰中的含硫量为 1.50%×S/SO_3=1.50%×32/80＝0.60%，即煤中不可燃硫 S_{IC} 为

$$S_{IC,ad} = 0.60\% \times 0.2236 = 0.13\%$$

故可燃硫 S_C 为

$$S_{C,ad}=1.25\%-0.13\%=1.12\%$$

该煤样中可燃硫占全硫的百分率为 $1.12/1.25\times100\%=89.6\%$。

第四节　煤中硫对电力生产的危害及其防治途径

任何商品煤均含有硫，只是其含量有所不同。我国电力用煤中，含硫量低者不足 0.5%，而高者可达 5% 以上。硫在煤中分布很不均匀，故它可用来表征煤的不均匀程度。

2003 年，我国煤产量达 16.07 亿 t，其中电力用煤 7.7 亿吨，占全国煤产量的 48%。在各种工业用煤中，电力用煤含硫量较高，如全国电力用煤平均含硫量按 1.50% 计，则全年就有 1155 万 t 硫进入锅炉。其中约 90% 转为 SO_2 随烟气排入大气，另有 10% 的硫则进入灰渣，这不仅对电力生产带来直接危害，而且 SO_2 是当今大气污染并形成酸雨的主要污染物。GB/T 18666—2002 中将煤中全硫及发热量同列为商品煤质量验收的评价指标，故电厂必须严格控制入厂及入炉煤中的含硫量，并加强煤中硫的检测。

一、煤中硫对电力生产的危害

煤中硫对电力生产的危害很大，现择其主要方面加以说明。

1. 煤中硫与大气污染

煤中可燃硫燃烧生成 SO_2，同时伴有少量 SO_3 生成，SO_3 约占 SO_2 的 1%～2%（体积分数）。煤中硫转化为 SO_2 的比率与煤中硫的存在形态、燃烧设备及运行工况有关，而排至大气中的 SO_2 还与电厂所用的除尘器类型有关。

煤在锅炉中的燃烧产物为烟气与灰渣。烟气通过除尘器后，其中约 98%～99% 的尘粒被收集下来（指电除尘器或布袋除尘器）。如采用文丘里水膜式除尘器，尚可去除约 15% 的 SO_2。目前大型电厂普遍采用电除尘器，没有除硫作用，燃煤产生的 SO_2 全都由烟囱排往大气，是电厂外排的最为主要的污染物。

设某电厂装机容量为 $2\times600MW$，日燃用天然煤 1.2 万 t，煤中全硫含量设为 1.0%，可燃硫占全硫的 90%，则该电厂日燃煤中的硫为 $12000\times1\%=120$（t），由于可燃硫占 90%，故每天产生 SO_2 量为 $120\times90\%\times2=216$（t）（S 与 SO_2 的质量比为 32：64 即 1：2）。

如一年锅炉运行按 7000h 计，则每年该电厂排出的 SO_2 量达 $216/24\times7000=63000$（t）。

大气中 SO_2 在低浓度时，一般不会对人体造成太大的危害，但在不利气象条件下，可能使人发生急性中毒，导致老弱病患者的死亡。大气中的飘尘含有许多重金属及其氧化物微粒，能对 SO_2 起催化作用，加速其转变为 SO_3，SO_3 与湿气结合形成硫酸雾，SO_3 浓度过高会形成酸雨，对人体健康、金属材料、农作物及整个生态环境均具有巨大的伤害作用和破坏力。

我国青藏高原以东、长江干流以南地区已经继北欧、北美之后成为世界第三大酸雨区。酸雨区面积占国土面积的 30%，区域性酸雨污染严重。我国能源结构不合理，能源消费中，煤炭占 60% 以上，而电力用煤又占全部用煤量的 1/2 左右，这是环境污染的主要根源。据世界银行估计，中国大气与水污染造成的直接损失每年高达 240 亿美元。

近期颁布实施的 GB/T 13223—2003《火力发电厂大气污染物排放标准》对电厂 SO_2 排放作出了更为严格的限制，提高了 SO_2 排放的收费标准，同时要求于 2005 年年底前完成"两控区"内的 137 个火力发电厂脱硫项目，以便形成全国范围内的减排能力，46 个未启动脱硫项目已于 2005 年 4 月底陆续开工建设。为了防治大气污染，国家环保总局已加大了对火力发电厂 SO_2 的 NO_x 的控制和治理力度。对于 137 个电厂的烟气脱硫项目，由原来所在省进行督办，现在改由国家环保总局直接督办。

2. SO_3 对锅炉受热面的腐蚀

煤中硫燃烧，其燃烧产物主要为 SO_2，并伴有少量 SO_3 产生。虽然 SO_3 的量不大，但它与锅炉烟气中的水汽结合形成硫酸蒸气，而在低温受热面上凝结，会严重地污染、腐蚀设备。硫酸开始凝结的温度，称为露点。当煤中含硫量增高，露点温度则升高，烟气中含硫量也越大，这样加剧锅炉尾部受热面，主要是低温段空气预热器的堵灰与腐蚀，大大影响锅炉的安全经济运行。

对于煤粉锅炉来说，当 $S_t < 1.5\%$ 时，尾部受热面不会发生明显的堵灰与腐蚀；当 S_t 达到 $1.5\% \sim 3.0\%$ 时，则产生明显的堵灰与腐蚀；当 $S_t > 3\%$ 时，就会出现严重的堵灰与腐蚀情况，从而大大缩短空气预热器的寿命。故燃用高硫煤的电厂，往往采取提高预热器的进风温、采用耐腐蚀材质制作的预热器及提高排烟温度等措施来减轻煤中硫的危害。然而采取这些措施，都得付出经济上的代价。例如提高排烟温度，则降低锅炉效率，从而对锅炉运行经济性产生不良影响。

3. 煤中硫与锅炉结渣

对同一煤源来说，其煤灰成分相对波动较小，则煤中含硫量的增加，将导致煤灰熔融温度的下降，使锅炉易产生结渣或加剧其结渣的严重程度。这并不是说，煤中含硫量高，灰熔融温度就一定低；煤中含硫量低，灰熔融温度就一定高。

锅炉结渣常用结渣指数 R_s 来表示

$$R_s = \frac{灰中碱性氧化物}{灰中酸性氧化物} \times S_{t,d} \tag{5-18}$$

式中　灰中碱性氧化物——$Fe_2O_3 + CaO + MgO + Na_2O + K_2O$，%；

　　　灰中酸性氧化物——$SiO_2 + Al_2O_3 + TiO_2$，%；

　　　$S_{t,d}$——煤中干燥基全硫含量，%。

结渣指数 R_s 与结渣程度之间的关系见表 5-4。

表 5-4　　　　　　　　　　　　　结渣指数与结渣程度间的关系

结渣指数 R_s	<0.6	0.6~2.0	>2.0~2.6	>2.6
结渣程度	低	中	高	严重

由表 5-5 可以看出，对某一特定的煤源来说（煤灰成分已经确定），结渣指数取决于含硫量的高低。另一方面，当含硫量一定时，结渣指数则取决于煤灰成分。灰中碱性氧化物与酸性氧化物比值越大，结渣指数值也越大。我国煤灰中碱性氧化物与酸性氧化物的比值一般在 0.1~1.0 范围内，比值越大、且含硫量越高的煤，就越易结渣。

4. 煤中硫与煤的自燃倾向

为了确保电厂生产的连续性，电厂始终要保持一定量的存煤，故电厂均建有贮煤场。根据各台锅炉设计煤质的不同，电厂中可能建有几个贮煤场，以贮存不同品种及性质的电煤。

电煤普遍采用露天煤场贮存。由于在贮存过程中与空气长时间接触，会产生缓慢的氧化现象。这种氧化现象随温度的升高急剧加快，从而最终产生自燃。

煤中可燃硫含量高，一般是煤中含黄铁矿硫较多，在贮存过程中可燃硫氧化产生 SO_2，它易溶于水生成 H_2SO_3 并伴随放热，使煤堆局部温度升高，从而进一步加速了煤的氧化与自燃。对燃用高挥发分及高含硫的煤，尤其要加强对贮煤的测温监督，以便及时消除隐患。

此外，煤中含硫量增高，煤粉的阴燃倾向就增大。煤粉阴燃明显放热的温度大致是：$V_{daf} < 5\%$ 的煤，可高达 500℃；V_{daf} 在 15%～30% 的煤，则在 200～270℃ 之间；$V_{daf} > 40\%$ 的煤，则为 210℃ 左右；挥发分介于其他范围内的煤，其阴燃温度也相应介于上述各间隔之间。

制粉系统的爆炸，是威胁电厂安全生产的一个重要方面。煤粉含硫量越高，煤的挥发分越大，这种爆炸的危险性也就增大。在现场发生煤粉爆炸，常导致锅炉甩负荷，甚至被迫停炉。制粉系统内积粉，往往是导致爆炸的主要原因。

5. 煤中硫对电力生产其他方面的影响

当今电厂锅炉普遍采用煤粉悬浮燃烧方式。煤在破碎制粉过程中与磨煤机钢材金属表面的接触，对其磨损作用随煤质不同而异。煤对金属的磨损，是煤中较硬粒子与磨煤机表面摩擦所致。

煤的硬度随其变质程度加深而增大，无烟煤硬度最大，褐煤最小。即使无烟煤，其硬度相对于钢材来说，还是很小的，故它对钢材的磨损理应是轻微的。然而煤中矿物质的某些组分，如石英、黄铁矿等硬度很高，它们是煤对金属产生磨损的主要原因。例如高岭土的莫氏硬度是 2～2.5，方解石为 3，白云石为 3.5～4，磁铁矿为 5.5～6.5，黄铁矿为 6～6.5，石英为 7。

煤中矿物质含量可以直接测定，也可通过各种经验公式计算，其中某些国家标准常用下列公式计算煤中矿物质含量

$$(MM)_{ad} = 1.08A_{ad} + 0.55S_{t,ad} \tag{5-19}$$

式中　　$(MM)_{ad}$——空气干燥基矿物质含量，%；

　　　　$S_{t,ad}$——空气干燥基煤中全硫含量，%。

由式（5-19）可知，煤中含硫量增加，就将增大煤中矿物质含量。

作者曾研究煤中可燃硫含量对磨损指数 AI 的影响，研究结果表明：煤中可燃硫及灰中氧化铁含量的增加将导致金属磨损程度的加重。磨损指数 AI 与煤中可燃硫、灰中氧化铁含量之间呈现正相关性，其相关系数约为 0.5。

AI—$S_{t,ad}$ 与 AI—Fe_2O_3 之间的相关性可用下述计算式表示

$$AI = 10.15S_{t,ad} + 31.5 \tag{5-20}$$

$$AI = 3.71Fe_2O_3 + 14.0 \tag{5-21}$$

而对同一矿区的煤来说，其相关系数 γ 可达 0.7 左右，故煤中硫的存在对金属的磨损来说，也是不利的。

此外，煤中硫还影响灰渣综合利用的途径与价值。粉煤灰具有多方面用途，但其中应用最多的是作为建筑材料的原料。例如用于水泥和混凝土中的粉煤灰中 SO_3 含量必须不大于 3%，否则就不符合使用要求。在实际应用中，粉煤中 SO_3 含量是越低越好。

二、减少煤中硫对电力生产危害的途径

现在可以采取各种措施来降低煤中含硫量及减少燃烧产物中的 SO_2 排放。现对煤在燃烧前、中、后的脱硫方法加以概述。

1. 煤在燃烧前脱硫

煤中硫可以通过洗选处理去除相当一部分硫，特别是作为可燃硫的主要成分的硫铁矿硫，同时降低了煤中灰分含量，提高了发热量，故洗选是提高煤炭质量的重要方法。

煤的洗选，早已实现了工业化处理，技术上很成熟，某些技术发达国家生产的煤炭，其入选率达到 80％～90％。而在我国，长期以来，基于"洗煤保钢"、"炼焦煤需要洗选、动力煤可以不洗选或少部分洗选"这样的一些指导思想，我国选煤厂的建设速度远远落后于煤炭的增长速度。全国采煤的总入洗率估计不超过 30％，且大部分为炼焦煤，以致我国电力用煤含硫量高、发热量低的局面难以得到根本改观。由此造成我国电厂：①发电煤耗较高，造成煤炭资源的巨大浪费；②由于煤中含有较大量灰分及矸石，而可燃硫多赋存于矸石中，造成运力浪费及电厂磨煤能耗的增加；③造成电厂对大气中 SO_2 排放量的增加，成为造成大气污染的主要来源。

如果将中国煤炭的洗选率增加，洗选水平提高，上述问题就会得到很大缓解，尤其是通过洗煤脱硫，是消除酸雨威胁最有效、也是最廉价的途径。

在我国电、煤两大行业各自独立的情况下，电厂无法解决洗煤问题。今后更多地采取煤、电联产，在统一管理下，有可能有更多的经洗选的低硫煤作为电力用煤。

如果电厂能燃用低硫煤，将全面降低煤中硫对电力生产的危害，这是最为根本的方法。

2. 煤在燃烧中脱硫

炉内喷钙是燃烧中脱硫的一种基本方法。该工艺多以石灰石粉为吸收剂，由气力喷入炉膛，在 850～1150℃的温度区发生下列反应

$$2CaO + 2SO_2 + O_2 \Longrightarrow 2CaSO_4$$

从而达到除硫的目的。由于上述反应在固、气相两相内进行，受传质过程的影响，反应速度较慢，吸收剂的利用效率较低，且脱硫副产物中 $CaSO_3$ 较高，其综合利用受到一定的限制。

现在一些国家采用炉内喷钙加尾部增湿活化脱硫工艺（LIFAC 法），即在锅炉尾部的增湿活化反应器内增湿，水以雾状喷入，与未反应的 CaO 接触生成 $Ca(OH)_2$，进而与烟气中的 SO_2 反应。在控制一定钙硫比的条件下，脱硫率可达到 65％～80％。

电厂除采用煤粉炉外，还有专门用于燃烧高硫、高灰的低质煤流化床锅炉。该类型锅炉也往炉内加入石灰石作为除硫剂，原理与上述锅炉在燃烧中除硫相似，流化床炉燃用粗粒原煤，燃烧温度较低，约为 900℃左右，最终反应产物为 $CaSO_4$ 转入灰中，这样一些高硫煤就可得到利用。

现在流化床锅炉日益增多，且锅炉容量也在不断增大，但技术的成熟性及运行的经济性远不及煤粉锅炉。

3. 煤在燃烧后脱硫

煤中硫燃烧后主要生成 SO_2，并伴有少量 SO_3 产生。解决煤中硫对电力生产的危害，燃用低硫煤是根本措施。烟气脱硫（FGD）只能解决电厂中排放 SO_2 对大气的污染，却不能消除甚至减轻煤中硫对电力生产的其他危害，加上烟气脱硫投资及运行费用很高，故电厂中采取烟气脱硫要全面权衡，谨慎决策。

烟气脱硫有多种工艺方法，其中最成熟的为湿式石灰石—石膏法，可参阅表5-5。

电厂烟气量很大，而烟气中含硫浓度又很低，这是一个很大的特点，因而处理烟气就需要很大的设备及相当高的运行费用。

表 5-5 　　　　　　　　　　　　　若干脱硫工艺性能比较

电　厂　名	A	B	C	D	E
脱硫工艺	石灰石—石膏法	石灰石—石膏法	海水法	灰·钙再循环	电子束—氨法
烟气处理量(Nm³/h)或机组容量(MW)	1184000	2×300MW	1100000	300000	300000
燃料含硫量	4.02%	1.60%	0.63%	0.96%	2.04%
脱硫/脱硝效率	>90%	95%	92%	80%	80%/10%
静态总投资（万元）	23446	—	18718	1474.8	9430
单位比投资（元/kW）	651	650	624	243	1050
运行费用（元/kW）	0.028	—	0.021	0.005	0.013
脱硫成本（元/t）	2307	—	5188	422	1000

上述各电厂均为国内电厂。通过上表，就可对烟气脱硫的费用，包括投资与运行费用有一个基本了解。关于烟气脱硫方面的情况，还可参阅由本书作者编写的 600MW 火力发电机组培训教材《环境保护》一书（中国电力出版社 2001 年 5 月出版），该书的修订版也将于近期出版。

要防止煤中硫对电力生产的危害，最好的也是最根本的途径就是燃用低硫煤。由于低硫煤资源有限，因而我国要大大增强动力煤的洗选率，这无论对国家，对煤炭或电力行业都是极为有利的。

第五节　煤中元素组成的现代检测技术

元素组成反映了煤炭的重要特性，对电力生产有着广泛的影响。标准中对煤中碳、氢、氮、硫的测定，均采用经典方法，如碳、氢采用三节炉法，氮采用开氏法，硫采用艾士卡法等。虽然这些标准方法测试结果准确性较高，但也存在共同缺点，即测试周期太长，完成元素组成中的单个项目测定往往也需要一天或更长的时间。这种检测技术与实际生产需要的矛盾已严重地削弱了煤质检测在验收入厂煤质及指导入炉煤燃烧方面应起的作用。

自 20 世纪 80 年代起，我国电力系统中不少单位陆续引进了美国生产的碳、氢、氮联合测定仪及测硫仪。前者是依据高温燃烧红外吸收与热导法原理设计的一体化仪器，后者则采用红外吸收原理。上述仪器的共同特点，就是操作自动化程度高，测定周期很短，同时测定结果的精密度与准确度也能符合我国标准要求。例如当 CHN 测定仪预热稳定以后，仅需数分钟就可完成一个煤样的碳、氢、氮的测定；如红外测硫仪达到规定温度后，仅需 2min 即可测出煤（油）中的全硫含量，并能直接打印结果。这些是标准测定方法所无法比拟的。

有鉴于此，国内电力系统中使用上述现代化仪器的单位日益增多，电力工业部于 1995 年制定了 DL/T 568—1995《燃料元素的快速分析法》（高温燃烧红外热导法），作者所在单位现采用美国生产的 CHN—1000 型及 CHN—2000 型 CHN 联合测定仪。另一方面，国产红外测硫仪也于 2000 年初投入市场。作者曾协助并指导了该仪器的研制，并参加了技术鉴定及首台仪器的调试。

本节将对 CHN—2000 型联合测定仪及国产 HWL—1 型红外测硫仪的性能与应用作一简要介绍，以使读者了解当前煤质测试新技术及其发展方向，这将有助于开拓视野，提高技术水平。

一、CHN 联合测定

1. 测定原理

（1）红外吸收法（红外光谱法）。吸收光谱是基于物质对光的选择性吸收而建立起来的分析方法。红外光谱法是利用物质对红外光区电磁辐射的选择性吸收来进行分析的一种方法。CHN 测定仪中的碳、氢红外池就是根据这一原理设计的。

在红外光谱分析中，通常把红外光区分为近红外、中红外及远红外三区，它们的波长分别为 0.78～2nm、2～25nm、25～300nm。在分析测定中，常使用的为 2～25nm，该区的吸收光谱主要是由分子中的原子振动能级跃迁时产生的。

（2）热导法。各种气体具有不同的热力学性质，它们的热导率之间存在差异。对多种组分共有的混合气体，其导热系数随组分含量不同而变化。据此原理，把测量导热系数的差异变为测量热敏元件上的电阻变化，而电阻变化很容易用电桥加以测量。CHN 测定仪中的热导池就是一种电桥系统，用于测定煤中氮的含量。

2. 测定装置

目前国内电力系统中应用最多的为美国力可公司生产的 CHN 测定仪，其中 CHN—2000 型为较新产品，国内已有不少用户。

CHN—2000 型测定仪由下列部分组成：

（1）控制部分。通过主控制盘指令控制该仪器。

（2）气路部分。动力气、载气、助燃气传输系统。

（3）燃烧部分。煤在高温及纯氧条件下完全燃烧，碳和氢分别转化为二氧化碳和水汽，而氮转化为氧化氮及单质氮，氧化氮再经反应池还原为单质氮。

（4）测量部分。测碳、氢的红外池及测氮的热导池所测结果，经微机数据处理，在控制台上读出并打印出来。

CHN—2000 型测定仪系统流程如图 5-5 所示。该仪器测定碳、氢，仅需 200s；

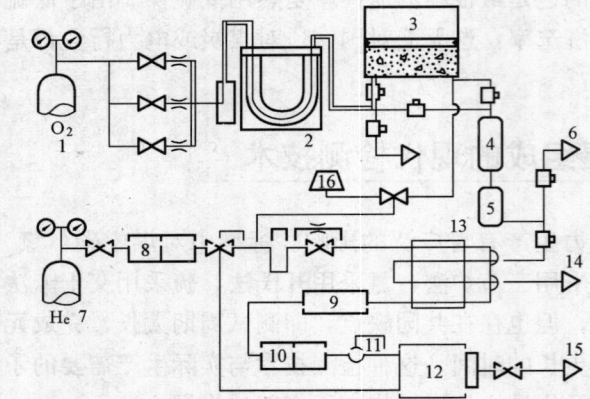

图 5-5　CHN—2000 型测定仪系统流程图

1—燃烧用氧气；2—高温炉；3—混气罐；4—H_2O 红外池；5—CO_2 红外池；6—红外池排气；7—氦气；8—氦气净化器；9—催化加热器；10—测量气流净化器；11—流量控制器；12—热导池；13—剂量腔；14—剂量腔排气；15—热导池排气；16—压力传感器

测氮（包括碳、氢）则需 240s，即 4min 内完成三元素的测定。该仪器操作简便，显示屏操作界面清晰。当分析煤样时，操作人员仅需称量、输入样品量、触摸"分析"（Analyze）框即可，仪器自动分析，显示并打印结果。

该仪器配有一个有 35 个位置的自动进样装置，特别适合大批量样品的集中测定。同时仪器的数据库存量很大，可对测定结果进行统计、分类及传输至另外的管理机中。统计功能可对测定结果的平均值、标准偏差、相对标准偏差进行计算。

3. 测定结果与应用评价

作者所在单位长期应用 CHN—1000 型及 CHN—2000 型测定仪测定煤中的碳、氢、氮，所测样品数以万计。应用该类仪器测试精密度一般均能符合 GB/T 476—2001 中的要求，基本上不会出现超差情况。再由于该仪器采用基准物质 EDTA 及标准煤样实行多点校准，其测定值经校正后自然具有较高的准确性。

对 CHN 联合测定仪的应用评价是：

（1）应用该仪器测定煤中碳、氢、氮的测试精密度、准确度均能符合我国标准要求。其最大特点还是在于其测试速度快，几乎比标准方法快数十倍甚至上百倍。因而应用上述仪器，大有取代传统方法之势，尤其在电力系统中表现更为明显，它特别适合大批量样品的测定。

（2）CHN 测定仪不仅可用于煤、焦炭、土壤等不均匀物料中的碳、氢、氮的测定，而且也可用于油品及其他有机物中上述三元素的测定。

（3）CHN—2000 型测定仪为进口仪器，国内尚无此类产品，每台售价约为 5～6 万美元。仪器通常保修一年，一出保修期，维修费用也相当高，此外测定中所用氦气、过氯酸镁等也比较贵，故在很大程度上制约了它在更大范围内的推广使用。

二、硫的红外法测定

现以国产 HWL—1 型红外测硫仪为例，说明硫的红外吸收法及其应用。

1. 测定原理与系统流程

被测煤样在通氧条件下置于高温炉中燃烧，约 50s 后吹入氧气，使煤样充分燃尽。煤中硫与氧反应生成 SO_2，取样泵按

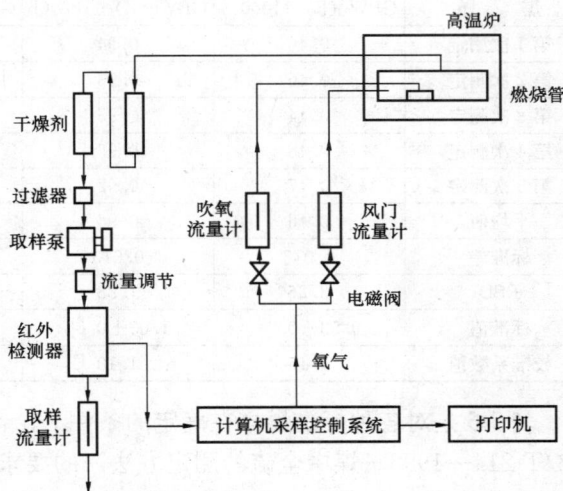

图 5-6 HWL—1 型红外测硫仪工作原理框图

一定流量连续不断地将燃烧后的气体经干燥与过滤后送入红外检测器，其输出转为电信号，经放大及 V/F 转换后，输入计算机处理后获得测定结果。系统流程如图 5-6 所示。

2. 主要部件与技术参数

红外测硫仪主要由下述部件组成：

（1）红外检测器。这是红外测硫仪最为关键性部件。各种异核分子的气体，如 CO、CO_2、SO_2、CH_4、NO 等对红外线具有吸收作用，而双原子分子如 O_2、N_2 等则没有吸收作用。

气体对红外线的吸收作用遵循比尔定律：

1）某种特定气体对特定波长的红外线具有吸收作用。

2）吸收作用的大小与该气体的性质、光程及浓度直接相关。

（2）高温炉及燃烧管。高温炉具有较高的技术要求，一是炉温能升至 1350℃ 以上，升温速度能予以控制；二是高温炉不能因受热损坏，导致漏气情况的发生；三是高温炉产生的高温不致影响测硫仪其他部件，如红外检测器、信号放大电路的正常工作。

燃烧管位于炉膛中心位置，必须能承受 1500℃ 以上的高温，同时承受温度升降的能力也应符合测硫仪的要求。

（3）计算机采样控制系统。HWL—1 型红外测硫仪由于采用定制的红外检测器，其输出信号的大小、频率与国外同类产品均不相同。这一系统完全达到了设计要求，从而为红外测硫仪的研制成功奠定了基础。

该仪器适用于煤、焦炭、石油、非金属材料、煤灰中硫的测定。测硫范围：0～5％；燃烧温度：1350±5℃；分析时间：160s；校准方式：多点校准；精密度与准确度：符合国家标准规定的要求；产品价格：约为同类进口仪器的 1/3。

3. 仪器性能评价

（1）精密度检验。性能测试中采用含硫量大小不等的五种标准煤样，前 3 种为国家二级标准煤样，后两种为国家一级标准煤样，检验结果列于表 5-6 中。

表 5-6　　　　　　　　　　　　红外测硫仪校准系数的确定

煤　　样	GBW (E) 110004a	GBW (E) 110010b	GBW (E) 110006a	GBW11113a	GBW11110b
第 1 次测定	0.46	0.94	2.15	3.06	4.58
第 2 次测定	0.46	0.93	2.13	3.16	4.43
第 3 次测定	0.44	0.95	2.16	3.04	4.44
第 4 次测定	0.48	0.95	2.16	3.06	4.44
第 5 次测定	0.47	0.92	2.15	3.14	4.42
平均值	0.46	0.94	2.15	3.09	4.46
标准差	0.015	0.013	0.012	0.054	0.066
RSD	3.26	1.38	0.56	1.75	1.48
标准值	0.53±0.04	1.03±0.08	2.37±0.08	3.39±0.08	4.68±0.12
校准系数值	1.15	1.10	1.10	1.10	1.05

表 5-6 是对各种标准煤样在确定的条件下，各重复测定 5 次。各煤样测试精密度均符合 GB/T 214—1996《煤中全硫的测定方法》的要求。以 GBW 11113a 标准煤样为例，其 5 次重复测定均值为 3.09％，而标准值为 3.39％，故校准系数为 3.39/3.09＝1.10。也就是说，红外测硫仪所测的值乘上 1.10，即得到准确结果。用这种分段校准方法来确定校准系数，要比应用单一校准系数更能保证测试结果的准确性，尤其对高硫及低硫煤来说更是如此。

测试精密度随试样量的增大而提高，随测试条件如燃烧温度、电源电压、供氧流量、元件稳定性的波动而下降。

按表 5-6 求得的校准系数，就可将红外测硫仪所测结果通过线性方程直接求出校准后的结果。设红外测硫仪的测值 x 为自变量，校准后的结果为 y 是因变量，它们的关系见表 5-7。

表 5-7　　　　　　　　　　　　红外测硫仪实测值与校准值的关系

仪器实测值 x	0.46	0.94	2.15	3.09	4.46
校准后的值 y	0.53	1.03	2.37	3.39	4.68

故该线性方程为 $y＝bx＋a$

求得 $a＝0.074$，$b＝1.048$

故 $y＝1.048x＋0.074$（结果取小数点后 2 位）

设红外仪测得含硫量 $x=2.00\%$，经校准后则为 $y=1.048\times2.00+0.074=2.17\%$。又如 $x=3.00\%$，则 $y=1.048\times3.00+0.074=3.22\%$。这样多点校准就可用线性方程来进行，这在用计算机处理时就显得十分方便。

4. 准确度检验

HWL—1 型红外测硫仪测试准确度检验结果列于表 5-8 中。

表 5-8 HWL—1 型红外测硫仪测试准确度检验

煤　样	GBW (E) 110004a	GBW (E) 110010b	GBW (E) 110006a	GBW11113a	GBW11110b
第一次测定	0.52	1.03	2.37	3.38	4.59
第二次测定	0.55	1.04	2.38	3.33	4.62
平均值	0.54	1.04	2.38	3.36	4.60
标准值	0.53±0.04	1.03±0.08	2.37±0.08	3.39±0.08	4.68±0.12
与标准值之差	0.01	0.01	0.01	0.03	0.08

为进一步检验与评价 HWL—1 型红外测硫仪的测试精密度与准确度，作者以美国力可 (LECO) 公司生产的 SC—132 型红外测硫仪与 HWL—1 型测硫仪进行了性能对比试验，并发表了论文介绍了对比试验及其结果。试验结果表明，中、美红外测硫仪的测试精密度均符合我国国家标准要求，美国仪器略高于中国仪器；准确度检验也都符合有关标准要求，其准确程度不相上下。

HWL—1 型红外测硫仪于 2000 年 4 月就已投入市场，一直在有关电厂中使用。

5. 各种测硫方法的比较

红外测硫与现行测硫标准方法比较见表 5-9。

表 5-9 各种测硫方法的比较

特　　点	红外吸收法	艾士卡法	库仑滴定法	燃烧中和法
准确性	高	高	较高	相对较差
测试时间	120～160s	12h	5～6min	15～20min
操作程序	自动	繁琐	较简单	尚简单
所用仪器	红外测硫仪	无特殊仪器	库仑测硫仪	使用管式炉
应用情况	可普遍使用	宜作仲裁用	普遍使用	很少使用
主要缺点	仪器价格较高	效率太低	仪器故障率较高	测试结果相对较差

6. 红外光谱吸收法的应用前景

红外光谱吸收法（简称红外吸收法）的主要不足之处是仪器价格较高，但它仅相当进口同类仪器的 1/3 左右。由于国家加强了对电厂排放污染物的控制，必须更好更快地提供煤中含硫数据，因而红外法测硫有可能取代其他测硫方法而可以得到广泛应用。

中国及电力行业标准中至今尚未列入红外测硫法，而美国 ASTM 标准中则对此有所规定。ASTM D4239：1993《使用高温管式炉燃烧法对煤与焦炭分析样品中硫的标准试验方法》包括：①酸碱滴定法（即中国标准中的燃烧中和法）；②碘量法（即中国标准中的库仑滴定法）；③红外吸收法。

现在我国已具备了制定红外吸收法测定煤中全硫含量方法标准的条件：

（1）我国电力系统各网、省电科院所大都配备了进口红外测硫仪，并已长期使用，积累了较多的运行经验。

（2）国产红外测硫仪投入市场至今已达 5 年以上。运行实践表明，我国仪器在其性能指标方面与国外同类仪器已基本上处于同等水平。

（3）某些国外标准中已将红外法测硫列为标准试验方法。

作者建议，宜将制定红外吸收方法宜列入国家标准或电力行业标准制定计划组织实施，这将有利于红外吸收法在各行各业中的推广应用。

煤的发热量检测与应用技术

发热量的高低是煤炭计价的主要依据，是计算电厂经济指标的主要参数，是锅炉得以稳定燃烧的必要条件，故发热量的检测与应用在电厂中占有十分重要的地位。

发热量的测定，国内外普遍采用氧弹热量计。该法沿用至少已有一个多世纪的历史。随着科学技术的发展，热量计的性能不断有所改善，特别是微机热量计的出现，发热量测定的自动化程度大为提高，但是测热的基本原理并未改变。

我国电厂普遍使用各型恒温式微机热量计。本书将以此为主要阐述对象，说明发热量测定中的技术要点及应用中的各种实际问题。

第一节 测热基本原理与发热量的表示方法

热量计是测定发热量的专用仪器。

热量计是氧弹热量计的简称。在各种类型与型号的热量计中，其共同特点是均配有氧弹，它是热量计中最关键性的部件。

根据热量计的结构与性能，通常将热量计分为恒温式及绝热式两大类。无论何种类型的热量计，又可分为普通型与自动型两种。

所谓普通型热量计，即采用传统的贝克曼玻璃温度计测温，人工观测记录温度及进行相关计算的热量计；所谓自动热量计，则是应用铂电阻温度计代替贝克曼温度计测温，测定可自动进行及自动完成计算的微机（包括单片机）热量计，不同型号的产品，其自动化程度有所差异。

我国电力系统中，当前普遍采用恒温式微机热量计，它们属于自动热量计的范畴。至于应用传统的贝克曼温度计测温，靠人工记录温度并完成计算的普通热量计在电力系统中几乎已不再使用；另一方面，因为冷却水问题不易解决，在我国绝热式热量计也很少使用，故本书将集中阐述恒温式自动（微机）热量计测定发热量及应用中的各种技术问题。

应该指出，自动热量计与普通热量计在本质上是没有区别的，其测热原理是完全一致的，且前者以后者为基础。

一、发热量的含义与测热原理

1. 发热量的含义与单位

所谓燃料发热量，是指单位质量的燃料完全燃烧产生的热量。由发热量定义可知，测定发热量时必须称准试样，故要配备一定称量精度的天平；另一方面，要保证试样完全燃烧，必须有特定的燃烧装置，并控制严格的燃烧条件，这就是需要配置一个特定要求的燃烧容器即氧弹，并要控制充氧压力、试样粒度、引火方式等条件。

特别是保证试样完全燃烧，这是发热量测定中最为关键性的技术条件。一个多世纪的实践表明，试样在氧弹中，在控制好一定燃烧条件的情况下，能够进行完全燃烧，故氧弹就成为发热量测定装置即热量计中的核心部件。

热量的单位为焦耳，用符号 J 来表示。

所谓 1J，是指 1 牛顿（N）的力在力的方向上移动 1m 距离时所做的功，即

$$1J = 1N \cdot m \tag{6-1}$$

焦耳是能量单位，各种能量均可用焦耳表示。1J 的电能是表示 1 安培（A）电流在 1 欧姆（Ω）电阻上 1 秒（s）内所消耗的能量。即相当于每秒瓦（W）做的功。

$$1J = 1A \cdot \Omega \cdot s = 1W \cdot s \tag{6-2}$$

电能常用单位为千瓦·时，俗称 1 度，用 kW·h 表示。

$$1kW \cdot h = 10^3 W \times 60 \times 60 \times s = 3.6 \times 10^6 W = 3.6MW \tag{6-3}$$

发热量的单位为焦/克（J/g）或兆焦/千克（MJ/kg）

$$1MJ = 10^6 J \tag{6-4}$$

应该指出，以往发热量的单位用卡/克（Cal/g）表示，现已作废。

我国曾使用 20℃卡，如德国则使用 15℃卡。

1cal（20℃）=4.1816J，故

5000cal/g=20908J/g=20.91MJ/kg

又如标准煤为 7000Cal/g=29271J/g=29.27MJ/kg

2. 测热原理

恒温式热量计测热原理如图 6-1 所示。称取一定量标准量热物质苯甲酸置于氧弹中。氧弹中充以一定压力的氧气，苯甲酸在氧弹内完全燃烧，所释放的热量，传给热量计量热系统，即内筒及水、浸没于水中的氧弹、搅拌器、温度计部分。根据牛顿冷却定律，将燃烧过程中量热系统与恒温环境之间的热交换进行修正（参见本章第三节中冷却校正的含义与计算），就可计算出热量计的热容量，或称能当量。它的含义，就是指量热系统升高 1K（1℃）所吸收的热量。

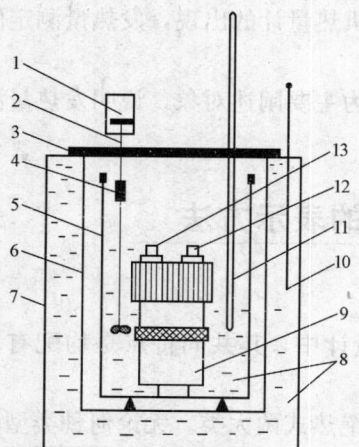

图 6-1　恒温式氧弹热量计
原理结构图

1—电动机；2—搅拌器轴；3—外筒
（套）盖；4—绝热轴；5—内筒；6—外
筒内壁；7—外筒；8—纯水；9—氧弹；
10—水银温度计；11—贝克曼温度计；
12—氧弹进气阀；13—氧弹排气阀

$$E = \frac{Q_o m_o}{(t_n - t_o) + C} \tag{6-5}$$

式中　E——热量计的热容量，J/℃；

Q_o——标准苯甲酸的热量，J/g；

m_o——标准苯甲酸的质量，g；

t_n——量热体系的终点温度，℃；

t_o——量热体系的起始温度，℃；

C——冷却校正值，℃。

应予指出，GB/T 213—2003 中有关热量测定与计算中涉及的温度单位均采用开尔文。发热量的测定，实际上就是测量试样燃烧前后内筒水温的温差，故热力学温度开尔文可与摄

氏温度通用，本书中温升中的热力学温度开尔文（K）均以摄氏温度（℃）来代替。

当热量计热容量标定以后，就可测定燃料发热量。当测定煤样时，是将一定量的煤样在与标定热容量完全相同的条件下燃烧，测出试样燃烧前后的内筒水温温差，即可按下式计算出煤的发热量

$$Q = \frac{E[(t_n - t_o) + C]}{m} \tag{6-6}$$

式中　Q——煤样的发热量，J/g；

　　　m——煤样的质量，g。

二、发热量的表示方法

煤的发热量高低，主要取决于煤中可燃物（挥发分与固定碳）含量及其组成，同时与煤的燃烧条件有关。

根据不同的燃烧条件，其燃烧产物也就不完全相同，产生的热量也就有高有低。通常可将发热量分为弹筒发热量 Q_b、高位发热量 Q_{gr} 及低位发热量 a_{net}。

真正理解发热量的不同表示方法，有助于它们之间进行正确的换算，同时对更好地掌握发热量检测技术也是十分有益的。

1. 弹筒发热量

弹筒发热量，是指热量计实测的发热量，用符号 Q_b 表示。

单位质量的煤样在充有过量氧的氧弹中完全燃烧后所产生的热量，称为弹筒发热量。在此条件下，煤中碳完全燃烧，生成二氧化碳；煤中氢完全燃烧产生水汽，在氧弹中又冷凝成水；煤中硫在高压氧气下燃烧生成二氧化硫，少量氮转为氮氧化物，它们溶于水生成硫酸与硝酸。

由于上述各反应均为放热反应，故煤在氧弹中燃烧要比煤在锅炉中实际燃烧产生更多的热量。煤在氧弹中燃烧除有上述燃烧产物外，还有残存的固态灰渣及剩余的氧气及氮气。

2. 高位发热量

表征煤的发热量高低的特性指标，常用高位发热量，以符号 Q_{gr} 表示。

高位发热量相当于单位质量煤样置于氧弹中，在充足空气条件下完全燃烧所产生的热量。在此条件下，煤中碳完全燃烧产生二氧化碳；煤中氢完全燃烧产生水汽，在氧弹中又冷凝成水；煤中硫燃烧仅能产生二氧化硫，而不能形成三氧化硫，氮也不能形成氮氧化物，故不可能产生硫酸与硝酸。除上述燃烧产物外，还有残存的灰渣及剩余的氧气及氮气。

由此可知，高位发热量与弹筒发热量的根本差别就在于前者不能形成三氧化硫及氮氧化物，并进而产生硫酸与硝酸，故将弹筒发热量减去硫酸与二氧化硫生成热之差及硝酸的生成热，即得到高位发热量

$$Q_{gr,ad} = Q_{b,ad} - 94.1 S_{b,ad} - \alpha Q_{b,ad} \tag{6-7}$$

式中　$Q_{gr,ad}$——空气干燥基煤样的高位发热量，J/g；

　　　$Q_{b,ad}$——空气干燥基煤样的弹筒发热量，J/g；

　　　$S_{b,ad}$——空气干燥基煤样的弹筒含硫量（当 $S_{t,ad} < 4\%$ 时，可用 $S_{t,ad}$ 代替 $S_{b,ad}$），%；

　　　94.1——煤中每 1% 的硫的校正热，J；

　　　α——硝酸的校正系数，根据 $Q_{b,ad}$ 的高低，可以取 0.0010、0.0012 或 0.0016。

3. 低位发热量

低位发热量，又称有效发热量或净热值，用符号 Q_{net} 表示。

单位质量的煤在锅炉中完全燃烧时所产生的热量，称为低位发热量。

由于煤在锅炉中燃烧，煤中原有的水分及氢燃烧后产生的水呈蒸汽状态随烟气排出，而在氧弹中则水蒸汽又凝结水，故将高位发热量减去水的汽化热，就得到低位发热量。

煤中水汽化是需要吸收热量的，同时煤中氧燃烧生成水，汽化同样需要吸收热量，故水的汽化热实际上包括煤中水及煤中氢燃烧后生成的水的二者汽化热之总和

$$Q_{net,ar} = Q_{gr,ad} \times \frac{100 - M_t}{100 - M_{ad}} - 22.9(9H_{ar} + M_t) \qquad (6-8)$$

式中　$Q_{net,ar}$——煤的收到基低位发热量，J/g；

　　　$Q_{gr,ad}$——煤的空气干燥基高位发热量，J/g；

　　　M_t——煤中含水分，%；

　　　M_{ad}——煤中空气干燥基水分，%；

　　　H_{ar}——煤中收到基氢含量，%；

　　　9——为氢折算成水的质量系数（即 9 个 H_2 生成 1 个 H_2O 分子，其质量比为 2：18，即 1：9）；

　　　22.9——为每 1%g 水的汽化热，J。

上述计算式更易理解收到基低位发热量的含义，也有利于对它进行正确计算。

式中的 $Q_{gr,ad} \times (100 - M_t)/(100 - M_{ad})$，即把空气干燥基高位发热量换算成收到基高位发热量，这里仅涉及基准的换算，而 22.9 $(9H_{ar} + M_t)$ 即为煤中氢燃烧生成的水及煤中水所需要的汽化热。

式（6-8）经适当变换，就成为

$$Q_{net,ar} = (Q_{gr,ad} - 206H_{ad}) \times \frac{100 - M_t}{100 - M_{ad}} - 23M_t \qquad (6-9)$$

这就是 GB/T 213—2003 中收到基低位发热量 $Q_{net,ar}$ 的计算式。

读者不妨自己推算一下，以熟练计算。

最后还有一点需要指出的是，发热量还有恒容与恒压之分，这是因为煤样在不同条件下燃烧所致。

（1）恒容发热量，是指单位质量的煤样在恒定容积下完全燃烧，无膨胀做功时的发热量。煤在氧弹中燃烧，即在恒定容积下进行，由此计算出的高位发热量，相应称为空气干燥基恒容高位发热量，用符号 $Q_{gr,v,ad}$ 表示。

（2）恒压发热量，是指单位质量的煤样在恒定压力下完全燃烧，有膨胀做功时的发热量。煤在锅炉中燃烧，就是在恒压下进行的，由此计算出的低位发热量，相应称为收到基恒压低位发热量，用符号 $Q_{net,p,ar}$ 表示。

在工业计算中，理应采用恒压低位发热量，它可按下式计算

$$Q_{net,p,ar} = (Q_{gr,v,ad} - 212H_{ad} - 0.8(O_{ad} + N_{ad})] \times \frac{100 - M_t}{100 - M_{ad}} - 24.4M_t \qquad (6-10)$$

由于恒压与恒容低位发热量之间的差值甚微，可忽略不计，故一般情况下，高、低位发

热量也不标注恒容V及恒压P的符号。

第二节　热量计结构及其主要部件的技术要求

从测热原理上区分，热量计可分为恒温式与绝热式两大类。绝热式热量计除多一套外筒水的自动控温装置外，其他部件与恒温式热量计基本相同。

国内绝大多数单位取使用恒温式微机热量计，它与应用贝克曼温度计测温的普通热量计其结构是相同的，只是在微机热量计中，以铂电阻温度计取代贝克曼温度计。

一、氧弹热量计的结构

氧弹热量计由氧弹、内筒、外筒（或称外套）、量热温度计、搅拌器、点火装置等主要部件组成。

图 6-1 也基本上反映了恒温式热量计的结构，其特点是：金属内筒中装有一定量的水，氧弹置于内筒水中（仅是电极的最上端露出水面）。当煤样在氧弹中燃烧时，内筒水温不断上升，通过搅拌器将水温搅匀，借助于精密的量热温度计（贝克曼或铂电阻温度计）准确地测量水的温升。内筒与外筒留有一定的间隔，并且外筒装水足够多，一般为内筒装水量的 5～6 倍，甚至更多，以力求在测温过程中外筒水温保持恒定。显然，外筒水量越大，则外筒水温受内筒水温升高的影响越小，从而外筒的水就能更好地实现处于恒温状态的要求。

这种在测热过程中，能够保持外筒水温基本恒定的热量计，就称为恒温式热量计。

当今某些型号的自动热量计，将外筒水量设计成内筒水量的 40 倍以上，目的就是尽可能减少内筒水在测热过程中的温升对外筒水温的影响，力求保持测热环境的稳定，有助于提高测热精密度与准确度。

二、热量计的主要部件及其技术要求

1. 氧弹

无论什么类型的热量计，也无论其自动化程度如何，氧弹都是热量计的核心部件。

在测定试样时，样品必须置于氧弹中，在充有 2.5～3.0MPa 的高压氧气下，令试样完全燃烧，故氧弹必须能承受 1200℃以上的高温及 10MPa 以上的高压，GB/T 213—2003 对氧弹性能提出如下要求：

（1）不受燃烧过程中出现的高温和腐蚀性产物的影响而产生热效应。

（2）能承受充氧压力和燃烧过程中产生的瞬时高压。

（3）试验过程中能完全保持气密性。

通常所使用的氧弹均由优质不锈钢，如 1Cr18Ni9Ti 经精加工制成，其容积约为 300mL。通常 1mL 容积能承受 100J 的热量，氧弹一般可承受 30000J 的热量，故在测定燃料油试样时，称样量一般为 0.5～0.6g（燃油发热量在 42000J/g 左右）。

氧弹的构造大同小异，国产热量计多配用三头及独头氧弹，如图 6-2 及图 6-3 所示。

为确保使用安全，标准规定新氧弹和新换部件（弹筒、弹头、连接环）的氧弹应经 20.0MPa 的水压试验，证明无问题后方能使用。如氧弹出现磨损与松动，应进行维修，并经水压试验合格后再用。

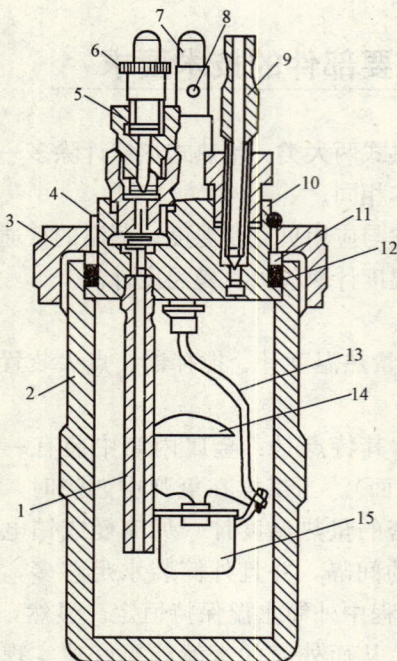

图 6-2　三头氧弹结构图

1—进气管；2—弹筒；3—连接环；4—弹簧圈；
5—进气阀；6—电极柱（进气阀螺母）；7—电
极柱；8—圆孔；9—针形阀；10—弹头；11—
金属垫圈；12—橡胶垫圈；13—燃烧皿架；
14—防火罩；15—燃烧皿

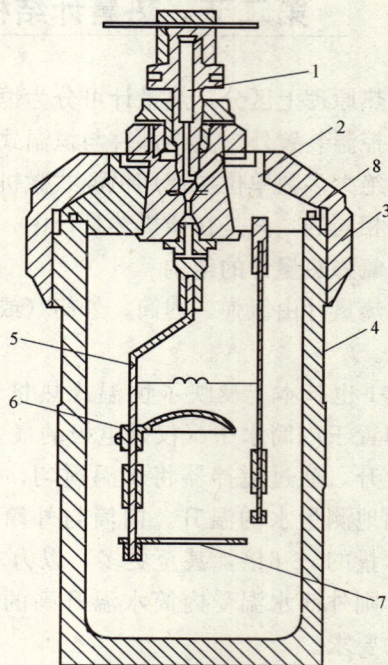

图 6-3　独头氧弹结构图

1—进气口；2—弹头；3—连接环；4—弹筒；
5—电极；6—遮火罩；7—燃烧皿架；8—橡胶
垫圈

在一般情况下，氧弹还应定期进行水压试验，试验周期不应超过 2 年。

氧弹通常均由弹头、连接环及弹筒（体）三大部分组成。供充氧及排气的阀门、点火电极、燃烧皿架等都装在弹头上。弹头与连接环之间借助于弹簧环将其组合在一起，它们与弹筒之间有金属或橡圈垫圈密封。当氧弹充入高压氧气后，垫圈与弹筒接触处更加密合，从而保证氧弹更具良好的气密性。

在氧弹使用时，应注意：

（1）防止氧弹摔碰、特别是防止已充氧的氧弹从台面上摔落地上。

（2）氧弹严禁与油脂接触。进行耐压试验或维修后的氧弹，使用前一定要用热碱水作除油清洗，最后用清水冲洗干净。

（3）禁止使用电解氧，这在电厂中尤其要加以注意，因为电厂中多有制氢站，用氧方便。

（4）禁止使用漏气的氧弹，每次进行热量测定，均应检查氧弹是否漏气，如漏气，务必加以消除后再使用。

2. 量热温度计

用于测量内筒水温的精密量热温度计是热量计的最重要部件之一，由发热量测定原理可知，测准发热量的关键就在于测准内筒水的温升，故对量热温度计应具有严格的技术要求。

配用量热温度计随热量计类型不同而异，对普通型来说，多配用贝克曼温度计；对自动型来说，则多配用铂电阻温度计。

不论配用何种量热温度计，它均应符合下述条件：

（1）测温精度符合热量测定要求，必须能测准到 1/100℃，估读到 1/1000℃。而精度过高也是没有必要的。

（2）温度计为计量器具，必须定期（通常一年一次）由国家计量机关检定，合格者方可使用。

（3）贝克曼温度计的检定，提供毛细管孔径修正值及平均分度值 2 个参数，以便对所测温度作相应的校正。

对铂电阻温度计理应定期进行计量检定，它也存在在测温条件下电阻与温度之间的线性度及平均分度值问题，以便对所测温度作相应的校正。然而现在各电厂使用的铂电阻温度计长期不作任何检验，这也可能是造成自动热量计的测热结果不及普通热量计的主要原因之一。

由于电力系统中，目前已很少使用普通型热量计，故本书不拟对贝克曼温度计的调节、校正及使用问题加以评述。有关这方面问题可参阅《电力用煤采制化技术及其应用》修订版（中国电力出版社，2003 年 5 月出版）。

大多数金属导体的电阻随温度而变化，但作为测量温度的热电阻必须满足下述要求：

（1）电阻温度系数要大。所谓电阻温度系数，是指温度变化 1℃时电阻值的相对变化量。电阻温度系数越大，热电阻的灵敏度越高，测量温度也越准确。

（2）在测温范围内，要求物理化学性质稳定。

（3）要求有较大的电阻率，这样对温度的变化响应较快。

（4）电阻值与温度间的关系近乎线性，以便于分度与读数。

（5）作为热电阻的材料应易于提纯、复现性好、复制性强。

（6）价格不是太高。

铂电阻的电阻率为 0.0981（$\Omega \cdot m^2$）/m，测温范围为 $-200 \sim 500℃$，电阻丝直径为 $0.05 \sim 0.07mm$，电阻值与温度关系近乎线性。

铂在氧化气氛中，甚至在高温下物理及化学性能稳定。铂电阻的特点是准确度高、稳定性好、性能可靠。

对于铂电阻的校验，工业上常用标准玻璃温度计或标准铂电阻温度计采用比较法来校验。此外，还可用 R_0 和 R_{100} 的方法来判断铂电阻是否合格（R_{100} 及 R_0 分别为 100℃ 及 0℃时铂电阻的阻值）。如果这两个参数的误差不超过允许的误差范围，则认为铂电阻合格，也就是说，只要校验 0℃ 及 100℃ 的电阻阻值即可。

在测热时，使用铂电阻温度计（俗称测温探头）应注意下述各点：

（1）它应垂直置于内筒水中，其端部位于氧弹中部位置。

（2）在使用前，将其保护套管中的积水甩净，以防所测温度不准。

（3）防止碰摔，对铂电阻温度计妥加保管。

（4）更换铂电阻温度计时，应由生产厂人员处理并调校后，用户对热量计重新标定热容量后使用。

3. 内筒

内筒由紫铜、黄铜或不锈钢加工而成，断面多为椭圆形、菱形或其他适当形状，以与外筒形状与结构相匹配。内筒装水量为 2000~3000g（约相当于内筒容积的 70% 左右），以能浸没氧弹（进出气阀及电极除外）为准。

内筒外壁应电镀抛光，以减少与外筒间的热辐射作用。

4. 外筒

外筒为金属材料加工的双壁容器，故有时也称为外套。内、外筒之间要有适当距离，采取空气隔热，其间距通常为 10~12mm。外筒底部有绝缘支架，以便放置内筒。恒温式热量计外筒容积必须足够大，至少为内筒装水容积的 5~6 倍，有的甚至达 10~40 倍，以力求在测热过程中外筒水温保持恒定。

对绝热式热量计来说，其内筒被装有循环水的绝热外套和顶盖所包围。利用水泵让外套水高速循环，而在绝热外套内装有加热电极及冷却管。在整个测热过程中，外套温度的自动跟踪内筒温度的变化而达到绝热的目的。在一次测热升温过程中，内、外筒的热交换量不应超过 20J。

5. 新型自动热量计的内外筒

近几年国内生产多种型号的自动热量计，内筒与外筒实施一体化，即内筒水直接取自外筒，测热后的内筒水又排至外筒，实现循环使用。故内、外筒的结构与其他热量计就有较大的区别。

某些热量计按其向内筒供水渠道的不同，将其定容容器分为内置式及外置式两类。

（1）内置式定容容器的热量计水系统（见图 6-4）。

就其内外筒及其水系统来说，也存在明显缺点：一是内筒水是按其容积确定的（装有水位计），这不如称量法计量准确；二是测试人员不易观测内筒水质的变化；三是随测热次数的增加及水使用时间的延长，水质恶化是不可避免的，且内、外筒难以清洗干净，换水又不大方便。

（2）外置式定容容器的热量计水系统。该类热量计是将外筒水引至一固定容积的水瓶中，测热时将此瓶中的水转入内筒；测热后，已升温的水又转入系统中令其循环。这种热量计国内外均有生产。它与内置式定容容器的热量计水系统基本相似，但它可方便观测内筒水质变化情况，同时定容容器随时注满水，可在室温环境下令其与环境温度平衡，就此而言，它还是优于内置式。不过外置定容容器与热量计很不协调，操作也不及内置式方便，二者各有千秋。

定容容器无论内置或外置，这类热量计在连续测热过程中，外筒水温均呈不断递增的趋势，将对测热准确性产生不利影响。

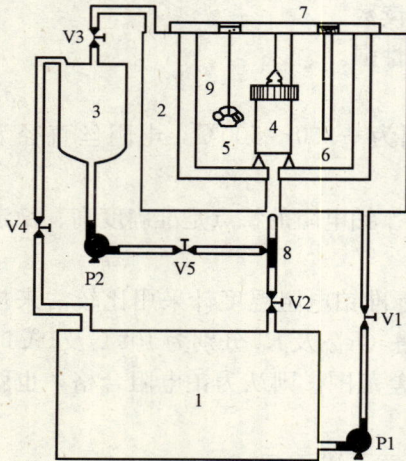

图 6-4　内置式定容容器的热量计水系统图

1—下水箱；2—热量计外套；3—定容水箱；4—氧弹；5—搅拌器；6—温度计；7—热量计上盖；8—三通；9—热量计内筒；P_1、P_2—循环水泵；V_1~V_4—控水阀门

6. 搅拌装置

为了保持水温均匀，热量计内筒中需配搅拌装置，搅拌器可采用螺旋桨式或电磁式，转速以 400~600r/

min 为宜，并保持转速稳定。搅拌效率应以在热容量标定中，由点火到终点的时间不超过 10min，同时产生的热量不应超过 120J 或内筒水的温升不超过 0.01℃，搅拌电机的温升不超过 65℃。

7. 点火装置

点火采用 12～24V 电源，一般由 220V 交流电源变压后供给。点火丝在空气中烧红，在纯氧中就会熔断，达到点燃试样的目的。

在熔断式点火法中，应由点火丝实际消耗量及点火丝的燃烧热来计算点火丝放出的热量。

根据点火时间 t，通过的电流 I 以及电压 V 值，来计算每次点火所消耗的电能热

$$Q = VIt \tag{6-11}$$

二者放热之总和才为点火热。

8. 氧气压力表与充氧装置

压力表由双表头组成。内侧表头指示氧气钢瓶中的压力，量程为 0～25MPa；外侧表头指示氧弹的压力，量程为 0～6MPa。氧气压力表上应有减压阀及保险阀。按要求，氧气压力表每年都得由国家计量检定机关检定。

压力表通过内径 1～2mm 的无缝金属管或高强尼龙管与充氧器连接以便充氧。充氧器上仍装有氧气压力表，其示值应与双表头上的外侧压力表相同。

压力表及各连接部分禁止与油脂接触或使用润滑油。如不慎为油脂沾污，必须依次用苯及酒精清洗，并待风干后使用。

9. 燃烧皿（坩埚）

最好使用铂燃烧皿，实际上使用较普遍的为不锈钢坩埚。坩埚质量 5g 左右为宜，底不宜太厚，内部应有一弧度，防止形成死角。

10. 微机（单片机）

恒温式自动热量计由微机（或单片机）与热量计组合而成，并配有专门的测热软件。热量计与微机之间通过铂电阻联系起来。铂电阻温度计不仅用以取代贝克曼温度计测温，而且通过铂电阻的阻值变化，再通过放大器及 A/D 转换器转为数字的变化，从而成为微机可以接收的信号。要正确使用微机热量计，就必须正确使用热量计及操作微机系统。

由于各生产厂所配置的微机性能不尽相同，不少热量计的微机控制 2 个恒温筒，故检测人员应按热量计说明书的规定进行操作。

现在不同型号的自动热量计测热时间差异很大，有的按传统热量计测定，完成一次测热约 23～24min；有的为 17～18min；有的为 12～13min；有的则在 10min 以内。一般说来，测热准确度随测热时间的缩短而降低；另一方面，随测热自动化程度的提高，各种自动热量计定价也越来越高，且故障率增多。

综合考虑各种因素，作者认为单片机恒温式热量计（内、外筒与普通热量计一样，是相互分开的）更为合适一些。配上电子分析天平称取内筒水量，这样的自动热量计具有较高的测热准确度，且故障率较低，具有较大的实用价值。

第三节　恒温式热量计的冷却校正及热容量的标定

对恒温式热量计来说，存在一个冷却校正值，这在热容量标定及发热量测定中均为重要参数。它的正确计算是获得准确的热容量标定及发热量测定结果的必要条件。

由热量计的测热原理可知，为了测定燃料发热量，必须先对热量计的热容量加以标定，即测出量热体系升高1℃时所吸收的热量。当称取一定量的试样，在与标定热容量完全相同的条件下，测出内筒水的温升，这样也就求得试样的发热量 Q，见式（6-6）。

由此可知，只要掌握了热容量标定技术，也就掌握了发热量测定技术，故本节是本章的最为重要的内容。

一、恒温式热量计的冷却校正值

1. 典型的升温曲线

标准规定，在标定热量计热容量或测定煤的发热量时，将准确称量的试样置于氧弹中，充氧后将氧弹放进装有一定量水的内筒中。内筒水温调节至低于外筒1℃左右，以使终点时内筒水温度得以明显下降。内筒水通过搅拌均匀后实现自动点火，一般在10min内。内筒水温出现下降时，即为终点。根据内筒水的温升就可标定出热容量或测出发热量。

测热过程中，内、外筒水温之间始终存在一定的温差，此差值随时间的改变而改变。在测热初期，内筒水温低于外筒，是吸热的；点火以后，试样中的热量释放，致使内筒水温迅速上升，很快会超过外筒温度，因而放热。典型的升温曲线如图 6-5 所示。

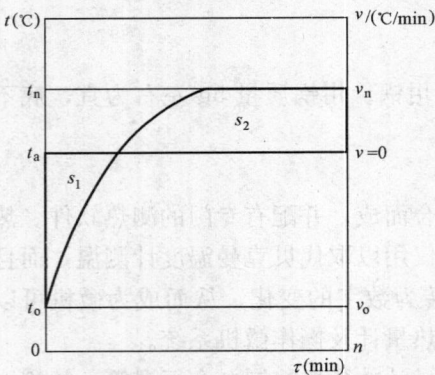

图 6-5　典型的升温曲线图

在绝大多数情况下，内筒水的散热要大于吸热，故量热温度计所测出的内筒水温是偏低的。

2. 冷却校正值及其计算

为了消除内、外筒热交换对温升的影响，就必须加上校正值，这称为冷却校正值，即式（6-6）中的 C。

对绝热式热量计来说，冷却校正值 $C=0$。

冷却校正值的计算，其理论基础为牛顿冷却定律，即一个物体的冷却速度 v 与该物体的温度 t 及所处环境温度 t_j 之差成正比，即

$$v = k(t - t_j) \tag{6-12}$$

式中　k——冷却常数，$\min^{-1}$；

　　　v——冷却速度，℃/min。

对热量计来说，还应考虑搅拌热、蒸发热等各种产生热效应的因素，故对上式还应加以修正，即常数项 A。

$$v = k(t - t_j) + A \tag{6-13}$$

式中　A——综合常数，℃/min。

冷却校正值 C，由下述积分值来表示

$$C = k \int_0^n (t - t_a) d\tau \tag{6-14}$$

式中 t_a——$dt/d\tau = 0$ 时的内筒温度；

   $d\tau$——时间（min）的微分；

   k——冷却常数。

$t-t_a$ 是时间 τ 的函数，但它不能以一般形式表示。上述积分只能用图解法或其他近似计算方法计算。

根据一次测热过程，记录时间、内筒水温，绘制出如图 6-5 所示的温升曲线。图 6-5 中，左方纵坐标表示内筒水温 t（℃），右方纵坐标表示内筒温度下降速度 v（℃/min），横坐标表示时间 τ（min）。t_0 及 t_n 分别为点火及终点温度，而它们对应于右方纵坐标上的温度下降速度为 v_0 及 v_n。v_0 即初期内筒温度 30s 内平均下降速度；v_{11} 即终期内筒温度 30s 内平均下降速度。

由于内外筒温度差造成内筒温度下降，在其终期，温度下降速度 v_n 为正值；而在初期，内筒处于吸热阶段，内筒温度不是下降而是上升，故初期温度下降速度 v_0 为负值。

在正常的测热过程中，均可找到内筒温度下降速度等于零的这一点。$v=0$ 时的内筒温度，就是吸热与放热的分界线。此时，既不吸热，也不放热。当内筒温度低于 t_a 时，内筒吸热，反之则放热。

利用图解法可将时间—温度曲线转换为时间—温度变化（下降）速度曲线。可以用求算 $\int_0^n v\,d\tau$ 代替求算式（6-14）的 $\int_0^n (t - t_a)\,d\tau$，从而避免了 k 值的求算。

关于冷却校正值 C 的计算，读者可参阅有关专业书籍，本书不拟作进一步推导说明。

GB/T 213—2003 中规定，选用两种计算公式中的一种来计算冷却校正值 C。

（1）国标公式。首先根据点火和终点时的内外筒温差 $(t_0 - t_j)$ 及 $(t_n - t_j)$ 从 v—$(t_0 - t_j)$ 关系曲线（见该标准 10.1～10.4 条标定）中查出相应的 v_0 及 v_n，或根据预先标定出的下式计算出 v_0 和 v_n。

$$v_0 = k(t_0 - t_j) + A \tag{6-15}$$

$$v_n = k(t_n - t_j) + A \tag{6-16}$$

然后按下式计算冷却校正值 C

$$C = (n - \alpha)v_n + \alpha v_0 \tag{6-17}$$

式中 C——冷却校正值，℃；

   n——由点火到终点的时间，min；

   α——当 $\Delta/\Delta_{1'40''} \leqslant 1.20$ 时，$\alpha = \Delta/\Delta_{1'40''} - 0.10$；

   　　当 $\Delta/\Delta_{1'40''} > 1.20$ 时，$\alpha = \Delta/\Delta_{1'40''}$。

其中，Δ 为主期内总温升，$\Delta = t_n - t_0$，$\Delta_{1'40''}$ 为点火后 $1'40''$ 时的温升，$\Delta_{1'40''} = t_{1'40''} - t_0$。

（2）瑞—方（Regnault-Pfandler）公式

瑞—方公式的表达式如下

$$C = nv_0 + \frac{v_n - v_0}{t_n - t_0}\left[\frac{t_1 + t_n}{2} + \sum_{i=1}^{n-1} t_i - n\bar{t_0}\right] \tag{6-18}$$

式中 t_i——主期内第 $i\,min$ 时的内筒温度，℃；

   $\bar{t_0}$——初期平均温度，℃；

   $\bar{t_n}$——末期平均温度，℃。

应用瑞—方公式，在操作上要求点火后至少 1min 读温一次，直至终点。

无论采取上述何种计算方式，均以测热过程中出现的第一个下降温度作为终点。

（3）本特（Bwnte）公式。该公式虽不是国家标准规定的公式，但在电力系统曾使用很长时期，且现在 GB/T 384—1981（1988 年确认）《石油产品热值测定方法》也是采用该式计算冷却校正值，其表达式为

$$C = m/2(v_0 + v_n) + (n-m)v_n \qquad (6-19)$$

式中　v_0——初期内筒降低温速度，℃/0.5min；

$\quad\quad\quad v_0$——末期内筒降温速度，℃/0.5mm；

$\quad\quad\quad m$——升温速度大于等于 0.3℃的半分钟数；第一个半分钟不论快慢均计入 m 中；若升温速度均小于 0.3℃，则 $m=4$；

$\quad\quad\quad n$——点火到终点的半分钟数。

该式计算出的冷却校正值 C 略偏高，如稍作修正，即

$$C = m/2(v_0 + v_n) + (n-m-1)v_n \qquad (6-20)$$

则上述计算的冷却校正值其准确性更高。

综上所述，在以上各种计算冷却校正的公式中，以瑞—方公式最为准确，该式为国际上公认的最为准确的计算式。国标公式与本特公式的计算准确度大体相同。但本特公式计算最为简单，也更易于理解。

二、热量计热容量的标定技术要点

1. 对量热基准物质苯甲酸的要求

用于标定热量计热容量的基准量热物质苯甲酸应是：

（1）具有精确到 J 的量热基准试剂。

（2）预先经浓硫酸或在 60～70℃下干燥。

（3）最好使用市售片剂，否则必须人工压饼，并将试饼表面刮净。

2. 结点火丝及棉纱线

选用原色纯棉纱线，且需准确称量，从而计算出棉纱线的热量。

如不用棉纱线，只用点火丝引火，操作略方便，但易造成二者接触不良，致使点火失败。

3. 调节内筒水温

调节内筒水温的原则，是使得终点时内筒温度得以缓慢下降。通常将内筒温度调节到较外筒低 0.8～1.1℃。二者的差值随热量计热容量的增大而减小。

4. 准确称量内筒水量

用感量 0.1g、称量 5000g 的电子工业天平称取纯水作为内筒水（内筒水也可重复使用，但一般不得超过 8～10 次）。

如以容量法取代称重法，则由于水的密度受温度变化的影响，需要对水的体积计量加以校正。

5. 氧弹充氧

往氧弹中充入 2.6～2.8MPa 的氧气，当达到规定压力后，一般维持 15～30s。充氧时间随钢瓶内的压力降低而适当延长。

如充氧压力超过 3.0MPa，应将氧弹中氧气排出，重新充氧。

严禁使用电解氧及漏气的氧弹；氧气压力表、导管、充氧器、氧气钢瓶及氧弹等一切用氧仪器设备，严禁与油脂接触，以确保安全。

6. 测热

将充好氧气的氧弹置于内筒中，插上量热温度计，盖上内筒盖，然后启动搅拌器，试样进入测热状态。

按热量计说明书要求输入相关参数，直至标定结束。热容量标定结果由计算机（或单片机）自动计算，并直接打印出来。

$$E = \frac{Qm + q_1 + q_n}{t_n - t_0 + C} \tag{6-21}$$

式中　q_n——硝酸生成热，J；

　　　q_1——点火热，J；

　　　Q——苯甲酸的标准热值，J/g；

　　　m——苯甲酸用量，g。

如果采用普通热量计，即应用贝克曼温度计作为量热温度计，式（6-21）应为

$$E = \frac{Q \times m + q_1 + q_n}{H[(t_n + h_n) - (t_0 + h_0) + C]} \tag{6-22}$$

式中　H——贝克曼温度计的平均分度值；

　　　h_0——t_0 时毛细管孔径修正值，℃；

　　　h_n——t_n 时毛细管孔径修正值，℃。

7. 热容量标定结果合格性的判断

GB/T 213—2003 中规定，热容量一般进行 5 次重复标定。计算 5 次重复试验结果的平均值 $\overline{E}$ 和标准差 S，其相对标准差不超过 0.20% 即判为合格。如超过 0.20%，再补做一次试验。取符合要求的 5 次结果的平均值，修正至 1J/℃ 作为该仪器的热容量。如果任何 5 次结果的相对标准差都超过 0.20%，则查找原因并纠正存在问题，重新进行标定，舍弃已有的全部结果。

热容量标定值的有效期为 3 个月，超过此期限时应重新标定。标准并规定在下述情况下，应立即重新标定热容量：

（1）更换量热温度计。

（2）更换热量计大部件，如氧弹头、连接环等。

（3）标定热容量与测定发热量时内筒水温相差 5℃。

（4）热量计经较大的搬动之后。

三、煤的发热量测定技术要点

煤的发热量测定与热量计热容量标定技术要点基本相同。为避免重复，仅将煤的发热量测定中与热容量标定时的几点不同之处加以说明。

（1）煤样一般不必压饼燃烧。如煤中挥发分过大，燃烧时易飞溅，可压饼，压饼后用小刀破成 3～5 小块；煤样点火通常也不用棉纱线，只用点火丝即可；氧弹充氧压力控制在 2.5～3.0MPa。

（2）弹筒发热量按下式计算，因煤样为空气干燥基试样，故

$$Q_{b,ad} = \frac{E[(t_n - t_0) + C] - q_1 - q_n}{m} \tag{6-23}$$

如果用普通热量计，即应用贝克曼温度计作为量热温度计，式（6-23）应为

$$Q_{b,ad} = \frac{EH[(t_n + h_n) - (t_0 + h_0) + C] - q_1 - q_n}{m}$$ (6-24)

（3）煤的发热量规定应重复测定两次，精密度要求是重复性界限 $Q_{gr,ad}$ 为 120J/g；再现性临界值 $Q_{gr,d}$ 为 300J/g。

如煤样重复测定结果超差，则应按标准要求进行第三次测定。

发热量的测定结果计算到 J/g，修正至 10J/g 或者按兆焦/千克报出。

（4）发热量测定结果的评判，是在重复测定精密度合格（符合标准规定要求）的前提下，用反标苯甲酸的热值或用标准煤样来加以检验的。

第四节　新型自动热量计的使用

前文已指出，测定煤的发热量，国内外普遍使用氧弹热量计，该法沿用至今已有一个多世纪的历史。测热原理虽未改变，但随着科学技术的发展，热量计的结构与性能已有很大改进，操作自动化程度日趋提高。

目前国内生产多种型号的自动热量计。所谓自动热量计，是相对于传统应用贝克曼温度计测温的普通热量计而言。也就是说，测热时温度记录、数据处理、结果计算均由微机完成，并配有打印机将结果打出。各种自动热量计的自动化程度、测热周期的长短又有很大差异。

20 世纪 90 年代中期，我国出现了不用调节内筒水温及称量内筒水量（内外筒水一体化）的自动热量计，由于自动化程度较其他热量计更高，故电厂中广为采用。为区别其他类型的自动热量计，作者将其称为新型自动热量计。这是一类自动化程度更高的恒温式微机热量计。有的人称之为全自动热量计，这是不确切的。严格讲，现在所使用的各种型号的自动热量计，包括新型自动热量计在内，均为半自动热量计，因为试样的称量、结点火丝、氧弹充氧等仍为人工操作。

这种新型自动热量计的主要特点是操作简便、测热周期较短。其测热精密度一般能符合国家标准要求，但其准确度常出现较大偏差，这是由于这种自动热量计自身结构及测热方法存在不足所致。

一、新型自动热量计基本特点与使用中的问题

国内市场上较典型的这类自动热量计，是将固定的内筒与外筒相连通。测热前，内筒水直接引自外筒；测热后，内筒水又排至外筒。水在热量计内部循环，反复使用。这类自动热量计外筒水量很大，台式的外筒加水量约 16~20kg，柜式的约 40kg 甚至更多，以力求维持外筒水温的稳定，故它仍属于恒温式热量计的范畴。

新型自动热量计内筒水定容容器分为内置式及外置式两类，我国绝大部分产品为内置式，见图 6-4。

各种新型自动热量计的结构大同小异。在测热时，一般是将充氧后的氧弹置于内筒水中，搅拌后自动点火，当试样燃烧完全（通常为 10min）或未等燃烧完全（如点火后 5~8min）即结束试验。

1. 新型自动热量计的共同特点

（1）内筒水直接取自外筒，测热后已升温的水又返回外筒，实现水的内部循环。随测热次数的增多，外筒水温将不断递升，从而对测热结果产生不利影响。

（2）测热周期较标准方法缩短，按标准规定方法完成一次热量测定，通常需要22～24min，而这类热量计只需要8～18min不等，测热周期随型号不同而异。

（3）标准方法测热均是以第1个下降温度为终点，而这类自动热量计有的是这样，有的则不是。某些型号的新型自动热量计是以确定时间（如点火后5min或8min）的温度作为终点，而不考虑试样是否燃烧完全。

（4）标准方法的冷却校正值是按牛顿冷却定律推导出来的计算公式（如瑞—方公式、国标公式等）计算；而这类自动热量计的冷却校正值则不用上述公式，而是由仪器生产厂自行确定的，并向用户保密。

新型自动热量计与按标准方法测热相比，其测热精密度无显著性差异，但测热的准确性前者不如后者。尽管不同型号的自动热量计在结构与性能上不尽相同，测热准确性也有一些区别，但上述总趋势是一样的。通常测热周期越短，测热准确性越差。

2. 量热温度计测温精度的选择与测温终点的判断

根据测热原理可知，要测准内筒温升，才能测准发热量。故在热量测定中，如何选择温度计的测温精度是十分重要的。

传统的热量计采用贝克曼温度计测定内筒水温。其测温准确度为0.01℃，可以估读到0.001℃。GB/T 213—2003《煤的发热量测定方法》及JJG 672—2001《氧弹热量计检定规程》均规定测定内筒水温的温度计分辨率为0.001℃。

各种自动热量计上配用的铂电阻温度计，其测温精度应不低于贝克曼温度计，即分辨率达到0.001℃。然而实际上各种自动热量计上所配用的铂电阻温度计其测温分辨率多提高至0.0001℃。作者认为，配用这样高分辨率的温度计，不仅无助于提高测热的准确性，而且还可能导致对终点温度的误判、仪器费用的增加等弊端。发热量测定结果的准确性由多种因素决定，如标定热容量所用苯甲酸的等级、室内温度的变化幅度、内筒水称量的准确性、温度计的测温精度、充氧压力与充氧量的要求等。单独提高测温分辨率并不能提高测温准确性，正如测热时不需要应用十万分之一的微量分析天平去称量煤样，也不需要高精度天平去称量内筒水量。有的仪器生产厂片面强调使用高分辨率的测温温度计是没有必要的，也不具说服力；另一方面，由于温度计分辨率过高，有可能造成终点温度的误判。

例如，作者对一台新型自动热量计进行验收测试。该热量计标定热容量时，规定自点火后8min试验自行结束。现对最后1min内所显示的温度记录如下（单位为℃）：26.4580、26.4578、26.4581、26.4583、26.4588、26.4586、26.4583、26.4585、26.4584、26.4585、26.4589、26.4586、26.4588、26.4586、26.4588、26.4586、26.4588、26.4587、26.4590、26.4593、26.4592、26.4591、26.4592、26.4591、26.4589。也就是说，终点温度为26.4589。在此过程中，先后出现了12次下降点，然而这只是一种假象，此乃水温不匀所致，实际上内筒水温仍处于缓缓上升的过程中。如果采用0.001℃分辨率的温度计测量，此1min时间内则应为26.458℃升至26.459℃。如果按国家标准要求，将第一个下降温度作为终点温度（国际标准也是这样规定），显然就将导致误判，这将对测定结果的准确性产生直接影响。故建议各种热量计包括新型自动热量计在内，还是配用分辨率0.001℃的温度计为好。

以测热过程中第一个下降温度作为终点，这是国内外标准统一的规定。而现在某些新型自动热量计在测热过程中于点火后 5min 或 8min 即结束试验，实际上此时的温度要低于真正的终点温度。现以作者对国产某型号恒温式自动热量计试验，说明点火后 6min 及 8min 时，不同煤样所释放的热量占试样发热量的比率，见表 6-1。

表 6-1 某自动热量计测热点火后不同时间的释热比率

序号	点火温度（℃）	点火后 6min 温度（℃）	点火后 6min 释热（%）	点火后 8min 温度（℃）	点火后 8min 释热（%）	总温升（含冷却校正）（℃）
1	1.6044	2.9058	98.84	2.9174	99.83	1.3053
2	2.6762	3.9804	98.78	3.9918	99.64	1.3203
3	1.8003	3.3876	99.41	3.3920	99.68	1.5968
4	0.8880	2.4795	99.38	2.4780	99.85	1.5968
5	2.5097	4.1119	99.29	4.1171	99.62	1.6136
6	2.6327	4.2488	99.64	4.2518	99.82	1.6200
7	2.0719	3.6363	99.38	3.6399	99.60	1.6285
8	1.8994	3.5139	99.46	3.5208	99.88	1.6233
9	2.4087	4.0588	99.54	4.0658	99.96	1.6578
10	2.1623	3.8093	99.29	3.8137	99.56	1.6587
11	0.9738	2.6654	99.53	2.6681	99.69	1.6996
12	0.4054	2.1052	99.52	2.1089	99.74	1.7080
13	0.3349	2.0414	99.47	2.0471	99.80	1.7156
14	1.5119	3.2330	99.48	3.2379	99.76	1.7301
15	0.5620	2.2914	99.46	2.2949	99.66	1.7388
16	3.0220	4.7149	99.40	4.7203	99.72	1.7031
17	2.8472	4.5730	99.49	4.5761	99.67	1.7346
18	2.1794	3.4471	99.28	3.9493	99.37	1.7811
19	0.2829	2.0834	99.41	2.0833	99.68	1.8112
20	2.2978	4.1085	99.48	4.1143	99.80	1.8202
21	0.9215	2.7786	99.35	2.7842	99.55	1.8693
22	0.7130	2.6004	99.36	2.6058	99.65	1.8995
23	2.1954	3.4433	99.45	3.4488	99.53	1.7576
24	0.7255	2.6853	99.49	2.6898	99.72	1.9699
25	0.9455	2.9284	99.34	2.9330	99.57	1.9961
释热均值，（%）			99.38	—	99.69	—
标准偏差 相对标准偏差		$S=0.1814$ RSD=0.183%		$S=0.1294$ RSD=0.130%		

由表 6-1 可以看出，不同发热量的煤样在点火后 6min 时释放的热量在 98.78%～99.64%范围内，平均值为 99.38%；点火后 8min 时释放的热量在 99.37%～99.96%范围内，平均值为 99.69%。而点火后 8min 要比点火后 6min 时释热精密度显著提高，这是符合一般规律的。当点火后结束试验的时间越短，例如 3min 或 5min，则精密度越差，RSD 值（即变异系数）越大，准确性也就越低。

从另一方面看，各种煤样由于自身特性不同以及环境与燃烧条件的某些差异，释放的热量并不显示其规律性，这就给应用经验公式进行校正获得发热量准确结果带来很大难度。

3. 冷却校正值的确定

作为恒温式热量计，其基本特点就是存在一个冷却校正值。恒温式热量计在测定发热量的过程中，其内外筒水温之间始终存在一定的温度差，此差值随时间的改变而改变。在一般情况下，点火前内筒温度总是低于外筒温度，这时内筒是吸热的，但在点火后，随着试样热量的释放，内筒水温升高，它将越过吸热与放热的分界线而高于外筒温度，此时内筒是散热的。为了消除内、外筒热交换对温升的影响，就必须在内筒温升上加上一校正值，这就是冷却校正值。

冷却校正值随测热时的环境条件，热量计设计参数，内、外筒水温及其差值、试样的燃烧特性及样品发热量的高低等多种因素的变化而变化，故在每次测定发热量时，包括对同一试样进行重复测定时，均须根据观测到的有关数据进行冷却校正值的计算，从而保证测热的准确性。

各种型号的新型自动热量计普遍不同标准规定方法计算冷却校正值，而这却直接关系到测热结果的准确性。

根据冷却校正值计算可知，当测热前内外筒水温调节的温差越大，则末期内筒温度下降越少，冷却校正值越小；否则则出现相反的情况。新型自动热量计的内筒水直接引自外筒，即内、外筒水温差为零。由本特公式（式 6-19）就可清楚地看出，在这种条件下冷却校正值必然较大。对热容量 10000J/℃的热量计来说，冷却校正值常可达到 0.01～0.02℃甚至更大，也就是相当于 100～200J 的热量，甚至更高。故冷却校正值是否可靠也是影响测热结果的因素。

究竟仪器生产厂如何确定冷却校正值，用户不得而知，故也无法加以验证。GB/T 213—2003 对自动热量计的使用提出了若干更严格的要求，不仅用户要贯彻，而且仪器生产厂更应按标准规定执行。

新型自动热量计既属于恒温式热量计的范畴，而冷却校正值又不按经典的科学原理推导的公式去计算，其可靠程度如何，引起了广泛的关注。自动热量计测热的准确性与冷却校正值的确定方法密切相关。

4. 外筒水温维持恒定问题

恒温热量计的基本特点就是外筒水温基本保持恒定。但是由于内外筒相通，随着测热样品的增多，外筒水温不断升高是不可避免的。例如某一型号的新型自动热量计连续标定 5 次热容量时，其点火温度依次递升，由 19.30℃ —→ 20.42℃ —→ 20.83℃ —→ 2.1.18℃ —→ 21.47℃，依次升高为 0.65、0.47、0.41、0.35、0.29℃，总计升温 2.17℃。不同型号的自动热量计均有相似情况，测定样品越多这种影响越显著。例如，作者对某型号的国产自动热量计在标定热容量及反标苯甲酸热量各 5 次，外筒水温由 19.10℃升高至 21.11℃，温升 2.11℃，历时 180min；同时对美国生产的自动热量计完成同样次数的试验，内筒温升由 19.30℃升高至 22.33℃，温升 3.03℃，历时仅 80min。故这是不用调节内筒水温，实施内、外筒水一体化的这类自动热量计的一个很大不足，这不但影响测热精密度，而且影响测热准确度。

当连续测定少数样品时，上述弊端往往难以发现。GB/T 213—2003 中对测热条件有着明确要求：环境温度必须尽可能地保持恒定，并规定标定热容量与测定发热量时内筒水温不得超过 5℃，否则就得重新标定热容量。

现在已有生产厂家采取外装冷却装置的办法，以力求消除上述弊端，虽然也有一些效果，但其技术难度相当高，结果并不那么理想；另一方面，导致热量计结构复杂化、费用上升、故障率增加，恒温式热量计结构简单的优势也就丧失，故也不是解决此问题的最佳办法，更不是惟一的办法。

二、标准对自动热量计设计与使用的要求

GB/T 213—2003《煤的发热量测定方法》取代了 1996 年的标准版本，这次修订中比较集中的内容是：

1）将热容量标定重复性由极差 40J/℃改为相对标准差不超过 0.20%。

2）发热量测定重复精密度由 150J/g 改为 120J/g。

3）在保留 1996 年版中弹筒硫测定方法的同时，增加了氢氧化钡滴定法。

4）对自动热量计的要求，提出了更详细的规定。

GB/T 213—2003 对自动热量计作出了较为严格的规定，这主要是：

（1）自动热量计原则上要按传统的热量计原理和规定进行设计和制造，并按规定的公式计算分析试样的弹筒发热量及恒容高位发热量，见式（6-6）及式（6-7）。

由该规定可以看出，我国早期生产的自动热量计，即内、外筒分开，需要调节内筒水温，称量内筒水量的微机热量计均符合上述规定要求，故其测热精密度与准确度与传统热量计大体相同。不过测热准确度略呈偏低倾向，一般其测值仍落在标准煤样不确定度范围内。

（2）GB/T 213—2003 规定，自动热量计在每次试验中必须详细给出规定的参数，打印或以另外方式记录的各次试验的信息，包括温升、冷却校正值（恒温式）、有效热容量、样品质量、点火热和其他附加热，由此进行的所有计算都能人工验证，所用的计算公式应在仪器说明书中给出。计算中的附加热应清楚地确定，所用的点火热、副反应热的校正应该明确说明。

根据国标要求，对照我国目前生产的各型号新型自动热量计与上述规定之间存在明显的不同之处：

1）新型自动热量计实施内、外筒水一体化，作为恒温式热量计，又不按标准规定的公式计算冷却校正值，而由仪器生产厂直接提供测热结果，却不公开冷却校正的计算公式，因而无法加以验证。

2）某些型号的新型自动热量计不待试样燃烧完全，就结束测热试验。其测热结果由仪器生产厂利用自定的办法加以计算，生产厂对此予以保密，用户不得而知。

3）按标准规定，点火热应包括点火丝燃烧产生的热量及电能热，一般的自动热量计对此并没有加以说明。

（3）标准规定热容量值的有效期为 3 个月，对更换量热温度计等 4 种情况（前文已提出）要立即重新标定。

标准还指出，缺乏确切的物理意义或偏离经典方法的高度自动化热量计应增加标定频率，必要时要每天进行标定。

由于热容量的值是否可靠对发热量测定影响巨大，而且在相当长时间内（通常即为 3 个月）一直对每一次发热量的测定结果产生影响。故标准中对自动热量计热容量的标定进一步作出了上述规定。

作者认为，凡是从事燃料发热量的检测、研究人员要深入学习，理解上述规定。而作为热量计生产厂的设计人员更应按标准规定对照本单位生产的产品，不断改进与完善，以更好地满足广大用户的需求。

三、热量计的完善途径与发展方向

为了进一步缩短测热周期，不少热量计生产厂将热量计测热周期人为地缩短至 10min 左右，甚至 8min 或 5min。这就意味着试样在氧弹中燃烧，其热量尚未完全释放，就根据试样点火后数分钟的温升值推算出最终温升值，从而对发热量加以确定。

这种办法对标定热容量或反标苯甲酸热量来说，因苯甲酸热值稳定，燃烧速度基本相同，再由于苯甲酸试样均为 1g 左右，内筒温升值也基本一致，故测定结果的重复性与准确性相对较高；但是这种方法用于煤样发热量的测定，情况就有较大的不同。不同煤样燃烧速度各不相同，发热量之间也可能存在较大差异。在点火后一定时间内所释放的热量占煤样总热量的比例也就可能有较大的不同，致使测热结果的精密度与准确度相对较差。

上述缩短时间的方法对热量测定结果的可靠性存在明显不利的影响。测热时间越少，测热结果的可靠性越差，从而降低了这种测热方法的实际应用价值。快速测定一般用于现场监督，大体判断其热量的高低，而不能用于入厂煤质的验收及入炉煤标准煤耗的计算。

对发热量测定来说，不仅要考虑操作的方便性及测热速度，还应更为重视测热结果的可靠性，即精密度与准确度必须符合国家标准的要求，并力求使热量计保持恒温式热量计结构简单，故障率低的特点。当然，用于特定场合，允许适当降低测定精度来换取速度的提高也是可以的。

作者认为，热量计的完善化途径与发展方向是：以现时普通恒温式微机热量计为基础，将一台热量计设计成两种运行模式：一种模式适用于一般煤质监督使用，对测热准确性要求相对较低而又要很快提供结果者，则可选用快速测定运行模式，完成一个样品的测试时间可控制在 10min 以内，甚至更短一些时间；另一种模式适用于煤质验收计价及标准煤耗准确计算，对测热准确性要求较高者，仍按现行国家标准规定的方法测定，完成一个样品的测试时间一般需要 22～24min。

同时现在也有办法解决水温的自动调节及称量问题，以使新设计的热量计收到与新型自动热量计不用调节内筒水温及称量内筒水量的相同效果，并且又能克服其弊端。

第五节　煤的发热量在电力生产中的应用

电厂就是利用燃料燃烧产生的热能转化为电能的企业，煤的发热量高低对电力生产有着密切的关系。如何检测煤的发热量，了解发热量与电力生产的关系，掌握节煤技术并保证锅炉的安全经济运行，应是火力发电厂用煤技术的核心所在。

煤的发热量在电力生产中的应用涉及电力生产全过程，而且它对整个电厂的安全运行与经济效益均有巨大的影响，本节将择其重点方面加以阐述。

一、煤的燃烧与锅炉热效率

电厂就是利用煤的燃烧所产生的热量转化为电能，故保证煤在锅炉中能充分燃烧，锅炉具有较高的热效率，一直是电厂追求的目标。

煤的发热量与锅炉热效率密切相关，这在本书第二章中已作了专门阐述，本节就不再重复。

二、入厂煤质验收

发热量是最为重要的煤质特性指标，GB/T 18666—2002 中将干燥基高位发热量（灰分）及含硫作为商品煤质量评定的特性指标，也正反映发热量在电煤中的重要性，它是电力用煤计价的主要依据之一。我国长期以来采用收到基低位发热量 $Q_{net,ar}$ 作为计价依据，GB/18666—2002 规定改为以干燥基高位发热量 $Q_{gr,d}$ 作为计价指标，它们之间的关系是

$$Q_{gr,d} = Q_{gr,ad} \times \frac{100}{100 - M_{ad}} \qquad (6-25)$$

$$Q_{net,ar} = (Q_{gr,ad} - 206 H_{ad}) \times \frac{100 - M_t}{100 - M_{ad}} - 23 M_t \qquad (6-26)$$

关于入厂煤质验收中如何对发热量进行评定，及为什么由 $Q_{net,ar}$ 改为 $Q_{gr,d}$ 等问题，在本书第二章第二节中已作了详细说明，故不复述。但有一点需要指出，GB/T 18666—2002 明确指出，该标准应与 2002 年 10 月 1 日实施。时至今日，但不少电厂仍沿用老办法，按收到基低位发热量 $Q_{net,ar}$ 来签订供煤合同。尽管有关主管部门多次组织该标准的宣讲，但习惯力量仍然很大。

三、发热量与标准煤耗的计算中的问题

在火力发电厂，煤是燃料，电是产品，发一千瓦时电消耗多少煤，是衡量火力发电厂经济性的主要考核指标。

所谓标准煤耗，是指发一千瓦时电所消耗的标准煤量。而标准煤耗又有发电煤耗与供电煤耗之分。扣除电厂自身用电之后的煤耗，为供电煤耗，故它应高于发电煤耗。

由于计算煤耗不仅仅涉及煤的发热量 $Q_{net,ar}$，而且与煤量、电量密切相关，而发热量的测定结果又受入炉煤采样精密度所制约。收到基低位发热量，除受高位发热量影响外，还与煤中水分（Mt 及 Mad）与氢值有关，故煤耗问题涉及众多方面，所有电厂对此都十分关注。故本书将在此作一较详细的说明。

1. 正平衡计算标准煤耗的技术要求

由于标准煤耗涉及电厂用煤的诸多方面，它们之间相互联系，也相互制约。了解正平衡计算标准煤耗的技术要求与掌握用煤技术关系十分密切。为此将电力部于 1993 年 11 月提出的《火力发电厂按入炉煤量正平衡计算发供电煤耗的方法（试行）》中对计算煤耗的技术要求共 15 条（摘录）于下方。

（1）125MW 及以上火电机组的入炉煤原则上按单台机组进行。已运行的 125MW 与 200MW 机组，有条件者应尽快加装燃煤计量及检验装置，已运行的 300MW 机组及新设计或新建的 300MW 及以上火电机组，必须配备按入炉煤正平衡计算煤耗所需的全部装置，包括燃煤计量装置、机械采制样装置、煤位计和实煤校验装置等。入炉煤计量装置在运行中的误差应保证 ±0.5%。

（2）火力发电厂入炉煤计量有两种方式：一种是通过总皮带上的电子皮带秤及其监测系统分别计算各机组的燃煤量；另一种是利用给煤机自身附有的计量装置直接计量。

（3）各火力发电厂在配置燃煤计量装置时，要充分考虑下列因素：①称量范围和数量要满足燃料管理要求；②在运行和称量范围内，其称量与使用精度应不低于 ±0.5%；③应加实煤校验装置或计量标准规定的校验器具。

（4）电子皮带样的安装地点在总皮带时，经犁煤器与分炉计量微机监测系统将燃煤分别送入各炉的原煤仓中。

（5）计量装置须定期经实煤校验。校验煤量不小于输煤皮带运行时最大小时累计量的

2%；实煤校验所用标准称量器具的最大允许使用误差应不高于±0.1%。

(6) 要使用计量部门认可的并发有检验合格证的燃煤计量装置。燃煤计量装置每月用实煤校验装置校验 2~4 次。

(7) 实煤校验装置使用前应经标准砝码校验，实煤校验装置的标准砝码每 2 年应送往计量部门校验一次。

(8) 要使用符合标准要求的机械采制样装置。125MW 及以上火电机组实施按单台机组的入炉煤量计算煤耗时，有条件的火力发电厂可按单台机组分别采样、制样和化验。

(9) 机械采制样装置是目前惟一能够采到具有代表性样品的手段。机械采制样装置应符合下列要求：①采样精度按灰分 A_d 计要求在 ±1% 以内；②依据燃煤不均匀性所确定的采样周期（或一定煤量）截取整个煤流截面；③采煤样机适应湿煤能力强。当燃煤外在水分 $M_f < 12%$ 时能正常连续运行。

(10) 对新装的机械采制样装置要按部颁 SD 324—1989《刮板式入炉煤机械采样装置技术标准》进行产品的验收，使其装置（包括采样头、碎煤机、缩分器、余煤处理设备及其他附属设备）达到技术标准要求。

(11) 机械采制样装置的安装地点应尽可能与燃煤计量装置相近，以确保煤量与煤质相一致。

(12) 机械采制样装置与输煤皮带系统应设有电气连锁装置。其检修周期要与输煤系统大致相同。

(13) 输煤皮带系统中的碎煤机与磁铁分离器应确保其正常运行。

(14) 入炉煤要按国标方法每班至少分析全水分 M_t 一次，每天至少做一次由三班混制而成综合样品的工业分析和发热量。

(15) 正平衡计算煤耗一律以入炉煤测得的发热量为依据，不得以制粉系统中的煤粉测得的发热量代替。

以上 15 条是当时电力部的规定，也是正确计算标准煤耗的前提条件。

2. 正平衡计算标准煤耗中若干突出问题

作者认为当前存在的影响准确按正平衡计算标准煤耗的主要问题在于：

(1) 上述第（9）条对机械采制样装置提出的三条技术要求过于严格，以致各个电厂普遍不能实施。例如国家标准 GB 475—1996 规定，当灰分 A_d 大于等于 20% 的原煤，采样精密度规定为 ±2%，而原电力部提出 ±1%。采样精密度由 ±2% 提高到 ±1%，那么在一采样单元煤中，所采子样数应增加至 4 倍，或者说采样头动作周期为原规定的 1/4。

目前按国标规定采样精密度 ±2%（$A_d > 20%$ 的原煤）来衡量国内电厂中所使用的入炉煤采样机，其合格率估计不足 30%。在制样系统中问题尤为严重，一是堵煤；一是制取的样品易产生系统误差。

标准中规定的采样精密度直接影响标准煤耗计算的准确性，标准煤耗计算需要提供 3 项基本参数，即收到基低位发热量、入炉煤量及电量。而入炉煤量及电量的计量精度均可达到 ±0.5%，惟独收到基低位发热量受采样精密度制约。故期望机械采制样装置能提高到与煤的计量及电量相当的精度水平，从而保证标准煤耗的计算结果具有较高的精度。

关于采煤样机运行中的有关问题，本书第三章中已作详细阐述，就不再重复。

总之，当前电厂中使用的入炉煤机械采样装置的实际使用情况与原电力部的要求相距很大，特别是上述第（9）条恐非短期内能够达到。由于各电厂普遍达不到上述要求，也就使该要求形同虚设。作者在其他著作中多次指出，这第（9）条可以作为努力目标与发展方向，但缺少现实的指导意义，应加以修订。

（2）现在仍有一些电厂采用人工方法采集入炉煤样，子样数严重不足，所采样品根本无代表性可言。例如，某电厂每班上原煤 3000t，上煤时间为 3h，按 GB 475—1996 规定，在每班上煤时间内应采子样为 $60\sqrt{3000/1000}=104$ 个子样，方可使采样精密度达到国标规定的 ±2% 要求，也就是每隔 $180/104=1'44''$ 就得采集一个子样。而实际上有的电厂仅采 3～5 个子样就代表入炉煤样，即使按采集 5 个子样计经计算此时采样精密度为 ±9.1%。像这样的采样可以说是毫无意义的。

如果按电力部的要求，采样精密度要达到 ±1%，则应采子样数为 $4×104=416$ 个，也就是每隔 $104/4=26s$ 采集一个子样。

除了标准中有关规定执行有难度外，我国电厂对燃料采制样的重要性与技术难度认识很不够，虽然现在情况已有所改进，但还需进一步提高认识，在人力、物力、财力各方面切实支持与加强煤的采制样工作。对人员的要求上显得尤为突出。在煤质检验中，不论是入厂还是入炉煤，关键就是采样，其次就是制样，要尽快地加速燃煤采样制样的机械化进程，确保采煤样机首先达到国家标准规定要求，即采样精密度（$A_d>20\%$ 的原煤）达到 ±2% 的规定；所采制的样品不存在系统误差；采煤样机的年投运率达到 95% 的要求。达到上述条件后，再向原电力部的规定要求继续努力。

（3）现在不但仍一些电厂未按正平衡计算标准煤耗，而且有的电厂仍采用煤粉样来测定入炉煤的发热量。由于煤粉样不能代表入炉原煤质量，煤粉中一部分粒度较细、密度较小、热量较高的细粉由三次风直接吹入炉中，故煤粉样所测出的发热量是不能用来计算煤耗的。目前对入炉煤采样采用人工采样或取煤粉样的电厂并不是个别的。在这种条件下，计算出的煤耗可信度自然不高，甚至出入很大。

电厂中都十分重视入厂煤与入炉煤的热值差问题，因为这是相关改核指标。对入厂及入炉煤热值差的分析计算，其前提条件必须是入厂及入炉煤的采制样及化验均应严格按同一标准（现在普遍按国家标准）来执行才行，否则就不具可比性。

综合全国火力发电厂的情况：电厂入厂煤较普遍的能按国标规定采样，做到车车采样、批批化验，大部分电厂仍然采用人工采样，而入炉煤安装的机械采制样装置比入厂煤多得多，但运行情况总的说来并不好，问题甚多。加上还有的用煤粉样、人工采样等，当前我国部分电厂（少数）入厂及入炉煤采制样均能符合或基本符合 GB/T 475 要求；多数电厂是入厂煤采制样能符合或基本符合国家标准，而入炉煤却做不到。因此，入厂煤与入炉煤的热值差就很难达到期望的要求，这是很自然的。当然影响入厂与入炉煤的热值差还有其他多种因素，例如煤种、煤质、特别是挥发分、含硫量、粒度、各电厂所处自然条件、煤的组堆情况与存放时间等均有关。

3. 发供电标准煤耗的计算

（1）发电煤耗的计算。设某电厂装机容量为 1200MW，日燃用天然煤量为 11500t，该煤的收到基低值发热量 $Q_{net,ar}$ 为 21240J/g 则发电煤耗计算如下。

首先计算该电厂每天消耗的标准煤量。

各电厂燃煤发热量各不相同，在生产上为了采取统一的标准作为计算煤耗的依据，把收

到基低位发热量 $Q_{net,ar}$ 为 29271J/g 的煤定为标准煤。

故该电厂每天消耗的标准煤量为

$$21240/27291 \times 11500 = 8950(t) = 8950 \times 10^6(g)$$

再求出该电厂的每天发电量

$$120 \times 10^4 \times 24 = 28.8 \times 10^6(kW \cdot h)$$

故发电标准煤耗为：

$$8950 \times 10^6/28.8 \times 10^6 = 311[g/(kW \cdot h)]$$

(2) 供电煤耗的计算。设上述电厂中每天用电量为 $8.8 \times 10^5 kW \cdot h$，则供电煤耗为

$$8950 \times 10^6/(28.8 - 0.88) \times 10^6 = 321[g/(kW \cdot h)]$$

在发电煤耗确定的条件下，减少了厂用电量，也就降低了供电煤耗。

4. 不同表示方法发热量的应用

发热量不同于其他煤质特性指标，不仅有基准之分，而且有弹筒及高低位之别。了解发热量不同的表示方法及相互间的关系，对正确应用不同表示方法的发热量是十分重要的。

(1) 弹筒发热量 $Q_{b,ad}$。由热量计测出的空气干燥基煤样的发热量，即为空气干燥基弹筒发热量，它是计算高低位发热量的基础，故必须按标准规定能够测准。

(2) 空气干燥基高位发热量 $Q_{gr,ad}$。前文已指出，空气干燥基高位发热量按下式计算

$$Q_{gr,ad} = Q_{b,ad} - 94.1S_{b,ad} - \alpha Q_{b,ad}$$

需要强调指出的是，利用氢氧化钠标准溶液来滴定氧弹洗液，求出的弹筒含硫量 $S_{b,ad}$ 准确性较低。它仅仅限于计算高位发热量，而不能作为提供煤中含硫量的依据。

GB/T 213—2003 中规定，弹筒硫（%）按下式计算

$$S_{b,ad} = (cv/m - \alpha Q_{b,ad}/60) \times 1.6 \tag{6-27}$$

式中　c——氢氧化钠标准溶液的物质的量的浓度，mol/L；

　　　v——滴定用去的氢氧化钠体积，ml；

　　60——相当于 1mmol 硝酸的生成热，J；

　　　m——称取煤样的质量，g；

　1.6——将每摩尔硫酸（$1/2H_2SO_4$）转换为硫的质量分数的转换因子。

标准同时规定，$S_{b,ad}$ 也可按 GB/T 213—2003 附录 C，即氢氧化钡滴定法测定。

由式（6-27）计算弹筒硫含量时，如滴定消耗的 NaOH 标准溶液量较少，即含硫量较低时，会出现负值。由于环保方面的要求，现在电厂均期望燃用低硫煤，这样弹筒硫出现负值的现象就屡屡出现。

设试样量为 1.0012g，滴定消耗的 0.1mol/L NaOH 标准溶液为 1.80ml，$Q_{b,ad} = 24660J/g$，则弹筒硫（%）应为

$$S_{b,ad}(\%) = \left(\frac{1.80 \times 0.1}{1.0012} - 0.0012 \times 24660/60 \right) \times 1.6$$

$$= (0.18 - 0.49) \times 1.6 = -0.50$$

弹筒硫应是煤中可燃硫，它得出负值是不合常理的。由于是利用 0.1mol/L NaOH 溶液来滴定氧弹洗涤液中总酸度，而总酸度是由硫酸及硝酸两部分组成，$\alpha Q_{b,ad}/60$ 相当于硝酸量，出现负值情况，说明计算的硝酸量偏高或总酸量偏低。

故作者建议，各电厂在计算高位发热量时，还是按直接测得的含硫量取代 $S_{b,ad}$ 代入式

（6-33），而求得高位发热量 $Q_{gr,ad}$。

由于煤质试验室中通常发热量以空气干燥基高位 $Q_{gr,ad}$ 的结果报出，要特别留心该试样的空气干燥基水分 M_{ad} 值，如果 M_{ad} 值异乎寻常的低，如 0.5% 以下，甚至只有 0.1% 或 0.2%，就应该检查是否因空气干燥基煤样制备时人为干燥温度过高，致使空气干燥基水分大部分已经丧失所致。在这种情况下，高位发热量 $Q_{gr,ad}$ 的测定结果必然偏高，因为此时的煤样相当干燥或半干煤样，$Q_{gr,d}$ 总是要大于 $Q_{gr,ad}$。如遇到这种情况，可将瓶中的煤样倾注于浅盘中，摊薄置于大气中，令其恢复至空气干燥状态（即在空气中连续干燥 1h，其质量变化不超过 0.1%），实际上往往并不需要 1h。例如 10～20min 即可恢复到空气干燥状态（洁净的玻璃棒不再沾有煤粉，则表示已达到空气干燥状态）。再重新测定发热量，也就可以发现 $Q_{gr,ad}$ 较第一次测定结果明显降低。

应该指出，如果制备的煤样中空气干燥基水分已经部分失去，不仅对发热量，而且对各项特性指标的测定结果均会偏高。

（3）干燥基高位发热量 $Q_{gr,d}$。干燥基高位发热量不考虑空气干燥基水分的影响，它可以更好地反映煤的燃烧热的高低。

$$Q_{gr,d} = Q_{gr,ad} \times \frac{100}{100 - M_{ad}} \qquad (6-28)$$

由于煤中水分受环境影响的变化，在不少场合作，为了排除水分的影响，就需要应用干燥基。这方面的应用很多，如：

1）在商品煤质验收中，用干燥基高位发热量 $Q_{gr,d}$ 作为评定指标。

2）在标准煤样中，其标准值均用干燥基表示，如 $Q_{gr,d} = 22.50 \pm 0.18MJ/kg$，故用它来检验某一试样在不同环境下的发热量测定结果也就具有了可比性。

（4）收到基低位发热量 $Q_{net,ar}$。收到基低位发热量 $Q_{net,ar}$ 可由空气干燥基高位发热量 $Q_{gr,ad}$ 按下式直接计算而得

$$Q_{net,ar} = (Q_{gr,ad} - 206H_{ad}) \times \frac{100 - M_t}{100 - M_{ad}} - 23M_t \qquad (6-29)$$

煤在锅炉中燃烧所产生的有效热量，或称净热量，也就是收到基低位发热量，它在很多方面有着应用，如：

1）锅炉设计与燃烧调整时，必须提供收到基低位发热量。

2）标准煤耗、锅炉热效率计算时，也须提供收到基低位发热量。

3）以前普遍用收到基低位发热量作为商品煤验收、计价指标，但它受水分及含氢量影响很大，故 GB/T 18666—2002 规定改用干燥基高位发热量作为商品煤质量评定指标。

发热量的各种表示方法均在电力生产中有着广泛应用，这也是火力发电厂用煤技术的主要方面。

煤的物理性能检测与应用技术

为确定煤的成分，根据不同需要，可采取工业分析与元素分析方法，其分析结果反映了煤的主要化学性能，即燃烧特性。此外，煤的多种物理性能对电厂的安全、经济运行也具有一定的影响。对物理性能的检测是电力用煤特性检测的重要组成部分，掌握其检测技术，了解它们在电力生产中的应用，是对电厂每一个煤质检验及管理人员的基本要求。

煤的物理性能包括很多方面内容，本书第二章及第三章中已对粒度、堆密度、着火性等物理特性在电力生产中的应用均有所涉及，本章只是择其与电力生产关系较密切的煤粉细度、可磨性、磨损性等物理特性的检测与应用加以阐述。

第一节　煤粉细度的检测及应用

当今电厂锅炉普遍采用煤粉悬浮燃烧，煤粉越细，在锅炉中燃尽度越高，机械及化学未完全燃烧损失越小，同时有助于减小锅炉结渣（俗称结焦）的可能性，但制粉系统能耗增大；煤粉越粗，则出现相反情况。综合上述因素，锅炉应维持一个合理的煤粉细度，故对煤粉细度的测定列为煤粉锅炉运行的主要监督项目。

对于煤粉细度的测定，执行 DL/T 567.5—1995《煤粉细度的测定》。称取一定量的煤粉置于规定的试验筛中，在振筛机上筛分完全，根据筛上残余煤粉量计算出煤粉细度。

DL/T 567.5—1995 颁布至今已经超过 10 年，但在执行中仍存在不少问题，检测人员只有切实掌握该标准的技术要点，配备合格的试验筛及符合要求的振筛设备，实施规范化的测定操作，才能获得可靠的测定结果。

一、对试验筛的技术要求

试验筛是煤粉细度测定中的关键设备，试验用筛其筛网孔径分别为 $200\mu m$ 及 $90\mu m$，并配有底盘与筛盖，筛子直径为 200mm。

现在国内外制修订的标准，一律以实际孔径作为试验筛筛级的名称，且以公制 mm 或 μm 来表示孔径的大小。

在选用试验筛时，经常碰到网目这一名词。所谓网目，是以单位长度或单位面积所包含的筛孔数来表示筛孔大小的一种计量单位。按照标准网目制作，用于小筛分（指粒度小于 0.5mm 物料进行的筛分试验）的套筛，称为标准筛。用于煤粉细度测定的试验筛，即为两个不同孔径的标准筛，因而对它们有着严格的技术要求。

在使用标准筛时，应注意以下几个方面：

（1）应该采用规定筛网孔径的标准筛，并配有底盘与筛盖。特别需要指出，我国不少电厂以往较多使用德国工业标准筛，有的至今还在使用。德国工业标准筛是以每厘米长度内的筛孔数作为筛号的。用于煤粉细度测定的两个标准筛，一为 30 号筛，孔边长 0.200mm，900 孔/cm²；另一个为 70 号筛，孔边长 0.0889mm，4900 孔/cm²，我国筛系中孔径为 200μm 的筛子相当于德国筛系中的 30 号筛；而 90μm 的筛子则相当于德国筛系中的 70 号筛。

（2）使用筛子前，应仔细检查筛子有无破损、筛网是否严重变形、筛底是否松弛、它与筛帮之间是否有过大的缝隙，如有上述缺陷者，则不能使用。

如果筛网稍有变形、网孔大小不太均匀，但在筛分煤样时其重现性良好，则说明此筛的变形程度尚在允许范围之内。

（3）无论是新购的筛子还是在用的筛子，都应定期送国家计量检定部门予以检定。检定周期为一年，合格者方可使用。

应该指出，我国已能生产质量较好的标准筛，但国产筛的不同厂家产品质量相差悬殊，使用人员应注意，产品合格证不能说明计量检定就一定合格。

（4）要确定某一筛子的孔径，可参照下述方法进行：备齐不同孔径的一组标准筛，分别称取 25g 煤粉在不同孔径的筛子上筛分，根据各筛余物质量，计算出不同孔径筛上煤粉的筛余百分率。在同样条件下，利用待确定孔径的筛子筛分上述 25g 煤粉，其筛余百分率与哪一个标准筛的筛余百分率相当，则可确定该筛的孔径。

（5）对市场上销售的廉价劣质筛，或者筛子已明显破损的，如筛网上的破损处用胶带封住、筛底已严重松弛的在用筛，一律不得用于煤粉细度测定。也没有必要送计量部门检定，可予以报废处理。

二、对振筛机的技术要求

使用振筛机有助于达到筛分完全，又可轻减工作人员劳动强度。所谓筛分完全，是指在煤粉细度测定时，已达到规定的筛分时间后再振筛 2min，若筛下细粉量不超过 0.1g，则认为筛分完全。

振筛机有各种不同的类型，其筛分效果是不一样的，DL/T 567.5—1995 规定，应使用垂直振击次数 149 次/min、水平回转 220 次/min 或类似的其他振筛机。

单纯水平往复式振筛机筛分效果差，难以筛分完全，故不宜采用。人工筛分效果更差，更不宜采用。

标准筛振筛机的结构如图 7-1 所示。

该振筛机是通过电动机拖动回转减速机构，使主、副偏心轴旋转，获得回转半径等于偏心距的整圆平面摇动，并通过平面凸轮，产生上下振击运动。

由于该类型振筛机不仅测定煤粉细度时要用，在测定可磨性时也要用，故加以较详细说明。

在使用上述振筛机时，应注意：

（1）该振筛机应固定在水泥基座上，防止使用过程中移位，通常生产厂家随设备提供安装用地脚螺栓加以固定。

（2）该振筛机与直径 200mm 的标准试验筛配套使用。使用时，将筛子连同底盘、筛盖垂直平稳置于筛托盘上，用扭紧螺母将其固定好，以防松动。

（3）该振筛机要按设备说明书要求适时加注润滑油，以延长设备使用寿命。

（4）该振筛机一个很大的不足之处是使用时产生的噪声很大，故宜将此设备安置于楼房

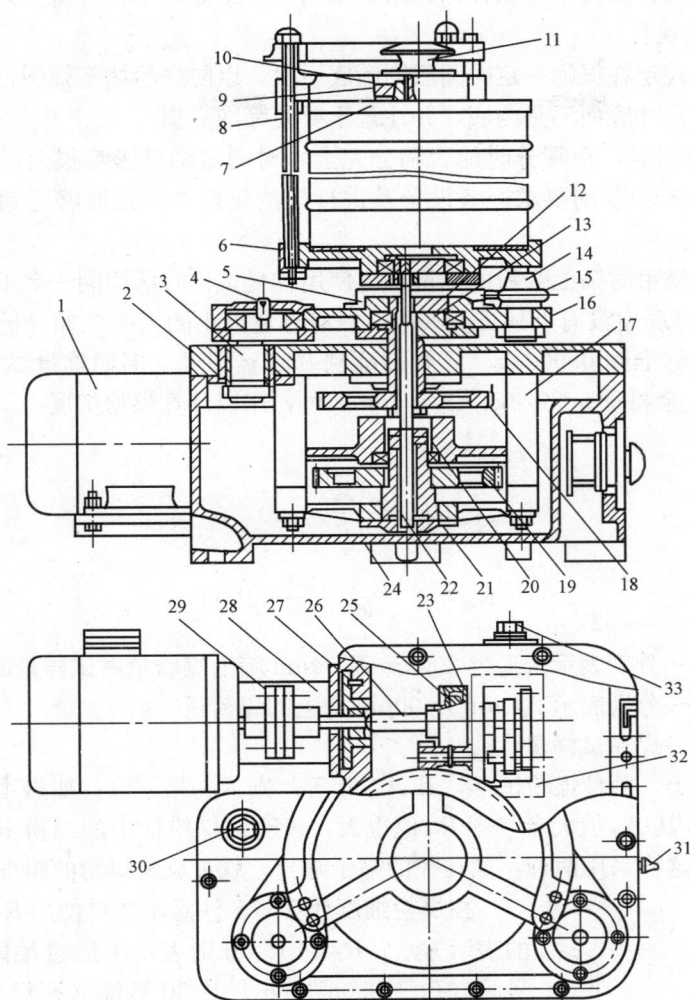

图 7-1　标准振筛机结构示意图

1—电动机；2—箱盖；3—副偏心轴；4—压注油嘴；5—上顶座；6—筛托盘；7—筛盖；8—导杆；9—顶杆；10—退拔螺母；11—扭紧螺栓；12—主偏心轴上盖；13—主偏心轴；14—弹簧套；15—手把；16—活动架；17—高支架；18—斜齿轮；19—大斜齿轮；20—上端面凸轮；21—下端面凸轮；22—打击轴；23—轴套；24—箱体；25—离合体；26—传动轴；27—油封座；28—电机板；29—联油器；30—测油杆；31—倒顺开关；32—轴承座；33—油塞

外的单独场所中使用，尽量减小其噪声对环境的影响。

三、测定操作的规范化要求

1. 样品的称量

对样品的称量，一是称量前，样品应处于空气干燥状态，二是必须充分混匀；三是应使用感量 0.01g 的工业天平。

煤粉达到自然干燥状态并充分混匀，有助于保证筛分完全，并提高测定精密度。

不应使用普通的托盘天平称量样品，最好使用电子工业天平，称量更为方便。

2. 按标准规定操作

在测定中，按规定在振筛一定时间后刷筛底一次，以防煤粉堵塞筛网。在刷筛底时，应用软毛刷轻刷标准筛外底而不是内底，并注意不要使筛网受损。

对煤粉细度的测定，在筛分时能否筛分完全，对测定结果影响很大。一般情况下，如能按 DL/T 567.5—1995 的要求配备设备及进行规范化操作，是能够达到筛余完全的要求的。

同样，对测定结束时筛上余粉的称量也应使用称量试样时所用同一台工业天平，其感量应为 0.01g。如果试验室没有上述工业天平，只有感量更小的天平，如分析天平，也是可以使用的，只是不必称准到 0.0001g，只要称准到 0.01g 即可。例如称量试样 25.0186g，记 25.02g 即可，筛上余粉量 5.8924g，记 5.89g 即可，用以计算煤粉细度。

3. 结果的计算

$$R_{200} = \frac{A_{200}}{G} \times 100 \qquad (7\text{-}1)$$

$$R_{90} = \frac{(A_{200} + A_{90})}{G} \times 100 \qquad (7\text{-}2)$$

式中　R_{200}、R_{90}——分别表示未通过 $200\mu m$ 及 $90\mu m$ 筛上煤粉量占试样量的百分率，%；

　　　　A_{200}、A_{90}——分别表示 $200\mu m$ 及 $90\mu m$ 筛上的煤粉量，g；

　　　　G——煤粉试样量，g。

由上式可以看出，两种煤粉试样，其 A_{200} 相等，则 R_{200} 相一致；如再用孔径 $90\mu m$ 的筛子筛分，A_{90} 不同，其 A_{90} 值大者，则 R_{90} 值也大，表明该煤粉样中的细粉未通过 $90\mu m$ 筛孔的粉量相对较多。这样采用两种不同孔径的筛子筛分，就可反映煤粉的粗细情况。

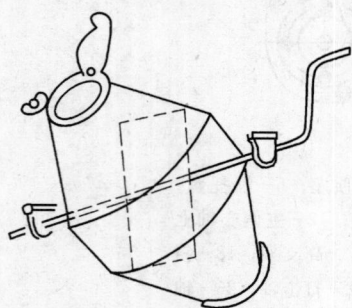

图 7-2　小型混样
器结构示意图

在煤粉细度计算时，注意不要再使用 R_{70} 及 R_{30} 这种过去的表示方法。R_{70} 与 R_{30} 分别表示未通过德国工业筛系中 70 号筛（孔径 0.0889mm）及 30 号筛（孔径 0.200mm）的筛上煤粉量占试样量的百分率。

4. 测定精密度

对于煤粉细度测定，只考核精密度，而无法考核准确度。标准规定，测定重复性应小于 0.5%。

要提高测定精密度，最关键的因素是保证试样的均匀性。手工混样往往难以均匀，如能使用混样器混样，往往可取得较好效果。混样器有多种类型，一种小型混样器如图 7-2所示。

该混样器不仅可用于煤粉细度测定时混匀样品，而且在其他煤质特性指标测定时，也可用混样器先将试样混匀，然后称量试样进行测定，也将有助于提高各项特性指标的测定精密度。

四、煤粉经济细度的确定

煤粉越细，在锅炉中燃尽度越高，灰渣未完全燃烧损失 q_4 值越小，同时也有助减少锅炉的结渣；另一方面，煤粉磨制越细，则制粉系统能耗越高。因此，煤粉细度也不是越细越好。综合上述因素，入炉煤粉要有一个合理的细度，此时磨煤机能耗及灰渣未完全燃烧热损失均处于较低的水平，这一细度称为经济细度。

图 7-3 是以热损失 q 为纵坐标、以 R_{90} 为横坐标绘制成的曲线，此时 R_{90} 为 16%，即为其经济细度。

煤粉细度的测定是电厂锅炉运行的常规监督项目，它的测定结果不仅有助于锅炉燃烧系统的运行调整，而且也有助于提高电厂运行的经济性。

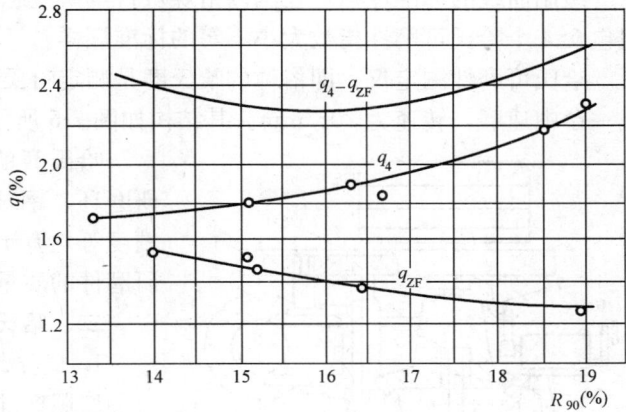

图 7-3　煤粉经济细度的确定

q_4—灰渣未完全燃烧热损失；q_{ZF}—磨煤机能耗折算的热损失

第二节　可磨性的检测与应用

当今电厂锅炉普遍燃用煤粉，电厂必须配备各类磨煤机来制取煤粉，故煤的可磨性列入 GB/T 7562—1998《发电煤粉锅炉用煤技术条件》中的七项特性指标之一，成为电力用煤物理性能检测的重要组成部分。所谓可磨性，是指在规定条件下，煤磨制成粉的难易程度。

测定可磨性有多种方法，世界上多数国家采用哈德格罗夫（Hardgrove）法，简称哈氏法测定可磨性，其测定值用一个无量纲的物理量哈德格罗夫可磨性指数 HGI 来表示。

一、测定原理与哈氏磨

哈氏可磨性指数 HGI，是指在规定条件下，用哈氏可磨性测定仪，俗称哈氏磨测得的可磨性指数。

将一定量的空气干燥煤样与标准煤样磨制成规定粒度，并破碎到相同细度时的能量比，可反映不同煤磨制成粉的难易程度。换句话说，在消耗一定能量的条件下，相同量规定粒度的煤样磨制成粉的细度越细，则可磨性指数越大，说明它越易磨制成粉；反之，则可磨性指数越小，说明它越难磨制成粉。

哈氏磨正是依据上述原理设计的。

测定哈氏可磨性指数，是将 50g 一定粒度（1.25～0.63mm）的空气干燥煤样，置于哈氏磨的研磨碗中，在承重 29kg 的条件下将煤研磨，根据在一定孔径的筛分筛（71μm）上筛余量的多少，由校准曲线上查出 HGI 值，如图 7-4 所示。

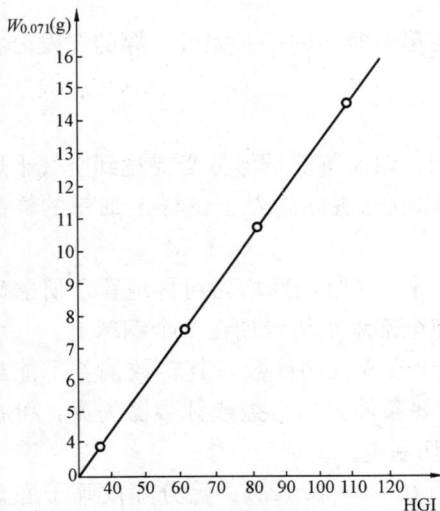

图 7-4　哈氏可磨性指数校准曲线

绘制曲线的标准煤样，在国内由煤炭科学研究总院北京煤化学研究所销售供应。通常一组包含 4 个哈氏可磨性指数大小不等的标准煤样。

哈氏可磨性测定仪，即俗称的哈氏磨是测定哈氏可磨性指数的专用仪器设备。它实际上是一台中速磨，转速为 20r/min。其结构如图 7-5 所示。

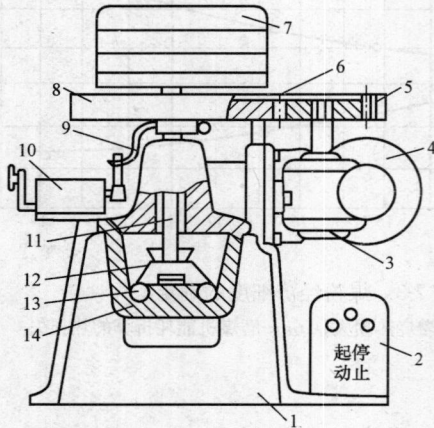

图 7-5　哈氏可磨性测定仪结构

1—机座；2—电气控制盒；3—蜗轮；4—电动机；
5—小齿轮；6—大齿轮；7—重块；8—护罩；9—
拔杆；10—计数器；11—主轴；12—研磨环；
13—钢球；14—研磨碗

哈氏磨的关键部件为研磨件，它包括研磨碗、研磨环、钢球等，对它们的材质、几何形状、加工精度等均有十分严格的要求。哈氏磨的质量主要由研磨件的质量所决定。

二、哈氏可磨性测定技术要点

1. 试样制备

按照标准规定要求制备试样，是获得准确测定结果的前提条件。

（1）原煤样中大块煤先用碎煤机破碎至约 6mm，将全部煤样摊平，使其达到空气干燥状态。

所谓空气干燥状态，是指试样置于空气中连续 1h，其质量变化不超 0.1%。将煤样置于通风处，并不时搅动试样，有助于加速其自然干燥、缩短制样时间。

煤样经掺匀⟶缩分⟶再掺匀⟶直至缩分出不少于 1kg 的煤样。

（2）将煤样制成 1.25～0.63mm 间的粒度。未通过孔径 1.25mm 的粗粒煤样应再行破碎筛分，直至全部试样通过孔径 1.25mm 的筛子为止。

切不可将最后未通过 1.25mm 筛的硬煤粒舍弃，否则测定的 HGI 值将会偏大。

（3）为保证样品的代表性，所制备的试样量应不少于原自然干燥煤样量的 45%。对搁置过久的试样，包括标准煤样在内，在测定前务必将其置于 0.63mm 筛中，在振筛机上重新筛分 1 次，以去除试样表面因风化作用而附着的细粉。

（4）如果要进行不同试样的对比或校核试验，应在尽短时间内一并完成。煤的挥发分含量越高，越要多加注意。

2. 测定操作

（1）煤中水分含量对可磨性测定结果有着直接影响，因而待测试样务必要达到空气干燥状态。称样前不要搅和试样，以免引起样品的破碎，称取已去除附着于试样上细粉的样品 50±0.01g，不能用感量 0.1g 的架盘天平称样。

（2）将称好的试样置于研磨碗中，稍微振动使之摊平。8 个钢球均匀对称地置于研磨碗内，盖上研磨环。安装研磨碗时，要注意保持平稳，使全部承重均匀加在 8 个钢球上。

（3）哈氏磨转速为 20r/min，总计旋转 60 转，由计数器自动计数，其转数偏差不能超过±1/4 转。保持相同转数是保证测定精密度合格的重要条件，如自控或计数器失灵，可在哈氏磨的齿轮上作一标记，数至 60 转，在约 1/4 转处切断电源。

（4）筛分筛为孔径 71μm 的标准筛。将保护筛（孔径 13～19mm）、筛分筛及筛子底盘叠加在一起，将研磨碗内及研磨环上所附着的煤粉刷入保护筛内，以防止钢球落入筛分筛致使筛网受损，又可减少试样在转移中的损失。按规定，在可磨性测定中，煤粉损失量不得超过 0.5g，即筛上粗粉与筛下细粉总量不少于 49.5g，否则测定结果作废。

（5）筛分操作时，要使用如图 7-1 所示的具有振击与回转功能的振筛机，以保证筛分完全。同时，为防止 0.071mm 筛分筛筛网的堵塞，应分别在振筛 10、5、5min 后各刷筛外底一次。

（6）混煤可磨性测定时，应将原煤按配比要求混合后制样，而不是将各自制好的试样按要求比例混合后测定。混煤的可磨性一般可按组成此混煤的单一煤源的比例关系计算而得。例如某一混煤由哈氏可磨性指数 65、72 及 90 这三种煤组成，它们在混煤中所占比例分别为 25%、35% 及 40%，则此混煤的可磨性为 $65×0.25+72×0.35+90×0.4=77$。

3. 测定结果

哈氏可磨性指数是根据 0.071mm 筛下的煤粉量通过校准曲线（见图 7-4）查出的。

绘制曲线时，可按哈氏可磨性指数测定程序对一组标准煤样的可磨性进行测定，测定前，先将标准煤样筛分一下，每一煤样由同一人操作同一台哈氏磨重复测定 4 次，计算出 0.071mm 筛下的煤粉量，取其平均值。

在直角坐标纸上，用标准煤样通过 0.071mm 筛的细粉量为纵坐标，以标准煤样的哈氏可磨性指数标准值为横坐标，从而绘制出如图 7-4 所示的校准曲线。

设某煤样测定，其 0.071mm 筛下的细粉量为 12.03g，哈氏可磨性指数为 90。

哈氏指数均修正至整数值报出。测定精密度规定：重复性为 2 个指数；再现性为 4 个指数。

三、哈氏可磨性指数的应用

（1）哈氏可磨性，只适用于硬煤（无烟煤及烟煤）可磨性的测定，而不适用于褐煤。如果褐煤的可磨性也套用哈氏法测定，很可能导致获得不符合实际的错误结论。

例如，山东龙口褐煤及油母岩，国内外很多单位反复应用哈氏法测定其可磨性，HGI 值一般在 35～45 范围内波动。龙口电厂早期燃用当地褐煤及油母岩的 35t/h 试验炉，磨煤机是按 HGI42 设计的。实际运行表明，龙口电厂试验炉由于制粉系统选型过大，与锅炉燃烧设备不相适应。根据 35t/h 试验炉磨煤机的实际出力大体判断，哈氏可磨性指数不会低于 80，磨煤机比设计出力增大约为 1 倍；在其后投产的 2 台 410t/h 大型锅炉中，由作者提出的磨煤机是按 HGI 71 设计的。长期运行表明，这一设计值是正确的。

哈氏磨是一种中速磨煤机，主要靠研磨作用将煤研制粉。而燃用褐煤的工业磨煤机系高速锤击磨煤机。中速磨难以破碎褐煤中存在的木质纤维；而电厂中实际应用的高速锤击磨则很易将之破碎。此外，褐煤水分很大，磨煤过程中伴有干燥，煤样的处理及破碎操作条件的不同会导致水分的变化，因而得到不同的 HGI 值。油页岩在不同方向上具有不同硬度与强度，其受力后在顺层向上易于研磨成饼，细小的煤粒则易研成薄片。由于龙口油页岩含油率高，这种倾向就更显著，从而使研磨后筛余量明显偏多，使得 HGI 测值大大偏低。

总之，用哈氏法测定褐煤及油页岩的可磨性，在国内外均未得到确认。对此，燃用褐煤及油页岩的电厂要特别加以注意。

（2）提供可靠的可磨性指数，对电厂选择磨煤机容量、预测磨煤机所需动力及了解磨煤机运行工况，都是不可缺少的数据。除少数国家外，很多国家的电厂锅炉设计人员一般均采用哈氏可磨性指数来设计制粉设备。

哈氏可磨性指数越大，在消耗一定能量的条件下，磨制相同细度时，其磨煤机出力越大。哈氏可磨性相差 10 个指数，磨煤机约相差 25% 的出力。

由于可磨性指数值与煤的水分含量有关，因此应采用煤在磨煤机破碎区域近似水分的可磨性指数来估测磨煤机的出力。一般情况下，它比磨煤机给煤水分含量约低 10%（相对值）。考虑到水分对可磨性的影响，国内外有些单位在提供 HGI 值时，注明了水分含量。

虽则哈氏法仅适用于硬煤可磨性的测定，也只是哈氏指数在 30～100 范围内，即 0.071mm 筛上的筛余煤粉量在 95%～75% 时，其测定结果才比较稳定。对于特大及特小指数的煤，其测定结果的可靠性往往较差。

(3) 我国哈氏可磨性测定方法来自美国 ASTM 标准，哈氏磨的技术参数与美国原标准是相同的。GB-2565—1998《煤的可磨性指数测定方法》（哈德格罗夫法）中可磨性指数计算公式也是相同的，即

$$HGI = 6.93W + 13 \tag{7-3}$$

式中　W——研磨后通过 0.071mm 筛的细粉量，g。

但是我国标准中所用的配套筛系与美国原标准却不一致。在哈氏可磨性指数上述计算公式的推导过程中，可清楚地看出试样粒度与筛分筛孔径的大小对可磨性指数的计算结果有着直接的影响。式（7-3）的推导可参见《电力用煤采制化技术及其应用》修订版（中国电力出版社出版，2003 年 5 月出版）。

我国应用的制样筛孔径为 1.25～0.63mm，筛分筛的孔径为 0.071mm；美国原标准中应用的制样筛孔径却为 1.19～0.59mm（现改为 1.18～0.60mm），而筛分筛孔径为 0.075mm。

从定性的角度分析，我国标准中所采用的制样筛孔径较大，而筛分筛孔径却较小，也就是说，较粗的试样在研磨后却要通过较细的筛子。二者对哈氏指数的影响具有同样的方向性，它们都将导致筛余量的增大，从而使哈氏可磨性测定指数偏低。作者对此曾进行过大量的试验研究，全部试样测试结果，无一例外地表明，应用我国筛系则哈氏可磨性测定指数值结果偏低，这与理论预测结果是一致的。

严格说来，在哈氏可磨性指数测定中，采用不同筛系配套，就应采用不同的计算公式。作者的试验研究表明，当采用中、美不同筛系时，其哈氏可磨性指数平均相差 2.6 个指数，在全部试样中，差值超过 2 个指数者，占 58.6%，故不同筛系对哈氏指数测定结果的影响是不容忽视的。

根据试验研究，当配用中国筛系时，作者提出了一修正公式来计算哈氏可磨性指数值，即式（7-3）中的常数项 13 用 15.6 所取代，即

$$HGI = 6.93W + 15.6 \tag{7-4}$$

为了使哈氏可磨性指数的测定结果能体现国内筛系的规定，并与国外测定结果具有可比性，就必须采用适当办法来消除由于所用筛系的不同而造成哈氏可磨性指数系统偏低的影响。

哈氏可磨性测定方法用于某些劣质煤测定时，不断出现问题，HGI 测值往往过高，其结果是工业磨煤机出力严重不足。对某些煤来说，空气干燥水分含量会有惊人的可变性，故每次测定可磨性，最好都要测定其水分含量。

现在有一种改进型的可磨性测定仪，主要用于劣质煤的测定，与公认的空气干燥基煤样不同，是将试样扩展到 3~5 种水分的水平。由此可获得水分与可磨性关系曲线。对应于煤在磨煤机中破碎区域近似水分水平的可磨性，用它来设计磨煤机。

第三节　磨损性的检测与应用

磨损性是煤的物理特性之一，它是指煤在破碎时对金属件的磨损能力。

煤在破碎制粉过程中，与磨煤机的钢材金属表面相接触，是煤中较硬矿物质粒子与磨煤机金属表面摩擦，致使金属表面发生磨损；另一方面，喷进炉膛的煤粉对气粉管道及喷燃器等部位也会发生冲刷磨损。

对煤的磨损性及冲刷磨损指数的测定，可为选择磨煤机的易损件如磨煤机内衬及钢球以及减轻对燃烧设备冲刷磨损采取相应的措施提供依据。

本节将对煤的磨损指数 AI 及冲刷磨损指数 K_e 的检测与应用问题作一简要说明。

一、磨损指数 AI

1. 测定原理与装置

将一定粒度与质量的煤样放入装有 4 个金属试片的磨罐中，由传动轴带动旋转 12000 转后，根据 4 个试片质量损失来计算煤的磨损指数值 AI（mg/kg）。

磨损指数测定仪如图 7-6 所示。

试片系由纯铁切削而成，其维氏硬度必须在 100±10 内，试片尺寸为 38mm×38mm×（11±0.1）mm。同一组试片间的质量差不超过 1g，试片由仪器生产厂配套供应。转数控制器能显示转数，并在 12000±20 转时自动停机。

该仪器上部为磨罐，它由罐盖、罐底与底板组成。托板连接的 4 根连杆将紧密地固定在罐上，使罐体固定在机座底托板上，以确保运转时不发生位移。

罐内安装十字座，十字座上有 4 个臂，每个臂上装有 1 个试片。卡具的加工工艺、试片及其安装质量对磨损指数测定影响很大。

十字座固定在主轴上，并使叶片与罐内壁、底板的间隙为（6.4±0.1）mm。仪器的下方为机座，机座内主要有电动机、连轴器与轴承，机座侧面板上与转数控制器连接的电源插座及由主机传动轴传感元件的反馈信号线插座，分别与转数控制器接口相连。

2. 磨损指数测定技术要点

（1）试样的制备。测定磨损指数，规定试样粒度小于 9.5mm，为此煤样先用出料粒度较大的碎煤机粗碎，然后人工碎至粒度小于 9.5mm，供测定之用。

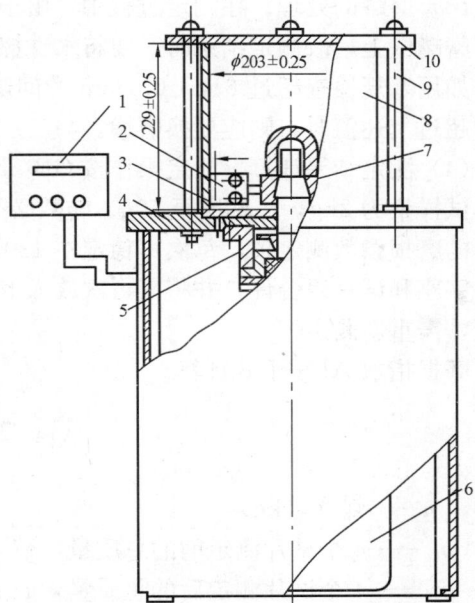

图 7-6　磨损指数测定仪
1—计数器；2—试片；3—耐磨底；4—耐磨托板；5—甩煤板；6—电动机；7—十字座；8—罐体；9—连杆；10—防尘罩

因测定时仅取 2kg 试样，而且粒度又较大，故必须充分混匀，以取出有代表性的样品。缩分样品时，宜使用二分器。

（2）试片的处理。在测定前，要对试片进行预处理，这是一个重要的环节。对于新的或长期未用的试片，一定要用无水酒精将其表面清洗干净，置于干燥器中干燥后放入磨罐，磨至 2 次指数值符合标准规定的精密度要求时，方可进行测定。

测定时，将各试片称准至 0.1mg。测定后要将试片上附着的煤粉清洗干净，干燥后称重，称准至 0.1mg。

如果煤的内在水分较大或胶质较多时，试片表面呈泥浆状，很难清洗干净。为此，可用较硬的细毛刷刷洗，这样不易划伤试片。标准中规定用细铜丝刷刷洗，但易划伤试片。

（3）磨罐的处理。在测定过程中，由于转速高达 1450r/min，煤粉很热，水分蒸发后凝结在磨罐壁上，故测定结束时，要将水珠擦净，以免磨罐锈蚀。另一方面，磨罐下部磨损较大，如用塞规检查超过 6.4±0.1mm 的间隙，可将磨罐倒过来使用。如转速、磨罐下部磨损均超过上述值时，则应更换磨罐。

（4）测定结果计算。测定操作按 GB/T 15458—1995《煤的磨损指数测定方法》进行。

试样量为 2kg，应称准至 10g。转数必须控制到 12000±20 转后自停。例如，作者所在单位的磨损指数测定仪，每次可稳定在 12007 转时自停。当自停后，取下盖清扫煤样后，取出十字座和试片组合件，并将其再次放入卡具中，检查试片是否偏离原位。若偏离，则测定作废，需重新测定。

磨损指数 AI 按下式计算

$$AI = \frac{m_1 - m_2}{m} \times 10^3 \tag{7-5}$$

式中　m——煤样，kg；

$\quad m_1$——4 个试片测定前的总质量，g；

$\quad m_2$——4 个试片测定后的总质量，g。

磨损指数测定精密度见表 7-1。

表 7-1　磨损指数测定精密度

磨损指数　AI	0～30	31～60	>60
重复性	3	4	6

3. 磨损性的应用

煤的硬度随其变质程度加深而增大，即使无烟煤，其硬度相对于钢铁来说也还是很小的。但是由于煤中矿物质的某些组分硬度很高，如磁铁矿的莫氏硬度为 5.5～6.5，黄铁矿为 6～6.5，石英为 7，它们的存在是煤对金属产生磨损的主要原因。

煤的磨损指数越大，表明它对磨煤机内部金属部件的磨损越严重，从而缩短了磨煤机的检修周期，增加了钢球的补充量，同时由于磨煤机内部及钢球的磨损而影响了煤粉细度及制粉量，从而也就对锅炉运行带来不利影响。

需要指出的是，不少人认为可磨性与磨损性之间有何区别，很不理解，有的人认为二者就是一回事，这是不对的。其实二者具有完全不同的含义。

作者曾专门研究了煤的磨损性与各种物理性能及化学成分之间的关系。磨损指数与可磨性指数均是煤的一种物理量，它们对电厂磨煤机设计与运行均有一定的指导意义与参考价值。

研究表明，对同一煤源来说，不论其灰分含量如何波动，哈氏可磨性指数值是相对稳定的；而灰分含量的波动则意味着煤中矿物质含量的增减，从而导致磨损指数值的变化，故磨损指数与哈氏可磨性指数之间并没有必然的内在联系。

二、冲刷磨损指数 K_e

煤粉锅炉所用煤粉，是经燃烧器随一次风吹进炉膛燃烧的。一次风速往往高达 $20\sim30m/s$，如此高速的气粉混合物喷进燃烧室，对锅炉气粉管道及喷燃器壁的冲刷磨损是难以避免的，故对煤的冲刷磨损指数测定具有一定的实际意义。

1. 测定装置

冲刷磨损测定装置如图 7-7 所示。

2. 测定方法与评价标准

将煤样置于密闭容器中，磨损试片固定在活动夹片上，与气流呈 60°角。压缩空气经喷嘴口和分布于四周的 3 个旁路孔 4 喷出。依靠高速气流的带动，密闭容器底部的煤粒和气流一起进入喷管，由喷管不断喷出含煤气流连续冲刷磨损试片。与此同时，煤也不断地被磨细，测出煤样总细度 $R_{90}=25\%$ 时的试片磨损量及冲刷时间，即可按下式计算出冲击磨损指数 K_e 值

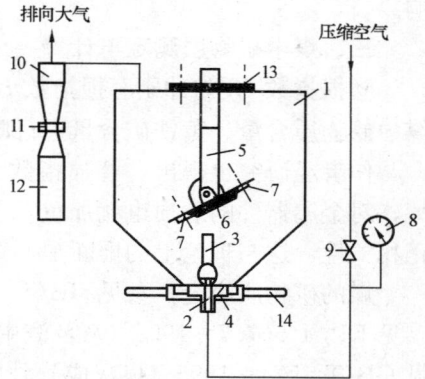

图 7-7　冲刷磨损测定装置
1—密闭容器；2—喷嘴；3—喷管；4—旁路孔；5—支架；6—磨损试片；7—活动夹片；8—压力表；9—进气阀；10—旋风分离器；11—活接头；12—煤粉罐；13—螺母；14—底部托架

$$K_e=\frac{E}{A\tau} \qquad (7-6)$$

式中　E——纯铁试片累计磨损量，mg；

τ——累计冲刷时间，min；

A——相当于标准煤在单位时间内对纯铁试片的磨损量，一般规定 $A=10mg/min$。

磨损试片由纯铁制作，杂质含量应小于 1.0%，试片规格为 $45mm\times45mm\times3mm$。

测定冲刷磨损指数的试样粒度小于 5mm 的空气干燥煤样，每次试验需煤样 3kg，共 2 份，一份试验，一份备用。

进气压力维持 $0.2\pm0.01MPa$。

测定煤的冲刷磨损指数时，试验分 4 次进行，每次冲刷时间不得少于 0.5min，同时要保证最后一次冲刷后的剩余煤量不少于 250g。

煤的冲刷磨损指数 K_e 用来判断煤对金属的冲刷磨损性。K_e 值越大，表示煤对金属的磨损性越强，见表 7-2。

表 7-2　　　　　　　　　　冲刷磨损指数 K_e 值的评价

冲刷磨损指数 K_e	<1.0	1.0~1.9	2.0~3.5	3.6~5	>5
磨损性	轻微	不强	较强	很强	极强

煤的磨损指数 AI 与冲刷磨损指数 K_e，在其含义与测定方法上有其相似之处，但也有不少差异，它们具体的应用对象也有所不同。

关于煤的磨损指数测定参见 GB/T 15458—1995《煤的磨损指数测定方法》，煤的冲刷

磨损指数测定则参见 DL/T 465—1992《煤的冲刷磨损指数试验方法》。对于前者，国内一些省、市煤级电力煤检中心可以测定；后者只是个别单位可以测定，故不细述。

总之，无论是磨损指数 AI 值，还是冲刷磨损指数 K_e 值，都越小越好，这样可延长磨煤机、喷燃器、一次风气粉管道及相关部件的使用寿命，减少对电厂安全经济运行的不利影响。

三、煤中矿物质测定与计算

磨损指数 AI 与冲刷磨损指数 K_e 的大小，均与煤中矿物质及其组成相关，故有必要对煤中矿物质含量、黄铁矿含量进行测定与计算。

作者经研究也得出，磨损指数 AI 值随煤中可燃硫含量及灰中氧化铁含量的增加而增大，对金属器件的磨损也就加重，AI—S_c 及 AI—Fe_2O_3 之间的相关系数约为 0.5，均呈现正相关性，这与理论上的推断是一致的。

煤的矿物质测定，参见 GB/T 7560—2001《煤中矿物质的测定方法》；煤中可燃硫计算参见 DL/T 567.7—1995《灰及渣中硫的测定和燃煤可燃硫的计算》；灰中氧化铁的测定参见 GB/T 1574—1995《煤灰成分分析方法》。

下述有一种计算矿物质含量的方法，既简单，又具有足够的准确性，这对判断 AI 及 K_e 指数值的大小也具参考意义。

$$(MM)_{ad} = 1.08A_{ad} + 0.55S_{t,ad} \tag{7-7}$$

式中　　$(MM)_{ad}$——空气干燥基矿物质含量，%；

　　　　A_{ad}——空气干燥基灰分含量，%；

　　　　$S_{t,ad}$——空气干燥基全硫含量，%。

设 $A_{ad}=28.46\%$，$S_{t,ad}=1.55\%$，则

$$(MM)_{ad}(\%) = 1.08 \times 28.46 + 0.55 \times 1.55$$
$$= 30.74 + 0.85 = 31.59$$

煤中灰分与全硫含量是电厂每天必测项目，按式（7-7）就能很方便地计算矿物质含量，从而有助于判断它对金属件的磨损性。

第八章

灰、渣性能检测与应用技术

灰及渣均是煤的燃烧产物，二者的化学组成相似，电厂每天产生的灰、渣量很大。例如日燃用天然煤 10000t 的电厂，其灰分含量按 25％计，则日产生灰渣总量约 2500t，其中 90％为灰，通过除尘器，将其中 98％～99％灰收集下来，而约 10％的渣从炉底排出。电厂能收集下来的灰、渣通常通过水力排往贮灰场，故对灰、渣的收集、排放，是电厂生产的重要组成部分。

煤灰的高温特性，特别是灰熔融性对锅炉运行有着重要影响，故国标煤粉锅炉用煤技术条件中，将灰熔融性列为七项特性指标之一。本章将重点对灰熔融性的检测及应用技术加以详细阐述，而对其他方面的内容仅作简要说明。

第一节　灰、渣可燃物检测与应用

由于煤粉燃烧不完全，灰、渣中总会残存一些可燃物，造成灰、渣未完全燃烧热损失 q_4 的增加，从而锅炉热效率会有所降低。灰、渣中可燃物含量越高，则锅炉运行的经济性越差。故对灰、渣可燃物的含量，是电厂锅炉运行监督的主要技术指标之一。

一、灰、渣可燃物的含义与计算

1. 灰、渣可燃物的含义

灰、渣可燃物采用燃烧法测定。在测定灰、渣可燃物时，样品置于空气中，它不可能保持绝对干燥状态，它必然含有一定量的水分；另外，煤中碳酸盐按理论，在 815℃以前会发生分解，析出二氧化碳。但是某些灰、渣中含碳量很高，有时可高达 10％以上或者碳粒较大，此时煤中的残存碳酸盐就可能存在。因而在测定可燃物含量时，就应考虑将碳酸盐二氧化碳扣除。因而严格讲，灰、渣可燃物应称为灼烧减量或烧失量更为符合实际。

可燃物碳中水分及碳酸盐二氧化碳毕竟不是可燃物，故精确计算灰、渣可燃物含量时，要考虑上述因素。

2. 灰、渣可燃物的计算

（1）一般计算。

$$CM_{ad} = 100 - A_{ad} \tag{8-1}$$

（2）精确计算。

$$CM_{ad} = 100 - A_{ad} - M_{ad} - (CO_2)_{car.\,ad} \tag{8-2}$$

式中　　CM_{ad}——空气干燥基灰、渣中可燃物含量，％；

M_{ad}——空气干燥基水分含量,%;

A_{ad}——空气干燥基灰分含量,%;

$(CO_2)_{car.ad}$——空气干燥基碳酸盐二氧化碳含量,%。

在日常监督试验中,可应用式(8-1),而对锅炉热效率考核等重要试验场合下,可应用式(8-2)计算可燃物含量。关于煤中碳酸盐二氧化碳含量的测定,可按照 GB/T 218—1996进行。该法采用盐酸处理煤样,煤中碳酸盐分解析出二氧化碳,后者用碱石棉吸收,根据吸收剂质量的增加,求出煤中碳酸盐二氧化碳含量。

除了在应用式(8-2)中求算可燃物含量时,要应用煤中碳酸盐二氧化碳含量,同时在挥发分含量测定时,如煤中碳酸盐二氧化碳含量大于2%时,也需要在挥发分含量计算中应用它。故电厂煤质试验室,应能具备测定煤中碳酸盐二氧化碳含量的条件。

3. 测定精密度

在应用不同公式计算可燃物含量时,其精密度要求有所区别。显然,用于精确计算时,要比一般计算时的精密度要高一些,见表8-1。

表 8-1   灰、渣可燃物测定精密度   %

方　法	质量分数	重复性	再现性	方　法	质量分数	重复性	再现性
一般计算	≤5	0.3	无	精确计算	≤5	0.2	0.4
	>5	0.5			>5	0.4	0.8

二、灰、渣可燃物测定中的问题

1. 样品的代表性

可燃物在灰、渣中分布很不均匀,故采样方法及样品粒度是否符合要求,直接关系到测定结果的可靠性。

按 DL/T 567.6—1995《飞灰和炉渣可燃物测定方法》规定,分析样品粒度应小于0.2mm。飞灰中含碳粒子一般粒径较大,且肉眼就能观测到它在飞灰中分布的不均匀性。有一些电厂采集到的飞灰样,既不磨细,也不混匀就直接测定其可燃物。如果人为地选取一部分色泽较浅含碳量较低的飞灰作为试验样品,其测定结果也就丧失实际意义。

飞灰及炉渣样品的采集参见 DL/T 567.3—1995《火力发电厂燃料试验方法——飞灰和炉渣样品的采集》,而样品的制备方法,则参见 DL/T 567.4—1995《火力发电厂燃料试验方法——入炉煤、入炉煤粉、飞灰和炉渣样品的制备》。

2. 可燃物的在线检测

DL/T 567.6—1995 对飞灰可燃物的测定采用烧失重法。该法对灰样代表性要求高,分析滞后,不能及时反映锅炉燃烧情况。故大力采用飞灰含碳量在线检测技术,将有利于指导锅炉的运行调整,提高锅炉燃烧控制水平及机组运行的经济性。

飞灰粒度及其中含碳量分布不均,会给飞灰样品的采集带来困难。如采集不到有代表性的飞灰样品,其含碳量的测定也就丧失了应有的意义。比较可靠的是采用等速采样法,从烟道中采集飞灰样品。

在线检测飞灰含碳量的方法很多,近期国内生产的应用微波谐振技术测量的飞灰含碳量在线检测装置,在发电厂中的应用显示出一定的优越性。该装置系采用等速采样方法,将烟道中的灰样收集到微波测试管中,并自动判别收集灰位的高低。当收集到足够灰样时,采用微波谐振测量技术，根据飞灰中未燃尽的碳对微波谐振能量的吸收特性，分析飞灰中含碳量。

该检测装置还是相当复杂的，其主要部件为飞灰取样器及微波测试单元。飞灰取样器能自动跟踪锅炉烟气流速的变化而保持等速状态，因而所采集的灰样具有较好的代表性。在微波测量室中对飞灰进行微波测量分析，测量数据由前置处理电路处理后发送给主机单元，由主机单元实现对现场信号的采集、处理和人机接口界面的实施。

某型号飞灰含碳量在线检测系统的主要技术参数：

测量范围：0～15％（含碳量）；

测量误差：±0.4％（含碳量在 0～6％），±0.6％（含碳量在 6％～15％）；

检测周期：2～6min（视灰流量而定）；

数据贮存：12 个月；

工作气源：压缩空气 400～600kPa；

工作温度：0～50℃；

测试单元：−15～55℃。

该检测系统采用等速取样，故样品代表性相对较好，但测量误差仍高于传统方法。另一方面，系统不堵灰，能稳定运行是能否在电厂中推广应用的关键。总之，在电厂中能实现飞灰自动采样，在线检测可燃物含量应成为发展方向。已经采用在线检测装置的电厂，要不断积累运行经验，加强设备维护管理，更好地发挥飞灰含碳量在线检测装置的作用。

第二节　煤灰熔融性检测与应用

对煤灰熔融性的测定，是电力用煤特性检测最为重要的组成部分。灰熔融性 GB/T 7562—1998《发电煤粉锅炉用煤技术条件》中所规定的煤的七项特性指标之一。

锅炉结渣（俗称结焦），严重影响锅炉的安全、经济运行。而在我国电厂中，锅炉结渣并不少见，甚至可以说是一种相当普遍的问题。锅炉结渣主要取决于燃煤特性，特别是煤灰熔融性及锅炉设备的运行控制。因而，对干煤灰在熔融性检测与应用，历来为燃料及锅炉专业人员所关注。

煤灰熔融性的测定，涉及多方面的知识与技能，同时鉴于它在电力生产中的特殊重要性，因而是本书的重点内容之一。

一、基本概念

灰是煤的燃烧产物。所谓灰分，是指煤在规定条件下，可燃成分完全燃烧以及煤中矿物质产生一系列分解、化合等复杂反应后的残渣。

煤灰熔融温度的高低，从本质上讲，取决于煤灰组成及其结构，同时与测定煤灰熔融性时的气氛条件相关。煤灰熔融性测定时气氛条件的控制，也就成为检测中的最大技术难点。

煤灰中含有数十种元素，由多种矿物质组成，因而它没有固定的熔点，而是在一定温度范围内熔融。煤灰中矿物质在高温下易形成低共熔混合物，因而煤灰熔融温度均低于其难熔组分的熔点，见表 8-2。

表 8-2   某些金属氧化物的熔点   ℃

金属氧化物	SiO₂	Al₂O₃	CaO	MgO	Fe₂O₃	FeO
熔　点	1625	2050	2570	2800	1565	1420

煤灰中碱性氧化物与其酸性氧化物的比值大小，对煤灰熔融温度有着重要的影响。

灰中碱性氧化物为 Fe_2O_3、CaO、MgO、K_2O、Na_2O；酸性氧化物为 Al_2O_3、SiO_2、TiO_2。

为表征锅炉结渣情况，可用结渣指数 R_s 来表示。

$$R_s = \frac{Fe_2O_3 + CaO + MgO + Na_2O + K_2O}{SiO_2 + Al_2O_3 + TiO_2} S_{t,d} \tag{8-3}$$

式中的各氧化物，系指其百分含量。$S_{t,d}$ 为煤中干燥基全硫含量。

结渣指数 R_s 值的大小，反映了锅炉结渣的严重程度，R_s 值越大，则结渣越严重，见表 8-3。

表 8-3   锅炉结渣指数的分类

结渣指数 R_s	<0.6	0.6～2.0	>2.0～2.6	>2.6
结渣分类	低	中	高	严　重

由此可知，锅炉结渣的主要因素之一为灰熔融温度过低，而灰熔融温度的高低，从本质上讲是煤灰化学组成的函数。灰中碱性氧化物与酸性氧化物的比值越大，则灰熔融温度越低，锅炉越易结渣。

中国煤灰中碱性氧化物与酸性氧化物的比值，一般在 0.1～1.0 范围内。以往测定煤灰熔融温度因设备关系（使用大电流的碳粒高温炉），很少有单位可以实测，故多用煤灰成分来计算；如今测定煤灰熔融性采用硅碳管高温炉，测定操作及设备变得十分简单，因而现在普遍均采用实测法代替计算法。一方面，煤灰熔融性测定远比煤灰成分测定方便、快捷；另一方面，煤灰熔融性的实测结果更准确。

二、煤灰熔融性测定装置

1. 煤灰熔融性测定装置的基本要求

煤灰熔融性测定装置中的核心部件，为一台符合下述技术条件的高温炉。

(1) 有足够长的恒温带。

(2) 能按规定要求控制升温速度。

(3) 能方便地控制炉内气氛为弱还原性或氧化性。

(4) 能随时观测灰堆试样在受热过程中的形态变化。

我国现在普遍使用硅碳管高温炉来测定煤灰熔融性。这种高温炉系国内产品，其关键部件为硅碳管。硅碳管高温炉在煤质检测中有着广泛的应用，例如可用于煤中碳、氢，煤中硫、煤的着火点等的测定。故在此对硅碳管的特性加以说明，这也有助于正确使用设备，更好地掌握煤灰熔融性的测定技术。

2. 硅碳管特性与使用

硅碳管是以高纯度碳化硅为主要原料，经高温再结晶制成。它是一种供通入电流即可获得高温的发热体。硅碳管的单位表面功率负荷约比镍铬元件大 6 倍左右，每平方厘米达到

32W 或更高，因而它可以在较小容积内获得较大的功率。

通常所使用的硅碳管，为一端引线的双螺纹管及两端引线的单螺纹管，二者性质完全相同，只是结线方式不同而已，前者硅碳管管头一旦松动，就会使绝缘介质，通常为云母片或高温瓷片脱落而短路烧坏硅碳管；后者虽无此问题，但要两端结线，在仪器组装时不如一端结线方便、美观。

硅碳管外形如图 8-1 所示。

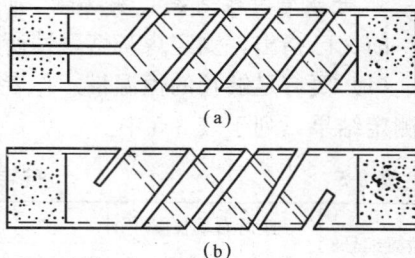

图 8-1　硅碳管外形图
(a) 双螺纹管；(b) 单螺纹管

硅碳管具有良好的化学稳定性，耐酸性强。但在 900℃以上，对碱、碱土金属、硅酸盐等的抗蚀性较差。水汽、一氧化碳、二氧化碳等气体对硅碳管使用寿命也有很大影响。故在测定灰熔融性时，不得将含碳物及灰锥试样直接置于硅碳管中，而应配以气密刚玉燃烧管作为硅碳管的内套管。

硅碳管为一烧结体，具有抗氧化性。它在 900℃左右，与空气中的氧作用，表面形成二氧化硅薄膜，可起到防止氧渗透的作用。硅碳管在使用过程中，电阻值有增大的趋势，即所谓老化现象。硅碳管所标示的电阻值为 1000±50℃时的电阻值，系根据电压与电流测值计算而得。

硅碳管如能正确使用，具有很长的使用寿命；但不了解硅碳管的特性而不能正确使用，可能瞬间就被烧坏。包括一些煤灰熔融性测定仪（俗称灰熔点）生产厂对此也缺少足够的认识。

硅碳管的使用寿命，见表 8-4。

表 8-4　　　　　　　　　　　　　　硅碳管的使用寿命

发热带温度（℃）	1400	1300	1200	<1000
可连续使用时间（h）	3000	7000	15000	半永久性

硅碳管的正常使用温度为 1400±50℃，最高温度可接近 1600℃。温度骤升骤降，都将缩短硅碳管的使用寿命。例如室温⇌1400℃之间，每反复一次，相当于连续使用 80～100h，当温度达到 1600℃时，硅碳管有可能瞬时被烧断，因而在测定煤灰熔融性时，其升温速度应按标准规定加以控制，而且要适当控制降温速度，防止在 1500℃下切断电源，采取分段降低电压（电流随之减小），使炉温由 1500℃→1300℃左右→1100℃左右→900℃左右切断电源，这样可大大延长硅碳管的使用寿命。

市售的煤灰熔融性测定仪中的高温炉配用的硅碳管多为 80/70×400/100mm，此为单螺纹管的表示方法，即外管径为 80mm，内管径为 70mm，发热体长度为 400mm，冷端各为 100mm，故总长度为 600mm。一般选用电阻 6～8Ω 为宜，5Ω 以下电阻者不宜选用。

作者单位所用的小型硅碳管灰熔点炉为自制品，其硅碳管规格为：50/40×200/100mm，一支电阻为 8.6Ω；另一支为 7.6Ω。

硅碳管端部接线夹可用不锈钢、黄铜、镍片加工制作，其中以镍片最好，金属片不宜太厚，由于加工较难、夹子与硅碳管可能接触不良而易产生火花；但金属片也不宜太薄，特别是铜片，很易氧化脱皮而烧坏。

3. 硅碳管特性可满足灰熔融性测定的需要

前文已指出，测定煤灰熔融性所用高温炉，必须具备上述 4 项基本技术条件。

(1) 要有足够长的恒温带。作者所在单位自制灰熔点炉中的两支硅碳管恒温区及温度场的测定结果，列于表 8-5 中。

表 8-5　　　　　　　　　　硅碳管恒温区及温度场的测定

位置编号	距管右端长度 (mm)	1 号管温度 (℃)①			2 号管温度 (℃)②		
		125V/15.0A	134V/13.8A	144V/15.0A	130V/14.0A	138V/13.9A	154V/14.0A
1	164	1224	1344	1524	1222	1428	1566
2	176	1236	1360	1540	1226	1440	1578
3	188	1240	1364	1544	1224	1440	1578
4	200	1238	1364	1542	1224	1440	1580
5	214	1236	1362	1540	1224	1432	1572
6	228	1226	1344	1522	1204	1414	1544
7	240	1210	1324	1498	1176	1364	1502

① 1 号硅碳管的规格：50/40×200/100，mm；电阻为 8.6Ω。

② 2 号硅碳管的规格：同 1 号管，但电阻为 7.6Ω。

测定表明，1 号硅碳管恒温区长度为 26mm，位置在 3～5 之间，温差一般为 2℃，最大温差为 4℃；2 号硅碳管恒温区长度为 24mm，位置在 2～4 之间，最大温差为 2℃。两支硅碳管在同一断面上各点温差极为微小，看不出有什么变化。

所以硅碳管恒温带长度完全可以满足第 1 条技术条件，因为灰锥试样为边长 7mm 的正三角形、高为 20mm 的锥体，故在此恒温带内是可放置 3 个锥体试样。因上述 2 支硅碳管为小规格产品，如用 80/70×400/100mm 的硅碳管，在恒温带内可容纳 7 个锥体试样是不成问题的。

(2) 能按规定要求控制升温速度。通入炉子的电流对升温速度起着决定性作用。电流的大小，则随调节电压时间及电压间距而变化，电压调节控制通常可采用可控硅或其他电压控制设备。

温度随电压的升高而升高，为了控制一定的升温速度，则应逐步缩小能调节电压的间距，至 1400℃ 左右时，可不必继续升压。随时间延长，炉温会继续上升，直至 1500℃。

硅碳管高温炉升温曲线的一般形式见图 8-2。

由图 8-2 不难推算出各阶段的升温速度。如第 60min 时，电压为 90V，此时温度为 880℃，电压升至 100V 时，温度升至 1160℃，其间历时 40min，故此阶段升温速度为 7℃/min。

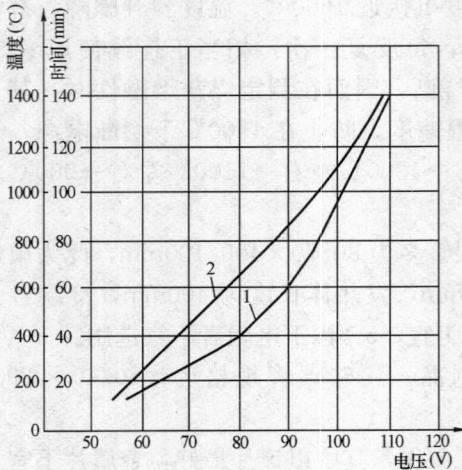

图 8-2　升温曲线的一般形式

1—时间—电压曲线；2—温度—电压曲线

(3) 能方便控制炉内气氛。硅碳管灰熔点炉，可按标准利用封碳法或通气法来控制炉内为弱还原性或氧化性气氛。

对封碳法来说，就是将石墨、木炭等含碳物

置于高温瓷皿或瓷舟中，然后将它推至炉内适当位置，由于炉管处于密封状态，外界空气不能进入炉内，而炉内所生的气体也不至于逸散于炉外，故可保持炉内一定气氛条件。

对通气法来说，所需气体用流量计进行控制，由管道输入炉内，使炉内灰锥试样始终处于所要求的气氛的包围之中，以保持炉内一定的气氛条件。

（4）能随时观测灰锥试样的形态变化。硅碳管的内燃烧管可用云母片封口，用普通胶水粘贴即可，云母片可反复使用。当高于600℃时，肉眼就可透过云母片清晰地观察到灰锥形态，为保护眼睛，在1000℃以上，应配戴深色保护镜。

在高温下，灰锥试样本身就是一发光体，不需任何外加光源，就可清晰拍摄高温下炉内的灰锥照片，照片图像与实物大小比例为1：1，所以照片非常准确记录了灰锥在高温下的各种形态。作者曾进行过这方面试验研究，本文就不详加介绍。

现在生产的新型煤灰熔融性测定仪，还配装了自动摄像、录像装置、灰锥图形可以复现。有的甚至可以自动识别煤灰熔融的各个特征温度。

（5）电压控制值的选择。除上述4项技术条件外，如何选择调压设备，控制好电压，也是硅碳管高温炉使用中值得关注的一个问题。

对任何一支硅碳管来说，在确定的试验条件下，电压升高，电流几乎成直线上升。当电压达到一定数值时，电流会出现一个峰值。其后电流则缓缓下降，最后电流基本上不受电压的影响而趋于一个较稳定的数值，此电流的最高值，称为峰值电流（见图8-3）。

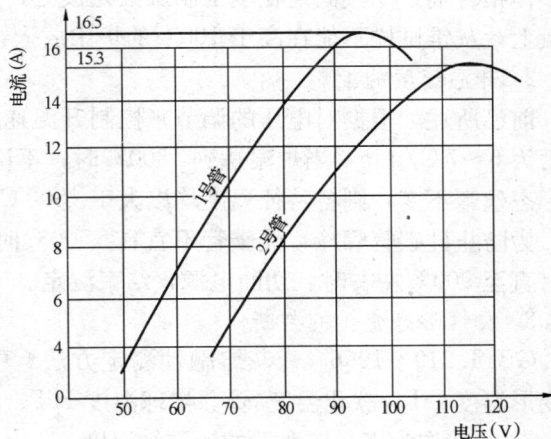

图8-3　峰值电流的确定

图8-3表明，2支硅碳管的峰值电流分别为16.5A及15.3A。显然，使用多大容量的可控硅或变压器，应在给定条件下，根据硅碳管的峰值电流决定。例如这两支硅碳管可配用20A以上的可控硅或5kVA的自耦调压变压器来控制炉子的电压。

（6）高温下硅碳管的阻值变化。在升温过程中，硅碳管的电阻一直处于变化过程中，见图8-4。

硅碳管电阻越小，则升温要求的电流越大，因而得配以较大容量的可控硅或变压器；电阻越大，虽然要求电压越高，但通常也不会超过200V，故不必对设备提出特殊要求。

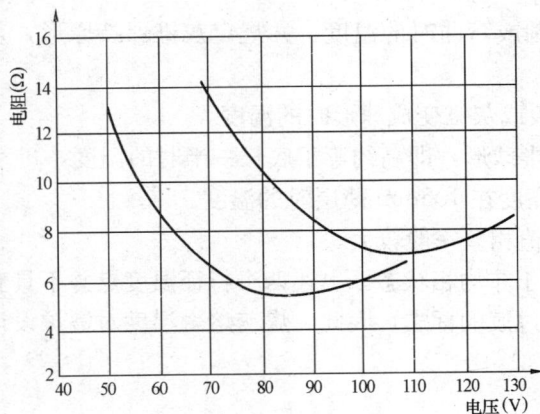

图8-4　升温过程中的电阻变化

三、煤灰熔融性测定技术要点

1. 灰锥试样的制备

按照煤灰测定，将试验煤样在高温电阻炉中燃烧成灰，冷却后，务必将灰用玛

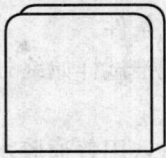

图 8-5　灰锥模具示意图

瑙研钵仔细研磨，灰越细，越易加工制成灰锥试样。

灰锥试样在如图 8-5 所示的灰锥模具中成型，以糊精水溶液作粘合剂，将灰调成糊状，用小刀压入模具中，所制的灰锥必须尖端完好，表面光滑、棱角清晰。灰锥为底边 7mm 的正三角形、高 20mm，其一棱面垂直于锥底。

灰锥模具由不锈钢或黄铜加工制成。制成的灰锥仍用灰浆（用糊精溶液将灰调成稀浆状）作粘合剂，令其固定在刚玉制灰锥托板上。但应注意：应待灰锥样自然干燥后再固定于托板上；灰锥试样不能在高于 100℃ 的炉中放入，否则推入炉后，灰锥试样很易倾倒。

2．升温速度的控制

前已所述，根据对电压的调节来控制升温速度，在 900℃ 以前为 15～20℃/min，900℃ 以后为 5～7℃/min，当炉温达到 1500℃ 时，不论灰锥形态变化与否，测定即告结束。如灰锥形态丝毫不变，则各特征温度均以大于 1500℃ 的结果报出。

为防止硅碳管骤冷，硅碳管不宜在 1500℃ 时直接切断电源，可实施分段降压，逐步降温，直至 900℃ 左右时，切断电源，结束测定。

3．灰锥形态变化的判断

GB/T 219—1996《煤灰熔融性测定方法》中，将煤灰熔融过程中分为 4 个特征温度，即变形温度 DT、软化温度 ST、半球温度 HT、流动温度 FT，其中最为重要的为软化温度 ST，它往往作为煤灰熔融性的标志性温度。

煤灰熔融过程中的各特征温度时的灰锥形态，如图 8-6 所示。

图 8-6　灰锥熔融特征示意图

1—灰锥试样；2—变形温度；3—软化温度；4—半球温度；5—流动温度

各特征温度的定义如下：

（1）变形温度 DT。是指灰锥尖端开始变圆或弯曲时的温度，并规定灰锥保持原形，灰锥收缩或倾斜时的温度，不算变形温度。

（2）软化温度 ST。是指灰锥弯曲触及托板或灰锥变成球形时的温度。

（3）半球温度 HT。是指灰锥变形至近似半球形，即高约等于底长一半时的温度。

（4）流动温度 FT。是指灰锥熔化展开成高度在 1.5mm 薄层时的温度。

不同人员观测，其中变形温度 DT 的观测值相差一般较大。

煤灰在熔融过程中，灰渣呈现可塑性而处于非均相状态。上述四个特征温度点并不具有明确的物理含义，但它们毕竟是由固相向液相过渡的标志，因此，煤灰熔融温度对锅炉设计及安全运行来说，均具有重要的实际意义。

4．炉内气氛条件的控制

这是煤灰熔融性测定中最大的技术难点。煤灰中总含有一定量的铁氧化物，当在弱还原性气氛下测定的煤灰熔融性要比氧化性及还原性气氛下所测温度为低。这与煤灰中的铁在不同气氛下所存在的价态不同有关。在氧化性气氛中，铁呈三价，Fe_2O_3 的熔点为 1565℃；在还原性气氛中，铁是金属状态，Fe 的熔点为 1535℃；而在弱还原性气氛中，铁呈正二价，FeO 的熔点为 1420℃，故在弱还原性气氛中所测灰熔融温度最低。

(1) 弱还原性气氛的含义。所谓弱还原性气氛，是指在 1000～1300℃ 范围内，还原性气体 CO、H_2、CH_4 的体积百分含量在 10%～70%，而在 1100℃ 以下时，它们与 CO_2 的体积比小于 1∶1，氧含量小于等于 0.5%。

煤灰熔融性测定要控制为弱还原性气氛，据认为是在于模拟工业锅炉燃烧室的情况，在工业锅炉燃烧或气化室中，一般都形成 CO、H_2、CH_4、CO_2 及 O_2 为主要成分的弱还原性气体。

(2) 气氛条件的控制。气氛条件控制一般可采取炉内封碳法及通气法。

1) 采用封碳法。是将一定量的木炭、无烟煤、石墨等含碳物封入灰熔点炉内。含碳物在封闭的炉管（致密刚玉管）中燃烧时，由于缺氧，故可产生相当数量的 CO、H_2 及 CO_2，同时炉内原有空气中的氧消耗于碳的氧化，其含量急剧下降，而达到弱还原性气氛的要求。

例如某单位用于控制炉内气氛的含碳物，有木炭、无烟煤、石墨等。将这些含碳物分别封入炉中，其所生成的气体成分随含碳物质的种类、数量、粒度及放置位置等不同而变化。即使使用同一含碳物质，由于自身性质的差异，所产生的气体及其组成也不相同。封碳法所用含碳物的性质见表 8-6。

表 8-6　　　　　　　　　　　　　　封碳法所用含碳物的性质

特性 含碳物	水分	灰分	挥发分
木炭粒（<5mm）	3.87	4.10	30.80
无烟煤粒（<5mm）	2.74	18.58	8.05
1 号石墨粉（<0.2mm）	0.48	1.32	1.41
2 号石墨粉（<0.2mm）	0.58	0.41	0.60

现仍以作者所在单位的小型硅碳管高温炉实测的弱还原性气氛，其组成见表 8-7。

表 8-7　　　　　　　　　　　　实测弱还原性气氛的组成（%）

控制方法	温度（℃）	CO_2	O_2	H_2	CO	CH_4
盛碳皿距炉中心 40mm 处	1200	7.58	0.10	8.66	18.85	4.05
	1300	7.14	0.15	5.46	18.75	3.44
	1400	6.43	0.10	4.28	17.74	2.01
盛碳皿距炉中心 55mm 处	1200	11.74	0.24	6.95	10.32	2.31
	1300	10.73	0.28	6.52	11.11	2.04
	1400	8.98	0.31	5.35	10.53	1.52

该炉硅碳管规格为 50/40mm × 200/100mm；管内配气密刚玉燃烧管，规格为 33/31mm×520mm。

在硅碳管、刚玉燃烧管、升温速度确定的条件下，变更有关测试条件。经反复试验，从而确定炉内实现弱还原性气氛的控制方法。

作者利用排水集气法收集炉内的气体，然后应用烟气全分析仪测定炉内五种气体，即 CO_2、CO、O_2、H_2、CH_4 的含量，其测定精度可达到 0.02%。

有关这方面的更详细情况，读者可参阅《电力用煤采制化技术及其应用》修订版（中国电力出版社，2003 年 5 月出版）。

2）通气法。为控制炉内弱还原性气氛，则从 600℃ 开始通入少量二氧化碳以排除炉管内的空气。从 700℃ 开始输入各 50%±10% 的二氧化碳与氢气的混合气，通气速度应以避免空气漏入炉内为准。对于气密刚玉管，进气速度应不低于 100mL/min。

ISO 540：1995 规定，只采取通气法，而不采用封碳法控制炉内气氛。气氛条件分为还原性气氛及氧化性气氛。

还原性气氛：通入 55%～65%CO 和 35%～45%CO_2 的混合气；通入 65%～55%H_2 和 45%～35%CO_2 混合气。

氧化性气氛：通入空气或 CO_2 气，流速不限。

各个国家中对炉内气氛的控制方法不尽相同，因此各国对灰熔融性的测定结果可比性不强。如山东某发电厂的几种煤样，在中、美两国按不同气氛及其控制方法，测得的灰熔融性结果列于表 8-8 中，以作比较。

表 8-8   中、美对煤灰熔融性测定结果对比

煤　　别	灰熔融性（℃）	弱还原性（封碳法）中国	氧化性（空气介质）中国	还原性（通气法）美国
肥城大封煤	DT	1161	1362	1210
	ST	1232	1376	1222
	HT	—	—	1299
	FT	1284	1390	1382
肥城陶阳煤	DT	1252	1371	1171
	ST	1363	1434	1300
	HT	—	—	1377
	FT	1396	1447	1421
肥城杨庄煤	DT	1180	1343	1160
	ST	1283	1393	1271
	HT	—	—	1343
	FT	1303	1408	1400

由表 8-8 可以看出以下一些问题：

⑴ 在弱还原气氛下的灰熔融温度均较氧化性气氛下的测值偏低，以 ST 为例，上述三个煤样分别低 144、71、110℃。

⑵ 中国标准原先未规定记录半球温度，故中国测定数据中无半球温度值。GB/T 219—1996 中则规定，煤灰熔融温度中增加了半球温度。

⑶ 中国与美国采用不同方法，中国的弱还原性气氛与美国还原性气氛下 3 个煤样的 ST 值较接近，两者相差为 10、63、12℃，即中国应用封碳法的弱还原性气氛下的测值与美国应用通气法的还原性气氛下的测值较接近。

直到现在，在灰熔融性测定中，我国仍较普遍的是在弱还原性气氛下采用封碳法。主要原因是，此法简单方便，也能满足标准规定的气氛条件；但其不足之处也是显而易见的，由于无单位统一供给控制气氛下的标准含碳物，硅碳管、刚玉燃烧管的尺寸也不规范统一，因

此如何准确控制弱还原性气氛成为煤灰熔融性测定中的一大难点。不仅与国外测定结果可比性较差，即使国内不同单位同是采用封碳法测定，其测定结果因炉内气体组成的差异，也经常缺少可比性。因此，我国对灰熔融性测定时气氛条件如何控制与规范，还须进一步研究。

5. 气氛条件的检验

气氛条件直接影响灰熔融性测定结果，因此，如何检验炉内气氛条件就显得十分必要。

检查炉内气氛条件，通常采用下述方法：一是用标准灰样作对照；二是由炉内抽取气体作实际测定。

前已作了简单介绍，要从炉内抽取气体还是相当麻烦的，而且试验室得配备烟气全分析仪或其他气体分析仪器，掌握气体分析技术，这一般试验室是无法做到的，故实际应用较多的还是采用标准灰样作对照。

当应用标准灰样作检查时，如实测标准灰样 ST 值与已知的标准值（名义值）相差不超过 50℃时，则认为符合标准要求；如超过 50℃，则可根据它与已知标准值的相差程度及封入炉内含碳物的氧化情况，更换或适当地调整含碳物的加入量及其在炉内的放置部位，直至实测 ST 值与标准值相差不超过 50℃为止。

如发现含碳物已烧成灰，说明炉内氧气浓度较大，还原性气体组分太低。此时可增加含碳物量或将含碳物移向低温区（注意：如采用气疏刚玉燃烧管者，必须更换为优质气密刚玉燃烧管，并要保持管内气密；否则，如何更换或调整含碳物，不会有多大效果）；反之，如发现含碳物基本上未变化，与标准灰样标准值对照，ST 值已超过 50℃，说明炉内还原性气氛较强，这时可适当地减少含碳物量或将含碳物移向高温区。

经验表明：当炉内处于弱还原性气氛时，含碳物仅在其表面一层被氧化，局部灼烧成灰，而内部基本保持原样。

四、新型煤灰熔融性测定装置

统传的煤灰熔融性测定仪存在明显的不足：一是不少仪器要人为调节电压来控制升温速度，人工记录各参数值，如时间、电压、电流及温度；二是灰锥形态全靠人工观测，误差大且易伤害眼睛；三是气氛条件仅采用封碳法控制，而标准规定采用封碳法及通气法。

针对上述不足，国内一些生产厂推出了多种新型煤灰熔融性测定仪供应市场，它们的共同点是：

（1）实现了程序升温，炉子升温速度可完全符合标准规定的要求，无须人工操作与记录。

（2）加装了录像、摄像装置，可以在显示屏上自动显示灰锥形态的变化。某些型号的仪器还具有自动判断各特征点温度的功能。

（3）在测定仪上加装了应用通气法控制气氛的辅助装置，如气体进出口、浮子流量计等。

鉴于采取了上述措施，提高了仪器的自动化程度，故作者称它们为新型煤灰熔融性测定仪。

虽则新型煤灰熔融性测定仪也可采用通气法，但我国大多数单位至今仍习惯使用封碳法控制炉内气氛，封碳法的不足之处依然存在；另一方面，近几年来国产硅碳管、刚玉燃烧管质量不高，在一定程度上影响了煤灰熔融性测定仪的使用。就是新型仪器自身，也还有待于完善与改进，特别是提高仪器使用的可靠性、测定结果的可比性方面，应成为主攻方向。

五、煤灰熔融性与电力生产

1. 电厂煤粉锅炉的烟气组成

在本书第二章第七节中已经指出，在煤粉锅炉中，要使煤粉完全燃烧必须提供足够的空气量，电厂锅炉过剩空气系数一般为 $1.15 \sim 1.25$。在此条件下，锅炉烟气中的 CO_2 含量约为 16%，O_2 含量约为 5%，而可燃性气体 $CO + H_2$ 近乎为零，见图 2-15。

有关锅炉设备及运行的各专业书刊中，对煤粉锅炉烟气成分有所记述。即在运行中，由于供给足够过量的空气，烟气中的还原性气体 CO、H_2、CH_4 是微量的。

在锅炉设计时，考虑可燃气体未完全燃烧热损失 q_3 的。q_3 是指排烟中残留的可燃气体组分 CO、H_2、CH_4 等未放出其燃烧热而造成的热量损失占输入热量的百分率，但它比排烟热损失 q_2 及灰渣未完全燃烧热损失 q_4 小得多。

在电厂煤粉锅炉的实际设计中，化学未完全燃烧热损失一般选值为 0.5%。根据不同煤种及选择不同过剩空气系数计算，其时 CO 含量（体积分数）也不过为 $0.1\% \sim 0.2\%$，而 H_2 与 CH_4 一般均忽略不计，这与国标中所指的弱还原性气氛有着根本的属性区别。总的说来，煤粉锅炉中的烟气，绝不是弱还原性，而是氧化性。

在此对电厂一台煤粉锅炉的烟气组成的实测结果为例来说明其性质，见表 8-9。

表 8-9   实测煤粉锅炉的烟气组成   %

位置 深度 气体组成	燃烧室东侧北孔			燃烧室东侧南孔		
	0.5m	1.0m	1.5m	0.5m	1.0m	1.5m
RO_2（$CO_2 + SO_2$）	16.16	15.10	17.14	12.66	14.72	12.64
O_2	3.98	3.96	3.36	6.60	4.44	6.68
H_2	0.10	0.04	0.14	0.04	0.12	0
CO	0.04	0	0.02	0	0	0
	燃烧室南侧西孔			燃烧室南侧东孔		
RO_2（$CO_2 + SO_2$）	6.84	16.70	4.66	12.10	8.72	14.00
O_2	13.06	2.04	11.16	6.40	11.02	5.10
H_2	0.16	0.10	0.08	0.08	0.10	0.06
CO	0.04	0.04	0	0	0.04	0.02
	燃烧室西侧北孔			燃烧室西侧南孔		
RO_2（$CO_2 + SO_2$）	5.34	9.76	10.18	8.80	9.54	6.04
O_2	14.92	10.04	9.52	11.12	10.18	14.14
H_2	0.12	0.04	0.04	0.12	0.10	0.14
CO	0.04	0.04	0	0.02	0	0
	燃烧室北侧西孔			燃烧室北侧东孔		
RO_2（$CO_2 + SO_2$）	5.48	7.28	11.12	13.16	10.08	3.58
O_2	14.82	12.90	8.36	6.46	9.58	16.88
H_2	0.08	0.06	0.06	0.14	0.16	0.14
CO	0.02	0.04	0	0	0	0.06

表 8-9 中数据均为用在电厂运行锅炉中抽取的烟气采用烟气全分析仪实测的结果。

锅炉内烟气处于剧烈运动过程中，各部分烟气成分可以说是瞬息万变的；另一方面，灰分中的矿物组分也会因煤粉细度的不同而产生离析作用，从而也就会使炉内不同部位的灰渣具有不同的熔融特性。

从多台锅炉烟气组成的实测结果来看，它们具有如下特点：

（1）煤粉锅炉在正常运行条件下，各部位的烟气组成在一定范围内波动。一般情况下，RO_2（主要是 CO_2）的含量在 $12\%\sim16\%$，氧的含量在 $3\%\sim6\%$，而还原性组分一氧化碳及氢含量甚微（气体含量均以体积分数表示）。

（2）当锅炉运行工况恶化，如液态锅炉严重析铁，氧的含量明显降低至 2% 左右，而还原性气体 $CO+H_2$ 含量增大，但通常也不超过 1%。

（3）综观电厂煤粉锅炉内实测的各部位烟气组成，其氧化性组分的 O_2 及 CO_2 远远超过还原性组分 CO 及 H_2。

实测的烟气组成与理论上的推断是一致的。锅炉运行中还原性气体实际含量甚微，即使锅炉设计中选定的 CO 值也是很小的。故电力系统中测定煤灰熔融性，还是应该考虑电厂锅炉的实际情况，选择更为合适的气氛条件是完全必要的。

2. 气氛条件与煤灰熔融性测定结果

作者将与锅炉烟气组成基本一致的气氛条件，称之为特定氧化性气氛，以区别让空气自由流通的一般氧化性气氛。

作者应用自制的小型硅碳管高温炉，采用封碳法，抽取炉内气体进行全面分析，从而确定了与锅炉烟气组成基本一致的气体组成，见表 8-10。

表 8-10　　　　　　　　　　实测与锅炉烟气基本一致的气体组成　　　　　　　　　　%

控 制 方 法	温度（℃）	CO_2	O_2	H_2	CO
盛放石墨的瓷舟距炉温中心 70mm 处	1200	15.08	5.56	—	—
	1300	14.86	4.34	0.20	—
	1400	13.43	3.20	0.38	微量
盛放石墨的瓷舟距炉温中心 80mm 处	1200	12.36	6.74	0.06	—
	1300	13.17	5.40	0.16	—
	1400	12.64	3.20	0.26	微量

上表的试验条件同表 8-7。不同气氛条件下，煤灰熔融性测定结果列于表 8-11 中，以作比较。

表 8-11　　　　　　　　　　不同气氛下煤灰熔融性测定结果　　　　　　　　　　℃

弱还原性气氛			特定氧化性气氛			弱还原性气氛			特定氧化性气氛		
DT	ST	FT	DT	ST	FT	DT	ST	FT	DT	ST	FT
1119	1153	1223	1358	1390	1399	1433	1467	1484	>1500	>1500	>1500
1351	1394	1429	1456	1500	>1500	1155	1215	1266	1297	1330	1347
1333	1367	1384	1380	1399	1407	1077	1127	1296	1319	1384	1417
1184	1330	1360	1392	1447	1464	1180	1283	1303	1343	1393	1408
1142	1242	1331	1379	1421	1430	1137	1245	1312	1294	1368	1402
1151	1215	1257	1337	1379	1387	1403	1495	>1500	>1500	>1500	>1500
1365	1435	1452	1449	1496	>1500	1148	1339	1353	1394	1428	1435

作者对众多煤样按上述两种不同气氛条件下进行了煤灰熔融性测定，实测数据很多，就不一一列出，由表 8-10 可以看出：

（1）煤灰熔融性随测定结果随气氛条件而异，这是系统中各组分气体对煤灰熔融性综合影响的结果。

（2）除个别试样测定结果相近外，煤灰熔融性在弱还原性气氛下普遍较特定氧化性气氛下测定结果为低，其偏低程度少则 30～50℃，多则 200℃以上。

3. 电厂锅炉对煤灰熔融性测定气氛条件的选择

根据锅炉设计及运行要求，应提供不同气氛下的煤灰熔融性数据。具体条件是：

（1）在固态除渣锅炉设计中，可考虑主要采用弱还原性气氛下的煤灰熔融性数据，可使得设计更具保守性，以防运行中结渣，而特定氧化性气氛下的测定结果仅供参考。

（2）对于液态排渣锅炉的设计，则可考虑主要采用特定氧化性气氛下的煤灰熔融性数据，否则，运行中可能造成排渣困难。

（3）对于电厂运行中的锅炉来说，应以特定氧化性气氛下煤灰熔融性数据作为判断锅炉能否正常运行的依据。

在选择煤源时，过分强调保守性，就有可能使本来可以燃用的煤不敢燃用，这或许要舍近求远去要求更换煤源，自然这将带来运输及经济方面的困难与损失。

（4）当锅炉运行异常，如固态除渣锅炉严重结渣，尤其是喷燃器周围结渣，就要考虑到炉内局部部位还原性气体组分浓度可能较大。这可以利用弱还原性气氛下的煤灰熔融性数据来进行分析判断，并采取相应的措施。

电厂主要考虑就是如何保证锅炉安全经济运行，避免固态排渣锅炉严重结渣情况的发生以及保证液态排渣锅炉顺利排渣。因而，提供符合锅炉实际烟气组成的特定氧化性气氛下的煤灰熔融性，就更具实际价值。某发电厂长期采用特定氧化性气氛下的煤灰熔融性数据来监控锅炉的运行实践、证明作者的上述观点是正确的，对锅炉的安全经济运行发挥了积极的作用。

4. 锅炉结渣的主要原因

灰熔融性是影响锅炉安全经济运行的重要指标。锅炉结渣会使受热面减少、烟温升高、锅炉出口下降，如结渣严重，则将被迫停炉。对液态排渣炉来说，其运行受灰熔融性及流动性影响更大。在有条件的电厂，应将煤灰熔融性的测定纳入常规监督项目。

煤的燃烧是一个复杂的过程。燃烧进行得完善与否，不仅取决于煤灰特性，还与锅炉设备及其运行工况密切相关，如炉内氧的供应、炉温分布、燃烧产物的引出、灰渣的排除及可燃物在炉内停留时内均有直接联系。

单纯从煤灰熔融性方面去分析锅炉结渣的原因是远远不够的，但它毕竟是可能导致锅炉结渣的主要原因之一。故掌握煤灰熔融性测试技术，了解它对锅炉结渣的影响，具有重要的实际意义。

运行中锅炉产生结渣的主要原因多为：

（1）煤质特性变化。影响锅炉结渣的特质因素，主要指灰熔融性，挥发分、发热量、含硫量等。

1）灰熔融温度降低，是导致锅炉结渣的主要煤质因素不难理解，灰熔融温度降低，而炉内温度明显高于灰熔融温度，当煤粉进入炉膛燃烧后形成的煤灰，一旦碰到炉壁上就会黏附在上面，形成结渣，且结渣会迅速发展，最终形成较为严重的局面。

故电厂固态除渣锅炉（电厂中的锅炉绝大部分均为固态除渣锅炉）不宜单独燃用低灰熔融温度的煤源。一般认为软化温度 ST 有一分界线，高于 1350℃，结渣倾向降低，ST 值越好越好；ST 低于 1350℃，锅炉结渣倾向增加，ST 值越低，结渣程度越严重。因而电厂中对某些低灰熔融温度的煤，一般应通过掺配混烧来处理。

混煤的熔融性具有下述特点：

a. 不同性能的煤混烧，由于它们之间的相互作用，其混煤的灰熔融温度要比组成该混煤的单一煤源按比例关系计算所得结果为低。

b. 混煤的结渣性十分复杂。目前还没有能够充分认识混煤煤灰熔融性的一般规律，而只能对某些特定混煤的灰熔融性规律进行分析研究。

由于当今电厂普遍燃用混煤，故电厂加强对煤灰熔融性的检测，及时提供混煤灰熔融性的测值，颇具实际意义。

2）挥发分是燃煤锅炉燃烧稳定性的首要因素。各种煤挥发分含量及其燃烧产生的热量相差很大，燃烧速度也有很大区别。当高挥发分煤粉一旦喷入炉内，会在喷燃器口迅速着火燃烧，一方面在喷燃器附近产生高温；另一方面，由于大量煤粉迅速燃烧，供氧量不足。故在喷燃器周围还原性气体 CO 及 H_2 等浓度较大，促使煤灰在更低温度下熔融。因而喷燃器口最易形成结渣。

3）锅炉所用燃煤发热量不能太低，也不宜太高。如果发热量太低，意味灰分含量很高，锅炉一旦结渣，由于炉内灰量增多，将促使结渣情况进一步恶化；另一方面，如发热量太高，则炉膛温度提高，煤灰在炉膛内也就很容易处于熔融状态而导致结渣的产生或加剧结渣的严重程度。

从电厂发电成本及锅炉结渣角度去考虑，电厂不宜燃用高发热量的精煤。

4）由式（8-3）结渣指数的计算可以看出，在煤灰成分一定时，结渣指数 R_s 与全硫含量成正比，也就是 $S_{t,d}$ 值越大，R_s 值也越大，锅炉结渣越严重，从防止 SO_2 污染角度及降低锅炉的结渣性的角度去考虑，煤中含硫量都是越低越好。

（2）炉内空气动力场的破坏。当燃煤质量发生变化，锅炉运行人员应及时加以调整，保持炉内良好的动力场。在这里，二次风的调节、控制尤为重要。二次风门开度不当，甚至有丧失其调节功能者，必然导致煤粉在炉内燃烧不良，致使炉内空气动力场破坏，使得烟气温度不均，在管壁温度高的地方促使灰的黏附，在燃烧恶化的喷口，还原性组分则增大。火焰长度长的时候，炉后墙易于结渣；而火焰短的时候，则在喷口周围或在侧炉墙易于结渣。

二次风的控制与调节，被认为是影响锅炉是否结渣及其严重程度的主要因素之一，必须引起重视。

（3）磨煤机出力降低及投油助燃。磨煤机出力降低，煤粉变粗，燃烧不完全、不稳定，会产生结渣。另外，一次风气粉比增高，即煤粉浓度变小，着火推迟，有可能促使炉膛出口烟温的提高而造成结渣。

给粉机控制不稳定，因煤质变化，给粉机下料堵塞等，导致自动燃烧调节系统摆动，诱发了磨煤机出现超负荷现象和投油。油煤混烧，使得火焰温度提高，促使了灰的熔融而结渣；另一方面，由于煤与油在燃烧速度上的差别，油先燃尽，使得包围在煤周围的 CO 及 CO_2 气体增加，这样易造成局部性不完全燃烧，使灰熔融温度降低而促进结渣。

（4）连续高负荷运行。由于负荷的变化，炉内温度下降，使得焦渣在形成大块以前就有可能脱落。但是当高负荷运行时，则容易在无吹灰器的部位形成大面积结渣。

总之，锅炉结渣，必须考虑煤质变化因素及锅炉设备及其运行状况，如果锅炉一旦发生结渣，就一定认为是煤质因素所造成的，这未必符合实际情况。只有全面分析锅炉结渣的原因，找出关键所在，才有可能采取切实措施加以防范。

我国发电厂中，液态排渣锅炉为数不多，固态除渣锅炉则是主要的。为了避免锅炉严重结渣情况的产生，对煤质及灰渣特性的要求是：

a. 煤的发热量不宜太低，但也不宜过高，煤粉不宜太粗。

b. 煤中含硫量不宜过高，且越低越好。

c. 煤灰具有较高的熔融温度，一般 ST 值应＞1350℃，越高越好。

d. 要避免燃用煤灰熔融温度较低的短渣煤，因为燃用这种煤最易导致锅炉严重结渣情况的发生。

e. 宜选用煤灰熔融性不易受气氛条件影响的煤，由于这种煤的灰渣特性受锅炉运行工况波动影响较小，从而有助于锅炉的稳定燃烧。

在灰渣特性中，有长渣与短渣之分。它们的区别就在于其灰渣黏度受温度变化的影响不同。灰渣黏度受温度影响大者，称为长渣；影响小者，称为短渣。而从煤灰熔融性上去判别，一般表现为 DT 与 FT 之间温差大，例如达到 200℃或更高；短渣一般表现为 DT 与 FT 之间温差小，例如 100℃以内。

第三节　煤灰成分检测与应用

煤灰主要来自煤中的矿物质，而要对矿物质的组成测定是十分困难的。对煤灰成分的检测，实际上就是按 GB/T 212—2001《煤的工业分析方法》中灰分测定条件，先将煤样灼烧成灰样，然后分析测定其中主要成分。

煤灰成分是以组成煤灰的主要元素氧化物的百分含量来表示的。通常煤灰中含有数十种元素，其中主要成分为 SiO_2、Al_2O_3、Fe_2O_3、CaO、MgO、SO_3、TiO_2、Na_2O、K_2O、V_2O_5、Mn_3O_4、P_2O_5 等。

各种氧化物含量相差十分悬殊，我国煤灰中的 SiO_2、Al_2O_3 及 Fe_2O_3 三项成分就达 90％以上。煤灰成分对电力生产有着重要的影响，前文已指出，煤灰熔融性实际上是由煤灰成分决定的，煤灰成分与锅炉除尘、排灰及其综合利用途径均有密切的联系，故对煤灰成分的检测也就构成了电煤特性检测的重要组成部分。

煤灰成分测定方法很多，各具特点，本节只是对 GB/T 1574—1995《煤灰成分分析方法》中规定的常量法及半微量法做一综述，并简要说明煤灰成分与电力生产的关系。关于煤灰成分检测方法及测试中应注意的各项技术问题，请读者参阅《火力发电厂燃料试验方法及应用》一书（中国电力出版社，2004 年 9 月出版）。

一、煤灰的基本组成

煤灰中含有数十种元素，含有各种金属与非金属元素，除以氧化物形式存在外，还以硅酸盐、硅铝酸盐、硫酸盐等各种盐类形式存在。煤中灰分主要来自矿物质，而主要矿物质组分见表 8-12。

表 8-12 **煤中主要矿物质组分一览表**

类　别	典型矿物质及近似化学式	说　明
页　岩	钾云母石 $K_2O \cdot 2Al_2O_3 \cdot 6SiO_2 \cdot 2H_2O$ 钠云母石 $Na_2O \cdot 3Al_2O_3 \cdot 2H_2O$ 黏土（$Mg \cdot Ca$）$O \cdot Al_2O_3 \cdot 6SiO_2 \cdot nH_2O$	煤灰中的主要矿物成分
高岭土	高岭土 $\begin{array}{l} Al_2O_3 \cdot 2SiO_2 \cdot 2H_2O \\ Al_2O_3 \cdot 2SiO_2 \cdot 4H_2O \end{array}$	煤灰中的主要矿物成分
碳酸盐	石灰石 $CaCO_3$；白云石 $CaCO_3 \cdot MgCO_3$； 铁白云石 $2CaCO_3 \cdot MgCO_3 \cdot FeCO_3$； 菱铁矿 $FeCO_3$	815℃以前，碳酸盐矿物分解完全
硫（氯）化物	黄铁矿 FeS_2；氯化钠 $NaCl$； 氯化钾 KCl	煤灰中普遍存在，量不多
其他矿物	石英 SiO_2；石膏 $CaSO_4 \cdot 2H_2O$； 长石（K，Na）$O \cdot Al_2O_3 \cdot 6SiO_2$； 磷灰石 $9CaO \cdot 3P_2O_5 \cdot CaF_2$； 赤铁矿 Fe_2O_3；磁铁矿 Fe_3O_4； 角闪石 $CaO \cdot 3FeO \cdot 4SiO_2$；锆石 $ZrSO_4$	它们经常与页岩同时存在，数量较少，但种类很多

由此可知，煤灰组成极其复杂，即使测定其中的主要成分也很困难。

在煤灰成分检测中，通常测定 SiO_2、Al_2O_3、Fe_2O_3、CaO、MgO、SO_3、TiO_2、K_2O、Na_2O 9 项。这些就是煤灰成分检测的具体项目。它们的总和通常约为煤灰的 97％～99％，故其他成分实际上含量甚微。

前文中已指出，煤灰中 Fe_2O_3、CaO、MgO、K_2O、Na_2O 为**碱性氧化物**，SiO_2、Al_2O_3、TiO_2 为**酸性氧化物**，其比值 p 一般在 0.1～1.0 范围内。

由于煤灰中各成分含量相差很大，故选用的测定方法也因其成分不同而异。

无论采取何种方法测定，煤灰中各成分的测定结果应保留到小数点后 2 位，例如 CaO 含量为 2.67％，Na_2O 含量为 0.01％，Al_2O_3 含量为 36.72％等。显然，各成分之和应小于 100％。

二、煤灰成分测定方法与要求

1. 煤灰成分测定方法与特点

煤灰成分测定方法很多，既有共同点，又各具特点。

煤灰成分按分析方法区分，可分为化学分析法及仪器分析法。前者以质量分析与容量分析法为基础；后者则可采用比色分析、火焰光度分析、原子吸收分析等仪器分析法。通常完成一个样品各成分的全分析，需要两种或多种方法加以组合使用。

煤灰成分按称样量多少区分，可分为常量分析法及半微量分析法。前者称样量为 0.5g；后者为 0.1g。常量法测定为典型的化学分析法，以质量分析与容量分析为其基本方法；半微量法则以容量分析与比色分析为主，化学分析法与仪器分析法兼用。上述两种方法均应用火焰光度计来测定灰中的 K_2O 及 Na_2O 含量。

不论采取何种测定方法，煤灰成分的测定均是系统分析，而不是对各个成分单独称样测定。因而通常需要预先处理灰样，以制备样品试液，然后逐项测定。这样样品的处理就显得特别重要，它将直接影响各个成分的测定结果；另一方面，各个成分共存于一母体试液中，因而各个成分的测定因存在多方面的干扰因子，从而就必须按照有关化学反应机理，加入特定的试剂，沉淀、络合或掩蔽相关干扰因子，从而获得可靠测定结果。

2. 对检测人员的技术技能要求

为了完成煤灰成分测定，往往需要应用不同的测定原理，使用不同的方法与仪器，进行多种多样的化学分析操作。因而对检测人员的技术技能就有一定的要求：

（1）首先对选用的测定方法有一全面地了解。熟悉并合理安排各成分的测定程序，切实掌握熔样及各成分测定的技术要点，严格按方法规定控制好测试条件，如温度、酸碱度、时间等。

（2）了解有关仪器的性能及使用方法，正确进行操作。在常量及半微量分析法中，均是以化学分析方法为主，并要使用分光光度计及火焰光度计，特别是分光光度计应用范围更广。

（3）完成一个样品的煤灰成分全分析，如测上述 9 项基本成分，也需要 4～5 个工作日方可完成。在可能条件下，各个成分可穿插进行。通常宜对多个样品集中进行测定，以提高测试效率。

（4）每一试样要称量两份，分别熔样，重复测定。灰样熔化后转为样品试液后，每一项目须重复两次测定，以方法规定的精密度来判断测定结果是否超差。煤灰成分测定结果的准确性，可通过测定标准灰样来加以检验。

（5）进行煤灰分分测定，是学习与掌握化学分析技术技能的极好机会、如溶解、洗涤、过滤、灼烧、滴定、溶液的配制与标定等的正确操作，都是对检测人员的基本技术技能要求。

3. 灰样的制备要求

无论采取何种测定方法，均要先将煤粉样制成灰样，供灰成分检测之用。

（1）灰样应按燃煤灰分测定方法中的缓慢灰化法来制取，不得使用快速灰化法制取。

（2）煤样置于灰皿中，应将其铺平，煤样越厚，不仅不易灰化完全，而且灰中 SO_3 的测值可能偏高。

（3）灰样最好单独制备。多个煤样于同一炉中灼烧，各灰样间的干扰则难以避免，特别是 SO_3 的测值误差可能会较大。

（4）为了确保熔样的完全，灰样还须在玛瑙研钵中进一步研细，方可称量测定。

在使用玛瑙研钵时，应注意它不能放置于干燥箱及其他温度较高的地方；不能与氢氟酸接触；硬度过大、粒度过粗的物料，不要使用；对晶体及大块样品，先压碎后研磨，使用后用水洗净，必要时也可用稀盐酸洗涤或研磨少量食盐后，再用水冲洗干净。

三、测定方法的综合比较

为了进行煤灰成分检测，首先要选用检测方法，因此检测人员必须对各种测定方法的流程及特点，需要使用哪些仪器设备有一个较全面的了解，再结合本单位的仪器设备条件来加以选择。

另一方面，选择检测方法的另一个重要依据是检测目的与用途。须要提供比较准确数据者，如锅炉设计、校核与仲裁试验等，宜选用常量法，而且检测项目相对较全；要求较快提供数据，而准确度要求不高者，则可采用半微量分析法，如无特殊需要，TiO_2、K_2O 及 Na_2O 项可不测，从而可大大缩短检测周期。

我国标准中规定的煤灰成分方法，除 GB/T 1574—1995 外，还有 GB/T 4634—1996《煤灰中钾、钠、铁、钙、镁、锰的测定方法（原子吸收分光光度性）。该标准中不包括硅、铝这两个最为主要的元素测定，是一个很大的不足。如试验室已配备原子吸收分光光度计，也可用来取代火焰光度计测定灰中的钾、钠含量。

1. 常量分析法

常量分析法是 GB/T 1574—1995 中规定的方法，也是目前国内使用最为普遍的方法。

该法称取灰样量为 0.5g，置于银坩锅中用固体氢氧化钠熔融，然后用沸水浸取，盐酸酸化后，用动物胶凝聚，再用质量分析法测定 SiO_2 的含量。分离 SiO_2 后的滤液可直接用于铁、铝、钙、镁、硫、钛、磷氧化物的测定。其中以 EDTA 容量分析法测定 Al_2O_3，Fe_2O_3、CaO、MgO 含量，以质量分析法测定 SO_3 含量，比色法测定 TiO_2 及 P_2O_5 含量。

另称取一份灰样，用氢氟酸—硫酸分解，应用火焰光度法测定 K_2O 及 Na_2O 的含量。

常量分析法的主要优缺点是：

（1）该法称取灰样量多，且以质量分析与容量分析法为基础，测定结果准确度较高。

（2）如果只测定灰中 6 种最主要成分，就不需要专门仪器，一般试验室均具备检测条件。

（3）Na_2O 及 K_2O 要用火焰光度或原子吸收法测定，TiO_2 也要用比色法测定（P_2O_5 一般不测），故还需配备相应的仪器，并掌握其测试技术。

（4）常量分析法测定灰成分，周期长、程序复杂，而且要求检测人员具有较高的技术技能水平，否则难以胜任此项工作。

2. 半微量分析法

称取灰样量为 0.1g，置于银坩锅中用氢氧化钾熔融，沸水浸取，盐酸酸化，以硅钼蓝比色测定 SiO_2，二安替比林甲烷比色法测定 TiO_2，以 EDTA 容量分析法测定 Al_2O_3、Fe_2O_3、MgO，以 EGTA 容量分析法测定 CaO。

另称取一分灰样，以高温燃烧法测定 SO_3；K_2O 及 Na_2O 的测定同常量分析法。

半微量分析法是以比色分析与容量分析为基础。该法的主要优、缺点是：

（1）与常量分析法相比，不再使用质量分析法，缩短了检测周期，操作尚算简便。

（2）该法测定结果的准确度不及常量分析法。一般说来，比色分析法的测定结果准确性要差一些。

（3）该法中测定 SO_3 采用燃烧法，且也要另称取灰样，测定装置也相当复杂。

半微量分析与常量分析法相比，还是常量分析法具有更多的优点，可在更大范围内适用。因此检测人员应重点掌握煤灰成分的常量分析法检测技术与技能。

四、煤灰成分测定中的若干问题

无论采用常量分析法还是半微量分析法测定煤灰成分，下述若干问题都是值得注意的，特加以阐述。

1. 银坩锅的使用与熔样

无论采用何种测定方法，均使用银坩锅对灰样进行熔融。正确使用银坩锅，力求灰样熔融完全，对保证煤灰成分测定结果的可靠性起着关键性作用。

（1）银坩锅的使用。

1）银的熔点为960℃，故使用银坩锅时应严格控制温度，一般使用温度不能超过700℃。

2）银坩锅一旦受热，其表面将覆盖一层氧化物，使其不受NaOH及KOH的侵蚀，故可用它们来熔样。其熔融时间一般不宜超过30min。

3）银很易与硫作用生成硫化银，故不允许在银坩锅中分解或灼烧含硫物质。

4）刚从炉内取出的热银坩锅，不得用冷水令其速冷，以免产生裂纹。

5）银易溶于酸，故在用银坩锅浸取熔融物时，不可用酸；更不能将银坩锅长时间浸泡于酸液中；特别不应接触浓酸，如热浓硝酸。

6）在熔融状态时，铝、镉、铅、汞等金属都能使坩锅变脆。对于汞盐、硼砂等，也不能在银坩锅中灼烧和熔融。

（2）熔样。煤灰成分的测定，熔样是关键。以下对常量法测定灰成分时的熔样技术要点进行说明。

1）灰样先用码瑙研钵进一步研细，再在815±10℃的高温炉中灼烧至恒重，一般约需0.5h，冷却后称样。

2）熔样的银坩锅应带盖、编号。为防止灰样在NaOH未熔之前随热气流飞逸损失，可滴加数滴乙醇润湿灰样。

3）熔样时的温度宜控制在650～700℃，加热时间为15min为宜。

4）试样熔融后，稍冷，将银坩锅置于沸水中浸取熔块，直至坩锅中的熔融物转移到烧杯中，此时煤灰中的硅全部以硅酸钠的形式进入溶液。

5）水温越高，则熔融物越易被浸出，不必用稀盐酸来洗涤坩锅，以防过多的银被溶出。

2. 标准溶液的配制与标定

标准溶液的配制与标定是容量分析中最基本，也是最重要的操作。

配制溶液，就得掌握有关溶液浓度的含义及表示方法，这在本书第一章中已作了说明，在此就不重复。

（1）标准溶液的配制。配制标准溶液时，应注意如下几点：

1）选用高纯度的试剂，如一级试剂GR或其他高纯试剂。

2）配制标准溶液的用水，为达到二级以上的纯水，其25℃时的电导率小于等于0.10μs/cm。

3）配制标准溶液的玻璃定容容器，如容量瓶、滴定管等均应为经计量检定的合格品。

4）按标准规定严格控制标准溶液配制时的条件，如温度、pH值、时间以至试剂加入的顺序等。

5）配制较长时间的标准溶液，浓度会有所变化，故使用前应重新予以标定。

（2）标准溶液浓度的确定。所配制的标准溶液，应准确地确定其浓度，这通常可采用直接法或标定法，二者取其一即可。

1）直接法。也就是准确称取一定量的基准试剂，溶解后配成一定体积，这样就可直接计算出单位体积内基准试剂的量，即浓度。

例如煤灰成分常量法测定CaO时，其标准钙的配制方法是，准确称取预先在120℃下干燥 2h 的优级纯碳的钙 0.8924g，置于 250mL 烧杯中，用水润湿，盖上表面皿，沿杯口缓缓加入 1+1 优级纯盐酸溶液 5mL。待溶解完毕，煮沸驱尽二氧化碳，冷却后移入 1000mL 容量瓶，用纯水稀释至刻度，摇匀。1mL 此溶液含氧化钙 0.5mg。

$CaCO_3$ 的分子量为 100，CaO 为 56，0.8924g$CaCO_3$ 中含 CaO 为 0.4997g≈0.5g，由于配制成 1000mL，故每 mL 溶液中含 CaO 0.5mg。

2）标定法。就是先配制成所需浓度近似的溶液，然后用基准试剂或已经标定过的标准溶液来标定它们浓度。这种方法应用极为广泛，检测人员必须掌握其标定操作及相关计算方法。

例如煤灰成分常量法测定 Fe_2O_3 时，先应用直接法配制铁标准溶液，该溶液 1mL 相当于 Fe_2O_3 1mg。配制方法是：准确称取预先在 900℃ 下灼烧 30min 的优级纯三氧化二铁 1.0000g 置于 2.50mL 烧杯中，加优级纯盐酸 20mL，盖上表面皿，加热溶解，溶液冷至室温，移入 1000mL 容量瓶中，用纯水稀释至刻度，摇匀。由于是 1.0000gFe_2O_3，最终配成 1000mL 溶液，故其浓度为 1mL 溶液含 1mg Fe_2O_3。

再配制 EDTA（乙二胺四乙酸二钠 $C_{10}H_{14}N_2O_8NO_2 \cdot 2H_2O$）0.005mol/L，配制方法是：先称取 EDTA1.86g 置于 100mL 烧杯中，加水溶解，然后加数粒固体氢氧化钠碱化，用纯水稀释至 1000mL，摇匀。

标定方法是：准确吸取铁标准溶液 10mL，置于 300mL 烧杯中，按试样测定完全相同的步骤操作。

EDTA 溶液对氧化铁的滴定度 $T_{Fe_2O_3}$ 按下式计算

$$T_{Fe_2O_3} = \frac{MV_1}{V_2} \tag{8-4}$$

式中　M——铁标准溶液的浓度，mg/mL；

　　　V_1——吸取铁标准溶液的体积，mL；

　　　V_2——标定时所消耗的 EDTA 标准溶液的体积，mL。

故滴定度的含义是指每 1mL EDTA 标准溶液相当于 Fe_2O_3 的毫克数。

因而滴定度宜表示为 $T_{待测物/滴定剂}$。例如 $T_{Al_2O_3/Zn(AC)_2}$ 表示醋酸锌标准溶液 1mL 相当于 Al_2O_3 的毫克数。

在测定煤灰中的 Fe_2O_3 含量时，按下式计算测定结果（%）

$$Fe_2O_3 = \frac{T_{Fe_2O_3}V_1}{1000m} \times \frac{250}{20} \times 100 \tag{8-5}$$

式中　$T_{Fe_2O_3}$——EDTA 标准溶液对 Fe_2O_3 的滴定度，mg/mL；

　　　V_1——试液所消耗的 EDTA 标准溶液体积，mL；

　　　m——灰样质量，g；

　　　250——试液总体积，mL；

　　　20——分取的试验体积，mL。

式中 $T_{Fe_2O_3}V_1$ 即试液中 Fe_2O_3 的毫克数；1000m，是将灰样质量单位由克转为毫克；250/20 是灰样熔融，分离 SiO_2 后的母液定容为 250mL，而测定 Fe_2O_3 时，仅分取 20mL。故式（8-5）就可计算出灰中 Fe_2O_3 占灰样质量的百分率，也就是计算出 Fe_2O_3 的百分含量。

3. 分光光度法中标准曲线的绘制

在煤灰成分测定中，某些成分要用分光光度法测定，而在半微量分析法中，应用就更多。采用分光光度法测定某成分的含量，就必须先绘制校准曲线，用已知不同浓度的标准溶液，测得各自对应的吸光度，然后在直角坐标系统中绘图。这是一条直线，可用一元线性回归方程来表示。

在煤质试验中，经常会碰到相互间存在一定关系的变量。如发热量与灰分，煤中挥发分与氢、煤灰成分与灰熔融性等。研究变量相互关系的统计方法，称为回归分析。而在煤质检测中应用最多的为一元线性回归分析。在分光光度法中绘制标准曲线，就是一元线性回归分析的一个具体应用实例。

鉴于一元线性回归分析在煤质检测中应用极为广泛，故在此将相关技术要求加以介绍与说明。

理论上，某两个变量之间为直线关系，但由于实际测定中存在引起随机误差的各种因素，实测数据往往在直角坐标系中并不完全处于一条直线上，总有一些点偏离此直线。应用回归法可求出对各坐标点误差最小的直线方程式，由此也就可以绘制出一条标准曲线。

直线方程式的一般表达形式为

$$y = a + bx \tag{8-6}$$

式中　x——自变量；

　　　y——因变量；

　　　a——直线的截距；

　　　b——直线的斜率。

根据上述方程，可由实测值 y_0，去估计相对应的自变量 x_0，$x_0 = y_0 - a/b$。

为了绘制标准曲线，一般应不少于 5 个点，设测点为 n，则直线的截距 a 及斜率 b 可由下式求得

$$a = \frac{\sum x^2 \sum y - \sum x \sum xy}{n \sum x^2 - (\sum x)^2} \tag{8-7}$$

$$b = \frac{n \sum xy - \sum x \sum y}{n \sum x^2 - (\sum x)^2} \tag{8-8}$$

在已知自变量 x，测得因变量为 y，则可计算出 x^2、y^2、xy、$\sum x^2$、$\sum y^2$ 及 $\sum xy$。

表 8-13　　　　　　　　　　　　已知 x、y 时 x^2、y^2 及 xy 的对应值

n	x	y	x^2	y^2	xy
1	0	0	0	0	0
2	4	42	16	1764	168
3	10	86	100	7396	860
4	20	162	400	26244	3240
5	30	234	900	54756	7020
6	40	292	1600	85264	11680
Σ	104	816	3016	175424	22968

将表 8-13 中各值代入式（8-7）及式（8-8），则

$$a=9.94, \quad b=7.27, \quad 即$$
$$y=7.27x+9.94$$

在分光光度法测定中，设已知标准溶液的含铁量 x 为 $1mg \, Fe_2O_3/mL$，测得其对应吸光度列于表 8-14 中。

表 8-14　　　　　　　　　分光光度法中标准含铁量对应的吸光度

标准 Fe_2O_3（mg）	1.00	2.00	3.00	4.00	5.00	6.00
吸光度	0.312	0.620	0.941	1.225	1.570	1.882

求得 $a=-0.007$，$b=0.314$，即线性方程为 $y=0.314x-0.07$。

当绘制出上述标准曲线后，如某灰样测得吸光度为 1.485，则试液中的 Fe_2O_3 的量为 $0.314 \times 1.485-0.07=0.396mg$。

如果试样质量为 100mg，则 Fe_2O_3 的含量应为

$$Fe_2O_3（\%）=\frac{0.396}{100} \times 100$$

$$=0.40$$

在绘制曲线时，x 值可任选 3 个数，例如 0、1.00、3.00，用上述直线方程计算 y 的对应值

$$y_1 = 0.314 \times 0 - 0.07 = -0.07$$
$$y_2 = 0.314 \times 1.00 - 0.07 = 0.307$$
$$y_3 = 0.314 \times 3.00 - 0.07 = 0.872$$

将代表这三个数值的点绘在坐标纸上，就能绘出一条直线。横坐标 x 为物质的量（mg）或浓度（mg/L），纵坐标为吸光度。

应该指出，回归直线计算似乎比较复杂，其实应用带统计功能的电子计算器计算是十分方便的。

自变量 x 与因变量 y 的线性关系可用相关系数 γ 去度量，γ 的表达式为

$$\gamma = \frac{n\Sigma xy - \Sigma x \Sigma y}{\sqrt{[n\Sigma x^2 - (\Sigma x)^2][n\Sigma y^2 - (\Sigma y)^2]}} \tag{8-9}$$

上例中 $\gamma=0.9998$

相关系数 γ 取值，有三种情况：

(1) $\gamma=0$，y 与 x 毫无线性关系。

(2) $|\gamma|=1$，y 与 x 完全线性相关；$\gamma=1$，为完全正相关；$\gamma=-1$，为完全负相关。也就是 y 与 x 分别是正比或反比的关系。

(3) $0<|\gamma|<1$，y 与 x 有一定的相关性；$\gamma>0$，为正相关；$\gamma<0$，为负相关。

γ 值的计算也是应用带统计功能的电子计算器计算。

4. 煤灰成分测定的精密度要求

煤灰成分应进行重复测定，其精密度应符合表 8-15 的要求。

表 8-15　　　　　　　　　　　　煤灰成分常量法测定精密度要求　　　　　　　　　　　　‰

成　分	含　量	重复性	再限性	成　分	含　量	重复性	再限性
Fe_2O_3	≤5	0.3	0.6	CaO	≤5	0.2	0.5
	5～10	0.4	0.8		5～10	0.3	0.6
	>10	0.5	1.0		>10	0.4	0.8
SiO_2	≤60	0.5	0.8	Al_2O_3	≤20	0.4	0.8
	>60	0.6	1.0		>20	0.5	1.0
MgO	≤2	0.3	0.6	SO_3	≤5	0.2	0.4
	>2	0.4	0.8		>5	0.3	0.6
K_2O	≤1	0.1	0.2	Na_2O	≤1	0.1	0.2
	>1	0.2	0.3		>1	0.2	0.3
TiO_2	≤1	0.1	0.2	P_2O_5	≤1	0.05	0.1
	>1	0.2	0.3		>1	0.1	0.2

在煤灰成分测定中，个别项目测定超差是经常发生的。例如在常量法测定时，个别项目测定超差多因测试条件控制不好造成，如酸度、温度不好掌握，滴定终点不易判断等。在各项目中，Al_2O_3 测定的超标可能性相对较大。如果各成分测值普遍较低，则多因熔样不完全或分离 SiO_2 时沉淀洗不净或者滤液转移定容时造成损失所致。

煤灰成分测定的程序复杂、操作繁琐，既要求有较坚实的化学分析基础知识，又要求必须掌握其操作技能，并有一定的实践经验，才有可能获得准确的测定结果。

煤灰成分测定的准确性，一般应用标准灰样来加以检验。